家庭教育与儿童人格发展

李亚玲 ◎ 著

中国华侨出版社
·北京·

图书在版编目（CIP）数据

家庭教育与儿童人格发展 / 李亚玲著. -- 北京：中国华侨出版社，2023.5
　　ISBN 978-7-5113-8627-4

Ⅰ．①家… Ⅱ．①李… Ⅲ．①家庭教育－影响－儿童－人格－研究 Ⅳ．①G78②B844.1

中国版本图书馆 CIP 数据核字(2021)第 193595 号

家庭教育与儿童人格发展

著　　者：李亚玲
责任编辑：姜　婷
封面设计：北京万瑞铭图文化传媒有限公司
经　　销：新华书店
开　　本：787 毫米×1092 毫米　1/16 开　印张：12.75　字数：289 千字
印　　刷：北京天正元印务有限公司
版　　次：2023 年 5 月第 1 版
印　　次：2023 年 5 月第 1 次印刷
书　　号：ISBN 978-7-5113-8627-4
定　　价：65.00 元

中国华侨出版社　北京市朝阳区西坝河东里 77 号楼底商 5 号　邮编：100028
发行部：(010)69363410　　传　真：(010)69363410
网　址：www.oveaschin.com　　E-mail：oveaschin@sina.com

如发现印装质量问题，影响阅读，请与印刷厂联系调换。

作者简介

李亚玲，女，1981年7月出生，河南信阳人，吉林大学应用心理学研究生，助理教授。2006年7月至2017年6月就职于河南科技学院教育科学学院，主要从事心理学基础课程教学和研究及心理辅导中心的心理辅导工作，2017年7月开始供职于深圳技术大学，从事大学生心理健康教学科研和辅导工作。主要研究方向是青少年的心理健康教育及其家庭教育。至今发表专业学术论文20余篇，主持市厅级及以上课题7项，成果7项，翻译《社区心理学——联结个体和社区（第2版）》（10万字）（中国人民大学出版社出版），独著《家庭教育与青少年健康成长》（16万字）（江苏凤凰美术出版社）。

前 言

与学校教育和社会教育比较而言，家庭教育是另一种教育形式。它有广义和狭义之分。广义的家庭教育是指家庭生活中的以血亲关系为核心的家庭成员（主要是父母与子女）间的双向沟通和影响。狭义的家庭教育只强调家庭里年长者（主要是父母）对其子女等晚辈的单向作用。本著作主要探究后者。

客体关系心理学研究发现，一个人的人格是在早年的家庭教育环境中个体与生命中重要客体（主要是父母）的现实关系的内化后的内在关系模式。而一个人的内在关系模式是在他基于5岁前完成的。也就是说，一个人的人格是一种关系，是小时候与父母的现实层面的关系的内化结果。人格的这个内在关系模式形成后，在以后的人生里，个体就会不断地将这个模式呈现在现实世界中。一个人的现实人际关系，是他内在的客体关系向外投射的结果。若童年时，与父母的关系较健康，那么，形成的内在关系模式也较为健康，以后现实的人际关系模式也较为正常；相反，与父母的关系不健康，人格也不健康，现实的人际模式也欠健康。一如俗话所言，三岁看大，七岁知老。这不得不让我们感慨，一个人的人格一旦形成，人格就会决定命运。而这里的命运不过是一个人的强迫性重复罢了。

如果把我们现在的教育体系比作一棵大树的话，家长教育就是大树的根，家庭教育就是大树的干，学校教育就是大树的枝，而社会教育则是大树的叶，教育的对象——儿童，就是大树的果实。家庭教育是个体最早期的教育，其影响最为深刻，延续的时间也最长，甚至是终生。从中我们可以看出，家长对儿童所实施的家庭教育对个体人格形成和发展具有奠基性作用。

当今社会，无论从事什么工作，都需要一定的技能技巧，专业性较强的还需持专业技术合格证才能上岗。家长作为孩子的第一任老师和终身老师，应该像学校教师一样，属于专业技术水平较高的行业，需要取得"专业教师合格证"和"教师资格证"。可是，当下作为孩子的第一任教师的年轻父母却只凭着创造了生命就自然而然地成为家长，"理所当然"地坐上了"教师"的宝座，开始了为期一生的教育之路。正如高尔基所言，爱孩子是一种本能，连老母鸡都会做，但如何去爱，确是一门学问。"家长"是一个当上就不能辞职（无下岗机制），终身无法退休的"职务"（终身制），也无人可以替代（无可替代制），但它却没有上岗证，其实它也是一个最难当的"长"。我们应该把家庭教育作为一门学问来研究。每个父母都需要学习这门科学，懂得家庭教育的理论和规律；每个家长都需要学习这门艺术及其操作技巧，"运用之妙存乎一心"，使每个儿童都能在家庭中受到科学的、良好的教育，为儿童入学打好基础。在儿童入学以后，配合学校做好家庭的教育工作，同时为儿童未来所要接受的社会教育保驾护航，最终使他们茁壮成长。遗憾的是，当下针对如何做好家长方能肩负教育孩子的使命未形成强制性的教育体系，也未被纳入正规的教育机制。其实家长是最需要训练而当下又最缺乏训练的！很多家长最需要学习而又不清楚怎样学习！可以说，家长在引导儿童人格发展中仍处于无知、无法、无奈的境地。

基于家庭教育对儿童人格形成和健康发展的影响，家长需要专业的家庭教育知识并迫切地需要具有理论高度和操作技艺的家庭教育专业著作。作者结合自身十几年教育学、心理学专业理论积淀和近万例的青少年心理咨询案例及近十年的家庭育儿实践经验，立足于儿童人格的形成和健康发展，创作了本论著。它既从宏观上阐述了家庭教育的普遍规律，又从微观上论述了家庭教育的具体操作技能与艺术；既有一定的专业理论深度和高度，又有很强的可操作性和应用价值。本著作适合教育学、心理学专业人员和家庭教育工作者以及对家庭教育、儿童人格发展感兴趣的人士阅读。

本书开篇（第一章）引入了家庭教育的概念与特点、本质与目标。可以让读者了解到家庭教育的基本内涵，其"言教不如身教、身教不如境教"的镜像性特点，说明父母的自我成长方能带动儿童的健康发展之本质，以及让儿童成为一个幸福的人的家庭所具有的教育目标。第二部分（第二章），阐释了家庭教育对儿童人格健康发展的具体影响，包括家庭教育是儿童性格形成的源头、是儿童心理定位的源泉，同时也是儿童早期决定的基石和儿童心理安抚的根基。第三部分（第三章至第七章）介绍了当下家庭教育开展过程中社会层面以及家庭环境对儿童发展的影响，强调了父母实施家庭教育时所需的心理资本及其重要性和如何提升父母的心理资本建设的策略。最后（第八章至第九章），对如何开展家庭教育的具体技艺展开了翔实论述，包括对儿童的无条件接纳、赞赏、关爱、陪伴、责任、行使权威的把握，以及家庭和学校配合措施等。

在写作此书的过程中，笔者查阅了大量的文献资料，在此对相关文献资料的作者表示深深的感谢。同时由于笔者的时间、精力、学识有限，书中难免有不足之处，望广大读者同行予以批评指正。

目录

第一章 家庭教育概述 ... 1
第一节 家庭教育的概念与特点 ... 1
第二节 家庭教育的本质与目标 ... 8

第二章 家庭教育对儿童人格健康发展的影响 ... 15
第一节 家庭教育是儿童性格形成的源头 ... 15
第二节 家庭教育是儿童心理定位的源泉 ... 19
第三节 家庭教育是儿童早期决定的基石 ... 22
第四节 家庭教育是儿童心理安抚的根基 ... 26

第三章 家庭教育中的社会支持 ... 29
第一节 家庭教育社会支持的概念 ... 29
第二节 家庭教育社会支持的运行机制 ... 38

第四章 家庭教育的家长心理资本建设 ... 54
第一节 家庭教育在引导儿童人格健康发展中的开展现状 ... 54
第二节 家庭教育的家长心理资本和理念 ... 62

第五章 家庭教育中家庭环境的优化 ... 82
第一节 家庭环境在个体发展中的作用 ... 82
第二节 家庭物质环境的优化 ... 85
第三节 家庭文化环境的优化 ... 88
第四节 家庭心理环境的优化 ... 93

第六章 家庭教育与儿童身心健康 ... 99
第一节 身心健康概述 ... 99
第二节 家庭健康教育的起点 ... 102
第三节 家庭生理保健与教育 ... 105
第四节 家庭心理卫生与教育 ... 108

第七章 家庭教育与儿童品德发展 117
第一节 家庭教育在儿童品德发展中的作用 117
第二节 家庭品德教育的侧重点 120
第三节 家庭品德教育的方法 126
第四节 儿童品德不良的预防和矫正 133

第八章 家庭教育开展的具体技术 138
第一节 家庭教育的地基——无条件接纳 138
第二节 家庭教育的关键——赞赏 143
第三节 家庭教育的出发点——关爱 152
第四节 家庭教育的保障——陪伴 157
第五节 家庭教育的核心——责任 165
第六节 家庭教育的枢纽——权威 171

第九章 家庭与学校的配合 175
第一节 家长如何与老师打交道 175
第二节 让孩子参加学校的教育活动 181
第三节 家长们是孩子们的"影子班级" 187

参考文献 194

第一章 家庭教育概述

古语云:"孔子家儿不知骂,曾子家儿不知怒,所以然者,生而善教也。"可见,家庭教育问题自古以来都是人们一直关注的问题。人的教育主要包括家庭教育、学校教育、社会教育,但纵观人类教育整个过程,家庭教育却是整个教育的起点。因为父母是孩子的第一任老师,也是孩子的终身老师,而且接触的时间也最长,父母的一言一行、一举一动无不对孩子起着潜移默化的影响,所以,古语中"齐家"是"修身""治国""平天下"的基础和归宿。从家庭的关怀出发带动整个社会文明水平的提升,形成家庭教育、学校教育、社会教育的良性互动,是贯彻当代社会主义核心价值观、实现中华民族伟大复兴的一条可靠稳妥的路径。

第一节 家庭教育的概念与特点

一、家庭教育的概念

(一)学者的看法

家庭是每个人都再熟悉不过的场所,因为每个人都与家庭密切相关。家庭是一个人出生、成长、生活和死亡的地方,是个人最早的社会化的单元,个体一生中最大比例的时间也是在这里度过的。我们的喜怒哀乐、爱恨情仇的表达方式最早雏形源于家庭里的学习,并在家庭里展开。个人的人格养成,价值观的形成、社会角色的学习,无一不受到家庭的影响。那么,什么是家庭教育呢?

《辞海》中指出家庭教育是父母或其他年长者在家里对儿童和青少年进行的教育。中国古代有关家庭教育的文献很多,有司马光的《家范》、颜之推的《家训》和班昭的《女诫》等。我国学者孙俊三等人在《家庭教育学基础》中指出,在家庭中,由家长(主要是父母和家庭里的成年人)对子女实施的培养教育。即指家长在家庭中自觉不自觉、有意无意地按照社会需要和子女身心发展的特点,通过自身的言传身教和家庭生活实践,对子女施加一定影响,使子女的身心发生预期变化的一种实践活动。学者赵忠心在其《家庭教育学》中作出了如下论述:"根据传统的说法,家庭教育是指在家庭生活中,家长也就是家庭中的中年长者(其中心为父母亲),对其子女以及其他的年少者所实施的教育和影响。这是狭义的家庭教育。所谓广义的家庭教育是指在家庭成员之间相互实施的教育。如上所述，所有的具有一定目的、持有明确的意志、增加知识和技能会对人的思想品质产生影响，一切促进人的智力和体力的活动都是教育。在家庭中，父母对孩子，孩子对父母，年长者对年少者，年少者对年长者，具有明确的意志和目的，实施的影响统称为家庭教育。"邓佐君在《家庭教育学》一书中介绍了郑其龙、赵忠心等人的家庭教育观点，并指出："一般认为，家庭教育是在家庭生活中发生的，以亲子关系为中心，以培养社会需要的人为目标的教育活动。即在人的社会化过程中，家庭（主要指父母）对个体（一般指儿童、青少年）产生的影响作用。"李天燕的《家庭教育学》指出：现代家庭教育是指发生在现实家庭生活中，以血亲关系为核心的家庭成员（主要是父母与子女）之间的双向沟通、相互影响的互动教育。家庭教育有直接与间接之分，直接的家庭教育指的是在家庭生活中，父母与子女之间根据一定的社会要求实施的互动教育和训练；间接的家庭教育指的是家庭环境、家庭气氛、父母言行和子女成长产生的潜移默化和熏陶。现代家庭教育应该包括直接和间接的两个方面。赵雨林学者认为：家庭教育从广义上看是全面促进家庭建设与发展的教育活动，是受社会各界共同作用和影响的；从狭义上看，它是指所有促使对1~18岁生命品质成长即生命个体增值的教育活动，是通过家庭内部进行交互作用和影响的。台湾学者林淑玲将家庭教育的定义界定为：为健全个人身心发展，营造幸福家庭，以建立祥和社会，而通过各种教育形式以增进个人家庭生活所需之知识、态度与能力的教育活动，称为家庭教育。台湾地区在《家庭教育法》中还确立家庭教育的内涵包括：亲职教育（增进父母职能）、子女教育（增进子女本分）、两性教育（增进性别知能）、婚姻教育（增进夫妻关系）、伦理教育（增进家族成员相互尊重与关怀之教育活动）及家庭资源与管理教育（增进家庭各类资源运用及管理的教育）等。

资本主义国家在资本主义发展初期，一些思想家、教育家如夸美纽斯、洛克、裴斯泰洛齐等就开始关注家庭教育，对资产阶级家庭教育理论进行了阐释。他们通常将之称为家庭生活教育，夸美纽斯将之称为母亲膝前的教育。而社会主义国家的教育任务虽然主要由学校承担，但也认为家庭是教育后一代的重要阵地。家庭与学校应该密切配合，统一教育影响，使儿童、青少年在德育、智育、体育几方面都获得发展。

（二）家庭教育的词语溯源

1. 对家庭的说文解字

先来看"家庭"二字。汉语中的家源于甲骨文，上下结构。上部的"宀"是室家之意，下面的"豕"，即猪。在古代生产力有限的时候，很多人在家里养猪，所以猪舍是家的象征。家庭的本义是物理意义上的屋内、住所。但是住所就是家吗？

有一个富翁醉倒在他的别墅外面，他的保安扶起他说："先生，让我扶你回家吧！"

富翁反问保安："家?！我的家在哪里？你能扶我回得了家吗？"

保安大感不解，指着不远处的别墅说："那不是你的家吗？"

富翁指了指自己的心口窝，又指了指不远处的那栋豪华别墅，一本正经地、断断续续地回答说:"那,那不是我的家,那只是我的房屋。"

在英语中,"Family"是爸 Father And 妈 Mother 我 I 爱 Love 你们 You,你们也爱我之意。从中可见,家不是单一的物理意义上的住所,而是爱的聚合体,是表达、传承爱的地方。天下之家,皆为爱而聚,无爱而散。尹建莉在《好妈妈胜过好老师》中也讲到,婚姻家庭是最深刻的一种人际关系,人性的真实、文化素养、价值观、爱的能力等,都在这样一种关系中表现得淋漓尽致。它是两个成年人合写的生命自传,是让他们最亲爱的孩子感受生活的幸福,体会生命的美丽,认识人与人之间关系的启蒙教材。

2. 对教育的说文解字

汉语中的"教"字也是最早出现在甲骨文,为左右结构的会意字。左上方象征着被鞭打,左下方是孩子,右边是拿鞭子的人,"教"意味着鞭打孩子。"育"字篆体为"毓",其上部是倒"子",即不顺不孝之子。于是,作为我国最权威的释义工具书《说文解字》认为,教是上所施,下所效,育是教子使作善也!也就是说教育是上一代做示范,下一代模仿,培养后代使他多做好事的一项活动。

而英语中的教育,来源于拉丁文 Eduisre,前面的词根 E 是"引、出"之意,即教育是引发出已具备潜能的自我,让人做自己。也就是说,教育在词源上默认一个人有一个先在存在的精神胚胎,精神胚胎是有自身发生发展的规律,教育的根本任务是按照一个人生来就有的精神胚胎的内在规律,将这个胚胎引发出来、显现出来即可。教育的应有之义承认了人生来不是一块白板,人的心理发生发展是有一定规律的,也指出来了人不是被动的而是一个积极主动的成为自己的过程。

3. 家庭教育的内涵

这样,将家庭和教育合在一起,家庭教育是指在一个充满爱的地方将一个人最好的自己引发出来。它强调了家庭教育的环境条件是爱,爱是对生命本身的深深的理解、接纳和尊重(罗杰斯言),是"为了促进自己和他人的心智成熟,而不断拓展自我界限,实现自我完善的一种意愿"。爱是营造一种抱持性的环境即在孩子的自体满足中给予认可,同时在孩子经历挫折时给予保护(温尼科特言)。它暗含儿童是一个相对自由和独立的生命体,正如黎巴嫩诗人纪伯伦在其《你的孩子》一文中所言:"你的孩子不属于你,他们是生命的渴望,是生命自己的儿女,经由你生,与你相守,却有自己独立的轨迹",不要对其他人负责,只需要对自己负责,虽然身体皮肤受之于父母。同时,家庭教育的本意也指出了家庭教育的出发点的终极目标就是让孩子成为自己,正如人本主义心理学之父马斯洛所言"一位作曲家必须作曲,一位画家必须绘画,一位诗人必须写诗,否则他始终都无法安静。一个人能够成为什么,他就必须成为什么。他必须忠实于自己的本性。这一需要可以称为自我实现的需要。即一个人越来越成为独特的那个人,成为他所能够成为的一切",而不是他人(含父母)的替代品或者附庸,更不是他人实现梦想的工具。所以,家庭教育本来之意是尊重儿童发展的规律让他从一开始是做自己并最终也成为一个做自己的人。一切偏离家庭教育本意的想法和做法都是"别有用心"，必将带来亲子关系的紧张，也会给儿童身心带来不良影响甚至威胁到其生命安全。这一点在后文还会有详细说明。

综观各国家庭教育概念的演变历史，参考名家大师对于家庭教育概念的认识，结合我们家庭教育工作的实践经验，我们可以看出，家庭教育已经从传统的内涵即在家庭中，由家长（主要是父母）对子女实施的教育向现代意义的家庭教育内涵——由原本以父母为中心，父母的期望为家庭教育的重点，正在向以子女的发展为本，以子女发展需要为基础的亲情互动为家庭教育主要模式的亲子教育转变，包括亲职教育（为"怎样做父母"的尽职教育）和亲子教育（为父母"如何与子女建立正向的亲子关系"的高情感教育）——转变。

二、家庭教育与亲职教育

（一）亲职教育的定义

1. 亲职教育的内涵

在家庭中，父母承担着对子女抚养和教育的重要责任。父母的教育活动可能对孩子有积极正向指导，也可能不经意间带来消极负面的毒害。究其原因在很大程度上取决于父母实施家庭教育的技能和艺术水平。那么，为了提升父母的家庭教育效能，实有必要为人父母者展开专门化教育，传授如何经营好家庭生活，如何教养子女的知识和技能，致力于将父母培养成为合格称职的好父母，以培养出健康的子女。这就是亲职教育。

西方国家在20世纪二三十年代就已经关注到家庭教育对于个人发展和社会进步的重要性。他们开始将探讨和研究的精力投注到怎么才能成为称职的父母这一课题，比如托马斯·戈登博士于1962年开创了P.E.T.父母效能训练，这是第一个被广泛认可的针对父母的沟通技巧训练，它催生了美国的家长培训的"运动"。美国学者称之为"父母教育"，德国学者称之为"双亲教育"，苏联学者则称之为"家长教育"。曾嫦嫦在其所著的《亲职教育》一书中指出亲职教育是从家庭教育演变而来的新概念，林家兴在其著作《亲职教育的原理与实务》中更明确地解释了亲职教育的含义："亲职教育是成人教育的一部分，它以父母为对象，以增进父母管教子女的知识能力和改善亲子关系为目标，是由正式的或非正式的学校亲职专家所开设的终身学习课程。"亲职教育实则应下属于家庭教育中，前者比后者在说明对象上变得更有针对性，也更加准确。亲职教育是在为家长提供有关儿童青少年发展及子女教育教养知识的基础上，帮助为人父母者形成良好的家长素质和教育子女能力的教育过程。其近期目标是提高父母的效能，远期目标是促进家庭亲情的和谐、家庭生活的圆满。

2. 亲职教育的内容

亲职教育是一种指引父母如何扮演角色、调整亲子关系的非正规性教育或社会教育活动。因此，其所涉及的范围极为广泛。曾有一篇育儿手记，提到了德国孩子对父母进行评分并交还老师的"父母成绩单"。这份成绩单一共有十道考评题：优秀为A+，合格为A，不合格为B。每一项都做出选择后，可以看到父母本月在孩子心中是否合格。①父母彼此间和睦相处，互敬互爱，从不在我面前使用不文明语言或无休止地争吵。②父母能为我创造良好的学习环境，不以电视、计算机或大声说话来影响我的学习。③父母能积极学习，不断进取，能做我的"智多星"，能提高对我的教育能力。④父母能认真听取我的学习情况汇报，为我推荐一些有益的学习资料和课外阅读书刊。⑤父母能经常与我沟通，耐心地倾听我的诉说，从不态度恶劣地打断我。⑥父母能关心我的身心健康，膳食平衡，视力保护和生理健康，带领我积极锻炼身体。⑦父母每月都给我零花钱，但会指导我合理使用，让我学会勤俭节约。⑧父母从不溺爱我，每天都耐心指导我做力所能及的家务，培养我的独立能力。⑨父母能正确对待我的不良生活习惯，不是强行制止，而是和我讲道理，帮助我改正。⑩父母能主动与老师保持联系，一起帮助我在成长的道路上越走越好。通过这份成绩单，可以看出德国学校和社会对家长们提出的具体要求。其实它也正反映了社会和学校对亲职教育的诠释，囊括了父母的众多抚养和教育职责。朱敬先在《变迁社会中的亲职教育》一文中提到父母对儿童保健、教育、社会化、性教育等各个方面的需要都负有责任。父母既要善于处理夫妻关系以创设温馨的家庭成长环境，也要善于通过自我充电来提升对子女进行全方位教育的能力。具体内容至少包括：

（1）学习夫妻相处之道，建立良好的夫妻关系。夫妻关系是家庭的定海神针，观念协同、关系融洽的夫妻是孩子学习的榜样，这样的夫妻也能给予生活其中的孩子以明确的指导，并给予子女最大的安全感和信赖感，而不是让孩子处于胆战心惊的打闹争执中。生活在充满欢乐中的孩子，其心胸必然开朗，行事必然积极。

（2）学习做好父母的基本知识。比如父母角色的认定：父母各自扮演好自己的角色，谨言慎行、慈爱温馨，合作无间。教育子女的基本原则有接纳、信任、倾听以及建立良好的亲子关系。教育子女的具体职责包括创建健康的物质成长环境、注意儿童心理发展规律、帮助孩子训练独立能力和引导孩子的人格培养。

（3）建立与学校、社会的联系。亲职教育指导父母学会如何与学校老师建立起畅通的联系，以便了解、关心孩子在学校的生活与学习状态。并且家长要做到尊师重教，尽量保持与教师合作的态度，提升成人世界对儿童的教育效力。另外，家长们必须学会和周围存在的社区、文体团体等建立起紧密联系，以便更迅速掌握家教信息前沿，拓宽对家庭教育的认知视野，更准确和科学地帮助孩子健康成长。

（二）家庭教育与亲职教育的比较

1.差异点

（1）从教育目标上看，家庭教育以儿童为教育对象，帮助子女形成健康的体魄、健康的人格、丰富的智能等。亲职教育则以父母为主要教育对象，指导父母如何认识和履行自身的教育角色，提升父母的教育效能。

（2）从教育主体而言，家庭教育主要以父母为主体，也鼓励儿童的互动参与；亲职教育则主要依托社会教育机构或相关部门，展开对为人父母的指导和培训。

（3）在教育内容上，家庭教育的内容十分丰富，指向子女发展的各个方面，如身体养育、卫生保健、兴趣培养、人格形成等。而亲职教育强调的是对父母、夫妻角色的正确认知与履行，并系统地传授两性各种子女教育方面的理论知识和操作要领，以帮助父母实现自身的教育角色。

2. 相同点

当然二者也有相通之处。首先，在教育体制上，二者均不属于正规教育。换句话说，它们都是非正规的教育。在我国，目前尚未对家庭教育和亲职教育进行系统的管理与设置，也未形成强制性的教育体系，二者都未被纳入正规教育的机制。其次，在教育功能上，二者对个人一生的前途，有决定性的作用，对社会的进步繁荣有深远的影响，对国家的长治久安有密切的关联。

综上所述，家庭教育和亲职教育既有共同之处，又存在差异，二者相互影响、相互制约。加强与推动现代家庭教育，需要亲职教育的配合才能卓见成效，亲职教育的价值也只有在以家庭互动为基础的家庭教育过程中才能实现。

二、家庭教育的特点

笔者在给家长讲解此部分具体内容之前，可以先带领家长做个活动——"照我说的做"。要领是家长伸出自己右手的大拇指和食指，做成"OK"状，笔者将"OK"放在自己的右脸颊，嘴里却说："请把OK放在你的下巴上。"要求家长边看演示边按照老师说的做。活动初始，家长都不知所措，因为老师说让把"OK"放在下巴上，老师自己却放在了右脸颊，面对老师的"言行不一"，是听老师说还是看老师做呢，家长迷茫了。前面的游戏完成。这个活动在操作时还可以多次变形，关键点就是说的和做的不一致，但要求学生按照说的做。其实，在此活动中学生所呈现出的心理冲突、行为矛盾是每个家庭生活的常态，那就是父母经常唠叨孩子去看书、学习，不玩游戏，父母自己却肆无忌惮地看电视打牌刷手机，也根本没有意识到这种场景给孩子内心造成的巨大冲击。孩子在意识层面可能听父母的话，但潜意识会忠诚于父母，向父母学习——不能专心于学习。

这就是家庭教育的一个最突出的特点：模仿性，或者说是一种镜像学习。这是因为我们孩子体内有一种神经元，学名是镜像神经元——人类身上将知觉与动作连接的一种特殊的神经元，是大脑对他人行为产生心理反应的基本因素。孩子的眼睛就是24小时的摄像机，记录下了对他们来说生命中最早也是最重要的他人——父母——的一言一行、一举一动。很多时候，孩子不是听父母说什么，而是看父母做什么，态度是什么，情绪是什么，隐藏点什么。孩子是蹩脚的解释家，但是感受的专家，能够敏锐而精准地捕捉到父母的人格的全部，并在无意识层面深深地认同和忠诚于父母，以表达对父母的爱，这其中甚至包括孩子的婚姻恋爱观。

6岁的儿子满脸正儿八经地告诉我："妈妈，在我现在大班的老师中我最喜欢邱老师了。"我赶紧惊奇地一探究竟："为什么呢？""她爱笑，笑起来像你一样！"一脸的调皮。"还有吗？"我想继续探究。"我想想啊。嗯，我感觉她温柔，还像你一样爱我。"一脸满足的样子。这让我联想到他4岁时告诉我他喜欢小雪老师、杨杨老师的事情。

儿子4岁的一天晚上在休息前的亲子沟通环节——晚间悄悄话，儿子总结了他的一堆好朋友，然后说好朋友中也有老师。并说上小班时最喜欢的是小雪老师（这个老师只临时代过一个月的课），中班是杨杨老师，大班是小雪老师（还是前面小班的那个老师）。我就追问原因，他想了想说："小雪她背对着我离我远远的时候，像你。杨杨离我远远的，眼睛看着我时，像妈妈。""哦，总之，和妈妈是相似的。"我温和地回应道。

儿子在5岁多告诉我，原来小时候，说长大后要和我结婚，现在改变主意了，就是长大后，妈妈就老了，要找一个像妈妈那样温柔地爱他的女孩子结婚。

这真是弗洛伊德著名论断：孩子俄狄浦斯期经过良好发展长大后要"娶回"妈妈的最好的现实注脚，其实男孩子要长成爸爸那样的并超越爸爸，长大后"娶回"像妈妈一样的"新娘"。

笔者在咨询中，也发现很多的案例是父母不成功，孩子也不成功，虽然父母在口头上特别要求孩子取得世俗的成就；父母婚姻不幸，孩子的婚姻也"不敢"幸福。

这里存在一个心理奥秘即每个人都有返家的本能。这种本能类似于鸟类和动物奇异的地理意义上的归巢本能。如鲑鱼的幼鱼顺着它们出生的河流往下游，直到海洋深处。然而，它们长大后，家的呼唤使它们排除万难游回到那条位于上游很远的地方。然后每一条鲑鱼在它们出生的这个浅滩，像它们上一代一样，产卵、死亡。人类在对于鸟类和动物奇异的归巢本能不可思议的同时，往往没有意识到，我们人类——大流浪儿也拥有返家的本能，只不过以不同的方式表现出来。人类的返家本能不是地理上的，而是在心理上趋向于寻找出生或童年成长的地方，想在目前的生活中重建过去原生家庭所熟悉的生活模式的本能。哪怕这种模式是痛苦的、有破坏性、不健康的。

英国著名的儿童精神分析师温尼科特曾经说过，从来没有婴儿这回事，因为透过婴儿的行为，你总能看见他的父母。也就是，几乎婴儿的行为都会打上其父母的烙印，一如俗话所言，有其父必有其子，言教不如身教，身教不如镜教。如果把家长比作为原件、家庭比喻为复印机，那么孩子就是复印件。

从家庭教育的特点中也能窥见家庭教育的重要性。家庭教育是大教育的组成部分之一，是学校教育与社会教育的基础。家庭教育是终身教育，它开始于孩子出生之日（甚至可上溯到胎儿期），婴幼儿时期的家庭教育是"人之初"的教育，在人的一生中起着奠基的作用。孩子上了小学、中学后，家庭教育既是学校教育的基础，又是学校教育的补充和延伸。其教育目标应是：在孩子进入社会接受集体教育之前保证孩子身心健康地发展，为接受幼儿园、学校的教育打好基础。著名心理专家郝滨老师曾说过："家庭教育是人生整个教育的基础和起点。"确实，家庭教育是对人的一生影响最深的一种教育，它直接或者间接地影响着一个人的人生目标的实现。

第二节 家庭教育的本质与目标

一、家庭教育的本质

（一）家庭教育的心理机制

从以上的分析中，可以看到，家庭教育其实是亲子互动的过程，父母正是通过互动对孩子产生各种影响，父母的情绪、人格、行为、语言等都会影响到孩子的成长。父母是用整个人格来和孩子进行互动，进而开展家庭教育的。我们不仅仅要知道，父母对孩子有哪些影响，其背后深藏的心理机制更值得探讨。

1. 孩子通过父母的眼睛了解和定义自己

客体关系心理学讲到，父母就是孩子来到这个世界自我存在的见证。父母就像一面镜子，孩子通过父母的镜映功能不断了解自己、定义自己。

八月十五的晚上，儿子闹着去同一单元17楼的邻居家玩，邻居大姐很热情，一定让我尝尝她自己做的月饼，等到了和儿子约定回家的时间，大姐一定要我再带几块月饼回家，让家人也尝尝。扛不住她的盛情，我就连吃带拿地回家了。等到说悄悄话的时间（我和儿子的约定，每天要将自己一天的生活，说给对方听听。我们也称为美好时光），我就带着好奇地问："儿子，17楼的阿姨怎么这么热情地让我们吃月饼啊？"他想都不带想地脱口而出："她喜欢我们呀！"（没有想到儿子能这么精准的归因。虽然我也不知道她是否真的喜欢，但是在社交层面，看得出她还是欢迎我们的。）我就因势利导："哦，是喜欢你呀！那你今天在学校有什么高兴的事，让你感觉老师或小朋友很喜欢你的吗？""有呀，某某和我分享他的《葫芦娃》，老师还给我吃糖了呢……"似乎那些生活片段就在他眼前。"那，你感觉自己是什么样的人呢？"我试图让儿子勾勒出自我的画像。儿子皱着小眉头，不知道怎么回答。"有一句话叫人见（停顿），花见（停顿）？"我放慢语速，启发道。"哈哈，人见人爱，花见花开！"儿子对答如流。我俩接下来还进一步去寻找印证他这一结论的恰当证据，最后他居然还发现前几天下小雨时，他没有打伞，小雨都"喜欢"他，淋到了他的大头上，还亲切地问候他："帅哥，你好呀！"

亲子关系的代际传递，就是在生活的点点滴滴中发生，在无时无刻地互动细节中进行。经过父母的多次强化，孩子就会得到确切的自我信息，在其幼小的心灵深处建立"你好，我也好"的自我印象，而这种积极的自我内在关系模式会进一步被"复制"到他未来的成人生活中，成为他一生的宝贵财富。

2. 孩子通过父母的眼睛了解和定义外在世界

同样的道理，孩子是通过父母的眼睛感受这个世界是否安全、他人是否值得信赖等等。孩子小时候都要去打防疫针，看见和感受到针头扎进自己的身体，不同的孩子反应是迥然不同的。有些孩子知道要打针，就开始哭，从头哭到尾；有些孩子需要几个成人的"捆绑"，医生方能将小小的针头扎进他的血管；当然还有些孩子不哭不闹，虽然也会感觉到疼。

儿子在小时候，每每遇到扎针的事，我事前都会启发他："宝贝，小蚂蚁咬你一口，什么感觉啊？""有点疼，麻麻的一下。"儿子若有所思地回应道。"儿子，打防疫针或生病打针，针进入你的血管也是这样的麻麻的一下，就像小蚂蚁亲了你一口一样。"我进而引导道。"哦，我知道了。"儿子已经被"催眠"了——打针还是有点疼的感觉的，不过就像小蚂蚁亲我一口一样的力度。等到打防疫针时，没等护士提示要伸胳膊，儿子就镇静自如、利利索索地伸出小胳膊，小眼睛一眨也不眨地看着针头里的药水注入自己的血管里。不哭也不闹，毫无畏惧的样子引来护士还有旁边的成人的一致赞美，同时，也听到一些家长"看，那个小哥哥多勇敢啊！咱也向他学习！"这样对自家孩子进行鼓励和引导。

很多家长在孩子打针时，就在旁边"好心"劝慰："宝贝，打针不疼啊，别怕"，还有些家长"担心"孩子会害怕，或见孩子哭时，就捂住孩子的眼睛。孩子一听，哭得更厉害了，一被捂住眼睛，向后撤退得更快了。因为家长已经"告诉"（潜意识层面）孩子了——打针是疼的，很疼，要不我怎么会事前温馨提示呢？到时候孩子你一定得顶住。我只是不想让你哭，所以才说不疼的。其实，孩子是感受的专家，他能感受到成人的焦虑、担心，虽然成人语言上没有直说。所以，家长一方面需要诚实告诉孩子：打针是疼的，因为撒谎早晚会穿帮露馅。另外，还要引导孩子淡化这份痛觉。父母眼中的防疫针不怎么疼，孩子也会感觉不怎么疼。所以，父母越轻松，孩子也会应对自如。父母眼中的世界决定了孩子未来的世界。

3. 孩子是父母人生信条的自动实现的产物

每个人的头脑中都有大量关于社会、自我或他人的信条和规则，有些是能被意识到，有些深藏在潜意识中。很多父母在进行家庭教育的过程中都处于无意识的状态，很少去觉察、思考自己的言行对孩子的影响，而恰恰是这些未被意识到的信念深深地影响着孩子的成长，孩子用自己的成长现实再次印证了父母原有信条的正确性，结果，父母不得不感慨自己的眼光真是"准确"，这就是心理学上著名的罗森塔尔效应或语言自动实现效应，即家长现在嘴里或心里的孩子的样子就是孩子未来的样子。

美国一位著名的棒球选手，应邀到监狱里与犯人交流，他给犯人讲了自己成长的故事——小时候，他第一次玩棒球，不小心把父亲的牙打出了血，父亲赞许说："孩子，你将来一定会成为一名优秀的棒球选手。"第二次玩棒球，他把家中的窗户打碎了，父亲称赞道："孩子，你将来一定会成为世界冠军。"听完了世界棒球冠军的故事，犯人们若有所思，窃窃私语，这时，一位犯人站起来说："我小的时候的经历与你相似，只不过我父亲告诉我，你这样踢下去，就会踢进监狱。"

从这个例子中，我们可以看出，面对小孩子相同的行为，父母不同的信条造就了孩子截然相反的未来。这就是"我（指父母）说行，你就行，不行也行；相反，我说不行，行也不行"的预言自动实现效应。

笔者就有一个这样的咨询案例。一个来访者，她的儿子正在复习参加研究生的入学考试，报考时征求妈妈的意见，妈妈认为孩子要报考的学校被录取的可能性不太大，但是儿子认为自己还是有一定把握的，最后就坚持了自己的想法。可是妈妈三天两头给儿子打电话都会埋怨孩子报考的学校太难考取。儿子似乎没有听到心里去，继续努力复习着。可是在临近考试前夕，儿子遇到了车祸，不能参加考试，错过了这次机会。心有不甘的儿子，第二年又向这个目标发起了冲锋，但妈妈劝他还是报考一个更容易点的学校，可是儿子坚持自己的观点，妈妈就说："就这一次机会了，你要为自己负责。"可能是"命中注定"，考前孩子又发起了高烧，不能参加考试，遗憾地再次错过一次机会。在咨询的过程中，母亲反思自己时，发现自己生活中有很多时候是在用自己的信条框定孩子的世界，对孩子在潜意识中所造成的不利影响也深表歉意。与此案例形成鲜明对比的是另外一位母亲，遇到相同的事件，她相信孩子可以实现梦想，结果孩子超水平发挥并"兑现"了妈妈的预言。这真是"我（指父母）说行，你就行，不行也行；相反，我说不行，行也不行"的表现。

其实，父母的信条还会在短期影响到孩子的表现。

一早，儿子在洗漱，洗着洗着就开始玩了，眼看着就要上学迟到了，怎么办？我灵机一动："妈妈就知道我们宝贝刷牙里里外外、上上下下、左左右右，刷得干干净净、利利索索的，很快就刷完。"本来还沉浸在自娱自乐世界中的儿子，似乎变了一个人，迅速拿起牙刷，一如我期望的那样把牙刷完。

4. 孩子的问题是父母的问题向外投射的结果

先来解释一下投射和投射性认同的概念。二者都是精神分析视野下的心理学概念。投射是指个体依据其需要、情绪的主观指向，将自己的特征转移到他人身上的现象。投射作用的实质，是个体将自己身上所存在的心理行为特征推测成在他人身上也同样存在。这就是自我中心，自己认为冷，别人也应该冷也必须冷。投射性认同是现代精神分析客体关系理论中的核心概念之一，指发生在两个关系很近的人中，如果其中一个人的人格发展得不是太好，他就可能会以种种的方式来诱导另外一个人，以自己期望的方式做出相应的反应，如果对方做出了反应，他们两个人就捆绑在一起了，这是一种没有分化的不成熟的亲密关系。

曾奇峰老师曾经讲过一个发生在父亲和儿子之间的投射和投射性认同的例子。一个父亲告诉曾老师说因为他儿子非常胆小，所以天天训练他儿子，但是他儿子还是胆小，希望曾老师帮忙。然后曾老师就问他："你自己有没有胆小的时候？"他回答说也经常有。曾要这位父亲列举了10条自己胆小的例子，列举完了之后再问他："你现在还觉得你儿子胆小吗？"他说："我感觉儿子胆小的程度大大地降低了。"为什么呢？首先，这位父亲一直都没有看到自己的胆小，所以他把他全部的胆小都投给儿子并且攻击儿子的时候，父亲就成了这个世界上最勇敢的人，而儿子成了这个世界上最怯弱的人。因为儿子天真会认同爸爸，从而也认同了爸爸传递出来的信息——

自己是胆小的。这样儿子就有了两份的胆小：一份是作为人都有的胆小，还有一份是爸爸不愿意看到自己胆小然后投射过去的胆小。在亲子的互动中，儿子会"变本加厉"地以爸爸"期望"的方式做出相应的反应，爸爸越是天天训练，儿子越是胆小。其次，当这位父亲自己把自己的胆小那部分收回来的时候，他看到儿子胆小的程度就降低了一半。也就是说两个人胆小的反差就会降低，所以儿子就变得不那么胆小了。

所以，孩子是父母潜意识的呈现。父母是什么样的人比给孩子说点什么做点什么更重要（温尼科特言），即父母的心理是否健康直接影响到孩子的心理健康。父母的每一个起心动念都会对孩子产生影响，父母不是用某一部分影响孩子，而是作为一个整体的人，在与孩子的互动中塑造着孩子的现在和未来。孩子就是父母的一面镜子，孩子身上的问题，都能在父母那里找到出处。

（二）家庭教育的本质

从以上的分析中，可以清晰地看到，家庭教育的本质是父母的自我成长，一如萨提亚所言，孩子没有问题，若有问题，一定是家长的问题，家长更应该被教育。一方面，父母学习自我觉察，能够区分哪些情绪是自己的，哪些是孩子的，并学习处理自己的情绪。当觉察到这些，就不会被自己的情绪驱使，不会通过控制孩子来缓解自己的情绪。这时，就更能够区分自己的做法是自己的需要，还是孩子的需要。当经常这样觉察，父母会有一个自我成长，孩子也会在爱的怀抱中沐浴家庭教育的阳光，快乐自由地长成一个做自己的人。所以，只有父母"好好学习"，孩子才能"天天向上"。

学校由于雾霾统一放假，孩子们不上学。午休时间，那真叫一个急人，儿子要画画还要看书，我已经瞌睡得睁不开眼睛了，他还执着于自己的事情，我试探着说："那妈妈先睡了，你要不要睡？""那你先睡，我画完睡。"他毫不迟疑地应答道。其实，我担心我睡着后他更不睡了，心里担忧、着急，真的要火了。可我立刻觉察自己，是我特别在意儿子是否能执行我的意志，我打着爱的旗号（讲述午休的诸多好处），行着无视和剥夺儿子自我感觉之实。想到此，我自己心说：算了，养育孩子有时就是蜗牛牵着我去跑步的过程，上帝都不管了，我也只能放手。我就自己休息去了。一觉醒来，儿子还没有睡，似乎听到他脱衣服的声音，我就闭着眼睛静静等待他进被窝。我心里立刻一股暖流流过——他正在用他的节奏感受着他的生命，发挥着他的自我功能，展开他的人生画卷，自由的生命是自觉的。相信他，尊重他的生命节奏和规律，他会让我们有意外收获的，对孩子来说这是多么柔软的生命瞬间，对父母来说也是很美的人生恩典！

二、家庭教育的目标

天下最简单的是为人父母，最难的也是为人父母、做家长。因为生孩子是一种本能，疼爱自己的孩子也似乎是一种本能。但是如何去爱，却是一门伟大的艺术（高尔基言）。所以，在为人父母之前，请思考三个问题：为什么要生孩子？希望孩子拥有什么样的精神长相？如何帮助他更好地成为他自己？而这些问题正是涉及我们家庭教育的最终目标。培养孩子的最终目的，是家庭教育最根本也是最重要的一个问题，这个问题对孩子的价值观、人生观和世界观的建立将起着决定性的作用。由于每个人的文化背景、家庭环境等的不同，所以培养孩子的目的也各不相同，但在这些目的的背后，有一个所有父母都认可的目的——孩子要一生幸福。

那什么是幸福？本·沙哈尔在《幸福的方法》一书里，给了我们他关于幸福的答案。

本·沙哈尔将人们持有的幸福观分为四种类型，分别是把"成功"当幸福的溺水模式类型、把"解脱"当幸福的跳楼模式类型、把"享乐"当幸福的饮鸩止渴模式类型和真正幸福类型。

这些分类只是理论上的分类，不代表任何具体的人。其实，每个父母在开展家庭教育引领孩子成长之时或多或少都有每种类型的一些特征，更多的是混合型，当然还有一些家长秉持的教育目的是幸福观中的某一种典型类型。

（一）溺水模式——把"成功"当幸福

持有这种家庭教育目的的家长，在孩子出生之后，就不让孩子输在起跑线上，经常提醒孩子，要好好上学，长大后有个好的未来，努力成为人上人。然而没有告诉孩子，学校是一个获得快乐的地方，学习本身就是人生的快乐之源。

由于害怕考不好，孩子极其焦虑并承受着巨大的压力，只是盼望着放学和放假，那紧绷的神经方能稍稍放松一下。孩子逐渐接受了家长的唯一价值观——成功是人生的全部。评判孩子人生唯一的标准是做了什么事，是否取得了成功，取得了何种程度的成功等，而不是他是不是一个独立的独一无二的人。孩子就等于成绩、成功。

孩子一直坚守着这种根深蒂固的价值观，学习，工作，升职。虽然一直都非常优秀，也令无数同辈羡慕不已，可是那种发自心底深处的疲惫和无助无时无刻不困扰着孩子，如影随形。每每压力大的不能承受它时，就安慰自己说考上大学就好了或升职之后就好了。可事实是，考上大学或升职后，就像溺水者，稍微浮出水面松了一口气之后会发现工作中还有更多的、要求更高的任务等着自己，这时，孩子不得不再一次沉到水下，继续着那熟悉的、焦虑相伴的、奋发的日子。孩子就这样周而复始，像赶路的鸟儿忙碌着、奔波着。

孩子的这种状态是父母的成功主义价值观被孩子内化了的结果。成功主义是人类被异化的结果，它错误地认为成功即是幸福，坚信目标实现后的放松和解脱即是幸福，因此不停地从一个目标奔向另一个目标，直到老去，孩子在闭眼西去的那一天，还会遗憾没有完成全部目标。

这种将孩子的成功视为家庭教育的目标，是对孩子的有条件接纳，而非无条件的。成功了就被接纳，若失败了则不被待见，孩子体验到的是深深的自卑和低低的价值感。这份不自信会驱使个体无休止去追求世俗的成功，一直违背把做自己成为自己的初衷。他们会感受到自己在为父母、为他人而活，双方构成了一个"我与它"的关系，即自己只是一个功能性的存在，是别人的一个工具罢了。自我形状上有点坍塌，不够挺拔，内在的活力不流动；活得不洒脱，不自在、不体面，没有尊严。严重者还可能患上各种心理疾病，甚至一生都在痛苦中度过。

（二）跳楼模式——把"解脱"当幸福

上述的被有条件接纳和沦为他人工具、被异化的孩子，活在现实和目标的差距中，永远活在焦虑中，找不到自己存在的证据，没有真自我，没有为什么而活的理由，并不喜欢当下的生活，心里累积了重重的怨恨、愤怒、不满、无助。尤其是父母奉行成功主义家庭教育理念，不能满足父母不断累加的期望的孩子，所谓的失败者，再也不想这样过，可能去找一个自己能被看见、能体验到点价值成就、能把自己当回事、不这样被有条件对待的地方，网络的虚拟世界可能就是不错的安全岛。

在网络那里，可以尽情徜徉，就像退行到小时候躺在妈妈温暖的怀抱的感觉，毫无顾忌尽情满足本我的需要。在现实面前，虽然这是不成熟的防御。那有什么关系呢？反正不要现实也不想未来了，让一切成功、努力等信条见鬼去吧！太累了，只想在这里歇歇脚，能歇一辈子最好！当良辰美梦不断被打扰被叫醒、需要面对残酷的不把人当人的现实的时候，孩子可能走投无路，可能就会用生命去赌注，用生命来证明自己的本真存在，向父母发出生命最后的呼喊——成绩是父母的幸福，自己要去天堂寻找自己的幸福。此时的解脱对于这类孩子来说无疑是最大的幸福。可是对于家长和整个家庭来说，最重要的是需要反思：自己到底做了什么让孩子如此绝望！

（三）饮鸩止渴模式——把"享乐"当幸福

正如派克所言，人生苦难重重。人生需要孩子自己积极面对，通过自己的体验真正理解苦难并想办法成功解脱，从而实现人生的超越，进而达到积累自己，成为自己的终极目标。

可还有些父母只需要孩子好好学习，在生活的其他方面，见不得孩子吃苦。大包大揽，为孩子的成长代劳，对孩子的自我功能实施外包，从而剥夺了孩子历经痛苦的权利和解决问题的自我功能。而在学习上，无论孩子如何努力，都不能让家长满意，孩子渐渐失去了学习动力和对学习的兴趣，失去了积极的人生态度。能力发展被限制和压抑的孩子，失去了心理支柱，永远找不到自我存在的证据，很容易沉迷于父母给的"衣来伸手、饭来张口"的生活。周而复始，孩子无视未来，也无力应对未来的问题，只沉浸在当下过一天算一天的享乐之中，形成了享乐的价值观。一如饮鸩止渴一样，享乐后极度空虚，空虚之后怎么办？再去享乐以弥补空虚。渐渐堕落为啃老一族，失去自我，也很难成为自我。如此这样下去，孩子不会去解决现实的人生问题，那么孩子本身就成了问题。

（四）幸福模式——真正的幸福

秉持溺水模式、跳楼模式和饮鸩止渴模式的家庭教育目标的父母，都犯了同一种错误，那就是坚持自己对于幸福的偏见。溺水模式信奉的是"实现谬论"，即孩子只有在实现一个有价值的目标后，才能得到幸福。饮鸩止渴模式的问题在于"快乐至上"，认为只要不断地享受短暂的快乐，就算没有实现目标，也可以得到幸福。至于"跳楼模式"本身就是一种谬论，是对现实状况的误读，认为自己做什么都得不到快乐。这种孩子最可怜，因为他们连前两种谬论中有限的快乐都感受不到。而这三种不幸福模式都是父母的无意识在孩子身上的呈现而已。

接下来，我们来看真正的幸福应该是什么样子。简单来说，真正的幸福是孩子享受着现在生活中的快乐，同时不断追求积极的人生目标的生活状态。这就要求父母允许孩子自由探索，看见孩子的真实存在，鼓励孩子通过自己的自由探索找寻自己的兴趣（pleasure）、特长（strength）和意义（meaning）。而兴趣、特长和意义三者交集之处正是孩子幸福生长的地方。这样的孩子，体验到的是自己内心真实自我的流动，而不是人为的分裂，在做自己的过程中，不断积累个人经验，找寻自己生而为人的证据，并不断成为自我。若孩子的生命一直这样被允许、被看见，其人生一定是幸福满满，福流阵阵，不枉此生，从一开始就会成为一个幸福的人，最终也必将是一个成为自己、幸福的人。

综上所述，让孩子成为一个幸福的人是我们家庭教育的最终目标。

第二章 家庭教育对儿童人格健康发展的影响

儿童的人格健康对其生活、学习以及思想的影响越来越受到人们的重视，尤其学生的心理健康日益成为学校教育的重要内容。我们的学校教育，在教授给学生知识的同时，更重要的是培养他们健全的人格和健康的心理。而父母作为学生的第一任老师、最直接的教育者，对孩子健康心理的培养更是负有不可替代、举足轻重的作用。家庭对一个孩子人格的健康发展的影响是不能被替代的，具有奠基性意义。家庭教育对儿童人格发展的影响也是本书关注的重点。

第一节 家庭教育是儿童性格形成的源头

先做一个觉察活动。请读者写下你自己的优缺点各三个；再分别写下你的另一半（若读者有伴侣）的优缺点各三个，最后写下你最欣赏父亲和母亲的优缺点（各三个）。对比一下，你自己的优缺点和父母有什么代际传承性吗？你的爱人又与你的父母尤其是异性父母有什么相似和相同之处？带着这个思考，我们开始探讨家庭教育对孩子人格发展的影响。

一、有关儿童的概念

发展心理学认为人的一生表现出若干个连续的心理发展阶段，由于每个时期的综合主导活动、智力、心理发展特点和发展任务不同，将个体划分为如下几个阶段：乳儿期（0～1岁）、婴儿期（1～3岁）、幼儿期（3岁～6、7岁）、童年期（6、7岁～11、12岁）、青少年期（11、12～25岁）、成年期（25～65岁）和老年期（65岁以后）。由于上述各阶段与人的年龄相联系，因而被称为年龄阶段。而每个年龄阶段又表现出一般的、典型的、本质的特征，这被称为心理年龄特征。

通常所说的儿童广义上是指12岁之前的孩子，即童年期之前的年龄阶段，狭义上是指6岁之前，只包括乳儿期、婴儿期和幼儿期三个年龄阶段。因为本书著者采纳了精神动力学的基本观点，即认为个人的人格基本形成于6岁之前，所以，本文所指的儿童也是狭义上的对儿童的年龄界定，以下内容也将主要探讨6岁前的儿童所接受到的家庭教育对其人格发展的影响等问题。

二、什么是人格

每个孩子生下来直到长大都有一个属于自己的家庭，即使被抛弃被虐待都有一个家，特殊情况除外。一般来说，我们从小长大的家，有爸爸妈妈和兄弟姐妹，父母当家的家在心理学上被称为原生家庭。多数人不能意识到原生家庭对自己的影响，因为这份影响往往以无意识的方式进行着。人好比一台运行良好的计算机，平时我们看到的计算机界面是我们需要看到的界面，但决定呈现这些界面的程序却隐藏在计算机编好的程序中，而这些程序就是亲子互动的方式在孩子内心生成的人格或者说性格。

客体关系心理学认为，一个人的人格或者性格是个体与生命中重要客体的现实关系经内化后的内在关系模式。客体关系是个体心理内化的"我与重要亲人的关系"。"我"是主体，重要亲人是客体，这个关系被称为客体关系。一般而言，最重要的客体是父母，而这个客体关系，主要是指一个人内化时在小时候自己与父母的关系。即性格的形象表达是一个人的"内在小孩"与"内在父母"的关系。也就是说一个人的性格是一种关系，如自信、自卑、倔强等。自信是自己相信自己，即自己的内在的一部分相信自己内在的另一部分。套用客体关系心理学的话，准确地说，即一个人的内在小孩对获得内在父母的爱充满信心。所谓自卑是一个人的内在小孩对获得内在父母的爱没有信心。倔强是一个人的内在小孩对内在父母说，凭什么？

三、人格的形成时间

弗洛伊德认为，所有人的性格都停留在5岁前，所有民族也是这样，也就是说一个人的内在关系模式是在他基于5岁前完成的。这个年龄，大脑已经基本发育成熟。但后来的精神分析研究者，比如克莱因或者科胡特等认为一个人的核心人格是在前语言期（2岁以前）就已经确定了。他们认为5岁是个太老太老的时间。一个人的核心人格应该在前语言期（2岁）就已经固定了。后来，又有学者认为2岁也太老了，应该是18个月，然后，克莱因又往前推进了一步，她认为一个人的核心人格是在出生之后第四到第六个月就已经决定了，这是一个非常重要的整合的时间点。

接下来，我们就来探讨一下为什么说所有人的性格都停留在6岁前，或者说看看6岁之前，每个人的性格是如何形成的。本书笔者也将侧重对6岁前的儿童人格健康成长的家庭教育的阐释。

弗洛伊德将一个人的心理发展分为五个阶段：1岁前，口欲期，嘴部是快感中心。1~3岁，肛欲期，肛门是快感中心。这两个阶段合成前俄狄浦斯期。3~5岁，俄狄浦斯期，生殖器是性中心，男孩有恋母弑父动力，女孩有恋父仇母动力。6~12岁，潜伏期，性能量突然消失，孩子们表现出喜欢与同性伙伴交往。13~18岁，生殖期，性能量大爆发。我们主要来看5岁前，孩子的内心发生了什么？从而形成其性格。

0~6个月，母婴共生期的一元期。婴儿出生后虽然在身体上与母亲分离，但在心理上没有能力区分自己与母亲是两个人，而是把自己与母亲当作一体，整个世界只有他一个人存在，且必须以他一个人的意志为核心，呼奶唤抱，无所不能。母亲是一个绝对好的、24小时无缝对接的照顾者，母亲以婴儿的需要为核心，没有自己的需要，婴儿实现着对母亲的剥夺。因为婴儿接受不了不同，不同即是敌对。简单来说，即婴儿追求着绝对的控制权，必须是他一个人说了算，妈妈的意志得消失。在此阶段，若母亲对婴儿的需求足够敏感，且能及时满足，婴儿就会感受到妈妈值得信任，妈妈不错。同时，通过母亲这面镜子婴儿也照见了自己是足够好的，从而相信这个世界也是美好的、安全的，建立了基本的信任感和安全感，内在心理也将生成一种被称作"希望"的品质，就是敢于对未来、对自己和他人寄予希望，充满憧憬。若是在这个阶段，抚养者不能及时觉察和满足婴儿的需要，婴儿就感受不到全能的自恋，进而会怀疑这个抚养者，怀疑自己内在需求的合理性，不敢相信自己是美好的，也造成性格中基本的安全感和信任感的缺失。成年后还可能出现抑郁、非健康自恋等心理问题。

6个月至3岁，分离—个体化的二元阶段。随着婴儿的长大，慢慢认识到自己与母亲是两个人，从一元阶段的依恋母亲过渡到与母亲精神上的分离。他既需要与母亲的亲密，也需要独立。由此，亲密与独立构成了一对矛盾，另外，两个人的一致同步同时存在，也形成一对矛盾。所以，这个阶段的主题是争夺控制权。不是像一元期那样我有你没有的权力斗争，而是接受对方与自己的不同，但希望自己控制多一点，同时两个人的身心都忠于彼此。在此阶段，若母亲和其他照顾者都能了解儿童此时的心理发展特点，在实际的养育过程中，给予儿童自由的探索空间，鼓励儿童大胆尝试，支持儿童自主和掌控，儿童就会更加确信自己内心的想法，坚定探索的脚步，发展出被称作"意志"的心理品质。长大后的儿童也将具备坚定的意志品质，坚强的发现目标和追求目标克服困难的意志力。相反，没有体验到自主探索、发展控制力的儿童，就会怀疑自己，对自己的需求羞怯，进而还会影响到成年后的自信和自尊。

3~5岁，俄狄浦斯期或三元期。母婴二元关系接近尾声，儿童进入三角关系中，一个崭新且有意义的心理发展阶段开始。这个阶段，幼儿的性能量大爆炸，性能量指向了异性父母，而攻击能量指向了同性父母，潜意识中希望战胜同性父母占有异性父母。主动地效仿同性父母，试图超越，逐渐产生对所爱客体认同后的愉悦感，同时将异性父母作为未来恋人的模板予以内化，将所在的家庭作为自己未来将要成立的家庭的参照，发展出一种被称之为"目的"的心理品质。这种品质是一种正视和追求有价值目标的勇气，这种勇气不为幼儿想象的失利、罪疚感和惩罚的恐惧所限制。此时的儿童似乎较为成熟，为未来生活做好了充分准备。如若主动性遇阻，成年人讥笑幼儿的独创行为和想象力，那么幼儿就会逐渐失去自信心，滋生内疚感，难以形成"目的"的心理品质。另外，他们也能接受关系的复杂性，我爱你，但我也爱别人；你爱我，也可以爱别人。这个别人，可以是事情如工作，也可以是人和物等。不要求对方绝对属于自己，接纳对方的"花心"，这也意味着其内心的世界变得复杂、多元。这时，处理情感和性就像成人一样，一个人的性格也就此形成。而对这份复杂、多元的容纳，其实就意味着儿童更高的心理健康程度。

四、家庭教育决定着儿童人格的形成和发展

客体关系心理学告诉我们，一个人的人格或者性格是他在早年的时候跟父母亲关系的过程中形成的。人是关系的动物，从严格意义上来说，人只有一种关系，就是早年和爸爸妈妈的关系。一个人的性格是一种关系，是小时候与父母的现实层面的关系的内化的结果。在成年之后跟其他所有人的关系，都只不过是早年跟爸爸、妈妈关系的翻版而已。从一个成年人和其他人关系当中也看出他早年和爸爸、妈妈的关系，当然这需要一些专业的眼光。

也可以这样说，性格的内在关系模式形成后，在以后的人生里，我们就会不断将这个模式呈现在现实世界中。一个人的现实人际关系，是他内在的客体关系向外投射的结果。若童年时，与父母的关系较健康，那么，形成的内在关系模式也较为健康，以后现实的人际关系模式也会较为正常；相反，与父母的关系不健康，性格也不健康，现实的人际模式也欠健康。一如俗话所言，"三岁看大，七岁知老"。弗洛伊德在精神分析理论中也讲道，个体6岁以后生命中没有新鲜事情了，每个人都只是在强迫性重复童年的经历而已。从而让我们不得不感慨，性格一旦形成，性格就会决定命运。而这里的命运不过是一个人的强迫性重复罢了。

这里所说的强迫性重复是指一个人对小时候与父母的关系模式的不断复制并体验相同的情感。比如，知名心理咨询师李雪在谈到抑郁症的成因时说，如果母亲几乎不愿意触碰婴儿，不懂得如何跟婴儿互动，不回应哭泣的婴儿，甚至会厌恶和攻击婴儿对连接的渴求，母亲和婴儿之间，就无法形成亲密感和连接感。婴儿在母婴互动中极少有愉悦的感受，其内心深处长期痛苦失落，心理就会建立一个糟糕的自我体验的神经通路，生发出孤独灰暗的生命底色。在后来的生活中，可能由于感情失利、工作受挫等诱因陷入抑郁，也可能没有任何外在原因，其内在就是长期感受到痛苦煎熬，甚至想要自杀。而一个母婴关系较为健康愉悦的人，或许也会遭受同样的外在挫折，也会失落痛苦，但却不会持续地陷入抑郁。这就是抑郁症形成的根源土壤——糟糕的母婴关系。用精神分析的话来说，这就是移情——过去在现在的重复，个体将过去的体验复制到当下的现实之中，重复体验小时候相同或相似的感受。

当然，类似的看法还有很多。武志红说如果一个人小时候的关系模式是信任，那么他就会不断复制信任，最后不仅赢得一般人的信任，也赢得了很难相处的那些人的信任。按照精神科医师曾奇峰老师的观点，是这个人教会了那些难相处的人信任他。相反，如果一个人小时候的关系模式是敌意，那么他就会不断复制敌意，最后，不仅对与他有冲突的人充满敌意，对那些本来对他很好的人也充满敌意，而这些人也真的从对他友善转向了敌意。可以说，是他教会了那些本来对他友善的人转而提防他。这一切都是相对的，因他在教别人之时，别人也会教他。且这种"教"的不自觉，更正起来尤其困难，这让我们忍不住悲叹命运。

正如知名精神科医师李雪说的那样，一个人早期与父母的现实关系，内化成其性格（内在小孩与内在父母的内在关系模式），性格进而决定了命运（成年的现实层面的生活）。人的一生，就是在一遍遍轮回童年的幸或不幸。童年的经历如木马程序一般写进每个人的潜意识，精准控制着人生轮回。

家庭对一个人的性格形成的影响，精神科医师海灵格曾说：

一头熊，一直被关在一个窄小的笼子里，只能站着，不能坐下，更不用说躺下，当人攻击它的时候，它最多只能抱成一团来应对。后来，它被从这个窄小的笼子里解救了出来，但它仍然一直站着，仿佛不知道自己已获得自由，可以坐，可以躺，可以跑，还可以还击。那个真实的笼子不在了，但似乎一直有一个虚幻的笼子限制着它。

这也是我们每一个人的故事。我们长大了，离开了家，但是我们仍然一直待在一个虚幻的家中，并继续沉浸在从家里形成的逻辑中。

从以上分析可以看出，在家庭教育的亲子互动中，父母对待孩子的方式是对孩子性格形成、未来人生走向以及人生幸福有根基性的绝对影响。所以，家庭教育是儿童性格形成的源头。

第二节 家庭教育是儿童心理定位的源泉

一、什么是心理定位

1962年伯恩在其《定位的分类》一文中提出"生活定位"这个概念。生活定位又被称为心理定位、基本定位或存在定位，是指一个人童年时确立的关于自己、他人和世界的关系的基本信念和结论，这种信念成为日后所做决定和行为的准则。心理定位的确定与个体在早年生活中父母的家庭教育方式和被对待的方式有密切关系，它也可以随着个体的发展和成长而有所改变，若个体能够有意识地去自我觉察和自我成长。

伯恩发现，每种人际关系都是围绕着"我"与"你（即他人）"这两个点和"好"与"不好"的评价进行评判，从而形成以下四种定位：（1）我不好，你好；（2）我不好，你也不好；（3）我好，你不好；（4）我好，你也好。

此处的好是指有益、正大光明等一切美好的人格特质，不好则指无知、幼稚、马虎、草率等一切不好的人格特质。我是指我自己和我所在的群体，你是指我和我群体之外的他人。

这四种人生定位与每个人的人生幸福有密切关系，每一种游戏、脚本和命运，都建立在这四种人生定位上。定位4是相对健康的，而定位1是抑郁型，定位2是反社会型，定位3本质上是偏执型。前三种定位都是输家的定位，都是儿童早期生命在家庭教育中被不当对待的产物。一旦形成某种主导性心理定位，个体会将这种不健康的内在关系模式复制到未来的生活中，终其一生，受到某心理定位的主宰，痛不欲生而不自知或欲罢不能。

正如托马斯·哈瑞斯在其《沟通分析的理论与实务——改善我们的人际关系》一书中这样写道："我认为，在出生后第二年末，有时在第三年，就已经在前三种地位中选中了一种。我不好，你好，这是根据人生第一年经验而产生的最早的暂时性决定。第二年末，这个决定要么更稳固，要么转变到第二种或第三种心理定位。一旦某种心理定位得以建立，儿童就会始终坚持他所选择的心理定位，并终生受其支配。""除非他有意识地将之改变成第四种定位。通常人们不会反复改变他们的心理定位，前三种心理定位的建立取决于他们是否得到安抚，这三种定位在婴儿出现言语之前就已经建立，它们是结论而不是解释，也不仅仅是条件反射，它们是皮亚杰所说的认识因果关系过程中的心智活动。换句话说，它们是儿童的'成人'信息加工后的产物。"

二、儿童的心理定位与其家庭教育的关系

人际关系学派代表人物沙利文在讲到心理定位与儿童所在家庭教育之间的关系时，提到一个反映式评价，即儿童完全依赖他人对自己的态度进行自我评价。"儿童缺乏必要的手段和经验来准确地描绘自我，因此唯一能产生指导作用的就是他人对自己的反映。他无力质疑这些评价，由于无助不敢挑战或反驳它们。他只是被动地接受这些最初通过情感交流，之后通过语言、手势和行动传递过来的评价……这样，生命早期习得的自我态度会伴随个体一生，它们也可能会受到某些重大的环境因素的影响，并在以后的生活中得以调整。"从中，可以知道儿童的早期家庭教育对其心理定位的影响。

（一）我不好，你好

这类心理定位的儿童主要表现是：认定自己真的不好，自我价值观低下，无力，退缩，绝望，顺从，追求他人的认可或外在的优秀，别人的良好评价是其价值感的源泉。

这种心理定位是婴儿早期普遍存在的一种定位，是儿童根据出生和婴儿时期的经验得出的逻辑推论。也许其胎儿期和出生时还算顺利，但出生之后因为种种原因，基本的本能性的安抚需要都不能得到持续的满足，积累了大量的"不好"感受，才得出"我不好"的结论。比如，在家庭中父母长期无视婴儿的需要，贬低孩子、惩罚甚至暴力对待孩子，通过这些负面的评价和被对待，孩子就会认为自己不好，自己不如别人，都是自己的错等，在无意识中选择持续扮演受害者的角色。

持有这种生活定位的儿童会有两种生活方式。第一种，被"我不好"包围着太痛苦，可能会沉湎于幻想"如果我……就……"等想法以求心理安慰。或者是做一些令人生厌的行为，如捣乱等，从而引来更大的惩罚，进而也加剧其"我不好，你好"的定位。长期受困于消极痛苦的感受，人生最终可能抑郁甚至自杀。第二种，心甘情愿听从，追求世俗的优秀，通过努力获得别人的认可，用表面的优秀来抵消内在的自卑，人生就像登山，一旦登上一座山顶，发现还有另一座更高的山顶等待攀登，终其一生，疲于奔命。这两种生活方式与人生幸福感和价值感都相去甚远。

（二）我不好，你也不好

其主要表现是：对生活中的困难和危险时刻保持高度的警觉，发自心底的深刻的无价值感、绝望、冷酷，不珍惜自己的生命也无视他人的存在，持有此类心理定位的个体长大后往往成为社会的不稳定因素，如违法犯罪甚至成为丧心病狂的人。

这种心理定位是儿童在其婴儿最初的"我不好，你好"的心理定位基础上产生的。在婴儿的第一年末，儿童身上发生了一些重要变化。他们开始学习走路，并试图摆脱父母的帮助。这时，如果他的父母很冷漠，不去安抚孩子，不去支持孩子的探索，只是在第一年他不会走时迫不得已才去照顾他。那么，学习走路就是儿童"婴儿期"的结束，接下来将遭遇恶劣的家庭人文环境，如长期的惩罚、漠视、恐吓等，这些经历都会深深影响孩子对世界的看法，使得孩子内心深处充满恐慌和威胁，不敢相信这个世界，体验到深刻的被遗弃感、绝望感，对他而言，生活充满艰辛。

在"我不好"的基础上,进而也认为这个世界"你也不好"。

这种生命最初的内心结论是根深蒂固的、不可动摇的,新的经验很难打破它。他们感觉自己无法得到"营救",就好像被抛弃到一个灾难性的没有人烟的地方。儿童一直不得不拒绝自己、拒绝别人同时也遭遇被别人的拒绝。沉重的心理打击可能形成儿童的孤独症,虽然孤独症也有一些生理因素。从心理意义上来说,他们还没有出生,丧失了对外界安抚的感受以及感受的累积。当然,还有一种情况,即没有孤独症,但是其感情冷淡,人际淡漠,自我价值感低下,不断践踏自己的生命和别人的生命,在强烈的受挫下,可能成为杀人的恶魔,如社会上频繁报道的各类连环杀人凶手。

(三)我好,你不好

这类心理定位的主要表现为,超越于常人的对可能的伤害的防患意识,推卸责任、攻击性强、常常处于都是别人的错的偏执分裂中。有时,为了显示自己的正确,满满的内心愤怒就演变成一种犯罪。所以,这也是一种犯罪倾向的心理定位。

如果孩子在生命最初第一年的"你好"(因为父母尤其是母亲等抚养人会照顾他)之后遭遇虐待、殴打,甚至被打得皮开肉绽,对一个蹒跚学步的孩子来说,每呼吸一次都伴随着身体的伤痛,糟糕的体验是那么的刻骨铭心。起初为了防卫自己,可能会发展出"我好,你不好"的定位,即我没有错,是你残酷冷漠。以后每每有类似的身体暴力,他就会用同样的方式去获得内在的控制感,从而固化成其主导性的心理定位。

此外,若孩子被父母溺爱,也就是父母在家庭教育中没有规则,只是永远无原则地满足孩子,会在孩子内心生成这样的认识:我的确不错,世界的一切都要围绕我转动。这种自我中心倾向不承认不允许自己有不好,但每个人都是好与不好的矛盾体。这种自我中心倾向的孩子就会把"不好"分裂出来,投射给他人。即使是发生在自己身上的任何事,他们都无法客观判断自己应该负有的责任,而总是在指责:"都是别人的错""都是因为他们的过错"等。他们显得缺乏良心,道德低下,拒绝承认别人的好,那些积习难改的罪犯就是此类心理定位的典型代表。

(四)我好,你也好

秉持这类人生定位的人相信人性本善,对世界充满信心,努力把人往好处想,与别人的长处相处,在遇到问题时也是资源取向,即建设性的方式与人沟通并解决问题。这种心理定位与其健康的家庭教育环境有着密不可分的关系。

如果在婴儿出生开始,父母能及时回应婴儿的各种需求,诚实地去满足他们,无条件地关注和爱护孩子,让孩子感受到生命的被接受和被认可,尊重平等地帮助孩子平稳地从母婴一体的一元期过渡到分离—个体化的二元期再到允许复杂的世界存在的三元期,儿童就会在父母的这面镜子里照见自己的"好",自己是受欢迎的,是可爱的等。因为父母与孩子是互为镜子的,孩子在自己的镜子里也照见了父母等他人的"好"。若是幸运,父母持续用爱照亮孩子,孩子的"我好,你也好"的定位就会在其3~7岁的成长过程中逐渐固定下来,再往后,这样的人就会建立与世界的建设性连接和沟通为赢家的人生脚本。

第三节 家庭教育是儿童早期决定的基石

一、什么是早期决定

一个非常漂亮、品学兼优的女孩子，找的对象总是条件比自己差很多的男孩子。相处一段时间，又很难勉强自己，又分手。她痛苦万分但是不得其解，就去做心理咨询。

在持续一段时间的心理咨询中，咨询师和她一起发现了其中的秘密。原来，在她6岁时，父母离异，母亲为了养家不得不做几份工作。有一天晚上，母亲还在工作，她一个人从幼儿园回到家，看到漆黑的房间，冰箱里什么吃的也没有。小小年纪的她倍感孤独、凄凉，就像爸爸抛弃了母亲和自己一样，自己也被母亲"遗弃"了。这样的感受如此刻骨铭心，以致从此她做了一个决定——绝不要被人抛弃。所以在成人生活中，她找对象时不敢找比自己优秀或者是和自己一样优秀的男孩子，担心再次被抛弃。当觉察到自己潜意识中早年形成的这个内心决定，她就有意识地去突破这个糟糕的早期决定，寻找自己的人生幸福。

就像上述咨询案例中所呈现的那样，这些潜意识中产生的"隐形的内在誓言"，由孩子在早年生活中，其儿童状态所发展出的、帮助孩子与父母维持表面的良好关系的方法，与情绪性经验有密切关系。在心理学中被称为早期决定。

这些早期决定常对当事人生命中最重要的人际关系造成决定性的影响。这个影响一生的决定，并不见得一定是坏的，它曾在人生中某一阶段有保护作用，对个人有正向帮助。只是到后来，当人生环境改变时，过去这类保护性的行为模式在新的环境里，反而变成了阻碍。而作为个人人生脚本的基础，会持续影响一个人日后生活的早期决定，与儿童早期的家庭教育有什么关系呢？

二、早期决定产生的基础

（一）禁止信息

禁止信息是父母从自己的儿童状态中发出的对自己孩子的行为的一系列禁令，它们往往是消极的且有很强约束力的指令，在孩子的生活中一次次出现，如同魔咒一般能在孩子那里产生预言的自动实现效应。孩子的人生未来的样子就是父母现在嘴里的孩子的样子。孩子也正是根据这些禁止信息做出了有关自己人生脚本的决定。这样的禁止性信息很多。

1. 不要存在

父母发出"不要存在"的禁止信息的方式有很多，如在家庭教育中遇到孩子坚持自己的意见，不听父母的话时，父母时不时会冒出来"早知道现在，就不该要你。""你是一个意外，要不怎么这么不听话。""要不是你，我和你爸就不会结婚。（潜台词是：看我现在过得一塌糊涂，都是因为你这个多余的。）"之类的话语。此外，有些父母还打骂、侮辱、虐待甚至抛弃孩子等。这样的父母基本上都没有受过亲职教育训练，甚至不知道养育孩子还需要学习，只是偏执地生活在自己的父母是如何养育自己的狭隘，甚至是错误的观念里，来继续自己的家庭教育，殊不知，说者无意，听者有心，给孩子带来的是深深的身心伤害。也许身体上的伤口还可以愈合，但是却让孩子一辈子都活在"不要存在"的心理困扰中，甚至引发孩子病态的人格和行为。

在咨询中，经常会遇见这样的孩子。他们普遍来说，自我价值感低下，认为自己不值得被爱，深深的内疚和自责甚至伴有罪恶感，其生活中往往有这样的表现：一是情感冷漠、离群索居，不和任何人亲近，以免受伤、自伤或自杀等。二是敏感、讨好、追求别人的各种正面的评价和认可。潜意识中认为"我只有好好表现，服务于他人，必须做得足够好，我才有价值。我就等于我的功能性价值。我的生命本身是没有价值的"。三是对目标、成功有疯狂的沉迷，做每项事情都是非常用力。四是非常态的存在，如无端遇见各种事故、精神失常等。

2. 不要做你自己（包括性别）

在中国文化语境下，很多的父母都是重男轻女的，尤其是在落后偏远的农村。给女孩子取男孩子的名字"胜男""招弟"等，把"你要是个男孩就好了"等挂在嘴边，甚至把女孩子当成男孩子养育。在咨询中还会遇见，父母认为女孩子早晚是泼出去的水、别人家的人，孩子就需要加倍报答父母的恩情，致使女孩子顶着巨大的压力、内疚感生活。这些都是在暗示孩子你不要做自己。此外，父母在家庭里经常拿自己的孩子与别人家的孩子比较，总是别人家的好，自己家的不好，也许有些父母只是想通过这样的方式"促进"孩子向榜样学习，殊不知，会给孩子的心理树立一个永远的"别人家的孩子"的敌人，让孩子一辈子都活在被比较随时可能不如别人的恐慌、自卑和惊恐中。

另外，一旦涉及学习、学业成绩问题时，父母会不允许孩子按照自己的天性发展，逼着孩子按照大多数人的选择去生活，致使孩子离本来的自己越来越远。比如，在高考指挥棒下，父母无视自己家孩子的特点、优势、兴趣、要求，使其必须成为考霸、学霸，尤其是父母自己学习很差的情况下。咨询中，有一个女孩子，家里姊妹弟兄5个，父母只能满足孩子基本的吃饱穿暖的需求，无暇也不懂要给予孩子心灵营养，还被要求一定要学习好。小小的年纪，这个女孩子就和奶奶一块干各种农活，变得成熟、能干。可到了中学以后，却几经休学，无法正常学习，只能待在家里，似乎从原来的"小大人"退行到现在的"大小人"，心里有所扭曲。不仅无法实现父母的殷切期望，就连基本的社会生活能力似乎都失去了。

3. 不要做小孩

这个在中国家庭非常普遍，尤其是对待家里的老大。父母经常会说："你是老大，应该谦让妹妹、弟弟（似乎是老大先出生几年就应该承担更多他这个生命体不应该承担的。）""你是老大，赶紧帮我干活儿。"等。大一点的孩子不得不放弃自己的童年，也慢慢形成了这样的人生脚本："我是为照顾比我小的弟妹而出生的，我的生命本就不是这个价值。"这样的孩子具有奉献精神、牺牲意识、少年老成、埋头苦干，不管自己过得怎么样，都得照顾别人。对得起很多人，唯一对不起的是自己。不知道珍惜自己和对自己好。一旦有自己的需要和享乐的想法时，就会伴随着深深的负罪感。他们的生活永远是僵化的，不会享受生活，也不能轻松自如地生活。

4. 不要长大

以上探讨的是一直为别人而不断奉献自己的长姐、大哥，父母传达给他们的潜意识是你们不要长大，不要有自己的新生活，永远和父母一起承担家庭的重任，致使有些老大，终身不嫁或终身不娶。

还有些父母会在不经意间向家里排行最小的孩子或独生子女传达"不要长大"的禁止信息。咨询中遇见一个女孩子，同学们的一致评价是"她就是个瓷娃娃，碰不得，只能顺着她"。她没有担当、独立意识差，为人处事就像个没有长大的孩子。其父母在她大学期间，与她沟通还持续使用与儿童沟通的语言，比如"咱吃饭饭吧""你喝水水了吗？"其实，父母就是在无意识层面对孩子说："永远不要长大，永远做我们的孩子吧。"在这样的禁止信息中长大的孩子走向社会之后，其适应能力几乎为零。

5. 不要成功

俗话说：父母都是希望自己的孩子成功，没有父母不希望孩子成功的。但是，有些父母在自己的成长过程中存留未完成事件，有较强的自卑感，而孩子的成功，勾起了他们潜意识层面的挫败感、不舒服，于是，父母就打着"你不要骄傲"的名义，对孩子冷嘲热讽："你这次取得的班级第一名的成功算什么呀？想当年你老爹我可是全年级第一呢！"这些总在孩子面前逞强的父母，总是责问孩子："你为什么没有做好，我比你强多了""你的智商只是我的一半"等，从而传达给孩子"不要成功"的禁止信息。

接受了此类信息的孩子，往往具有较强的挫败感，平时各方面表现很好，但是在关键时候，总是掉链子，发挥失常，以便"印证"父母的"不要成功"的禁止信息的预言。

6. 不要重要

父母会经常对小孩子说："大人说话，小孩不要插话。""小孩子，你懂什么？"为了保护孩子幼小的心灵，父母需要适当限制自己在孩子面前说一些小孩子年龄阶段不应该知道的信息，但是这些都要有心无痕地做，不要强制性去限制孩子讨论及旁听。否则，在种种限制下长大的孩子，会有深深的边缘感、不重要感、不配感，深深的自卑，很难担当重任。

7. 不要亲密

有些父母在孩子的成长过程中，很少抚摸孩子或与孩子有肌肤接触，或者不与孩子探讨情感的流动。心理咨询中有一个化名小A的女孩子，父母是那种仅仅给孩子供吃供喝的代表，现在小A每次恋爱，和男朋友的感情也不错，但是无法接受男朋友对自己身体的触碰。在咨询中咨询师了解到在她早年就有"不要亲近""不要亲密"的禁止性信息，记忆中没有亲密。

这样长大的孩子，永远和别人保持一定的生理和心理距离，给人留下"里外都很冷"的印象，对人的防备性很强，不容易建立亲密关系。

8. 不要做和不要思考

这在当下的家庭教育环境中很是普遍。父母不懂儿童心理成长规律，担心孩子把衣服弄脏，摔倒了受伤，家里弄得很乱等，一味地限制孩子自由探索，不要爬树、不要玩水、不要跑……孩子越小被阻止的越多，越有发展成为多动症的可能。说到底，这是父母习惯于大包大揽，剥夺孩子体验生活的机会，以为这样做是爱孩子，实则是在害孩子。

当孩子小时候提出十万个为什么时，父母总是敷衍了事或者责怪："哪有那么多的为什么？"等孩子大一点可以参与到家庭事务的讨论中时，父母往往表面上说"让孩子参与"，事实上无视孩子的提议，这也是在向孩子传达："你的想法和思考是没有意义的，按照我的来就行了。"还有些父母不愿使用更高的智力，耐力不够，粗暴地对待孩子的思考，甚至用谩骂、暴力解决问题，最终孩子也习得了暴力性的解决方式，实际解决问题的能力相对较弱，更不要提什么按照自己的想法去创造性地思考解决问题。

（二）应该信息

与禁止信息相反的是父母给予孩子的各种各样的应该信息，比如要完美、要努力尝试、要快点再快点、要坚强及要取悦别人等。这些看似一些积极正向的信息，也可能走向了矛盾的另一个极端。对孩子适当的限制是可以的，但是家长平日里所发出的影响儿童早期决定的应该信息都是过度的，以致这些应该信息成了一种生命的限制性信条，反而影响了儿童的健康成长。

三、早期决定对儿童人生脚本的影响

（一）人生脚本及其构建

人生脚本类似于演员演戏的文本，它是指一个人童年期在家庭教育中无意识地形成的一个人生计划。人际沟通分析学的集大成者伯恩认为，一个人在6岁之前根据自己的童年经历制定好了会成为一个什么样的人的人生脚本或生存计划。比如，大多数中国学生有一个"我要考上大学，出人头地"的人生信条。这主要与教育体制的功利化和父母的焦虑式教养有关。父母在孩子很小的时候，就要求孩子必须、应该努力和优秀，打着"不让孩子输在起跑线上"的旗号，让孩子上各种兴趣班、补习班，也使得幼儿园教育小学化、小学教育初中化等各种超前教育现象丛生。不论课本学习成绩好坏的学生，一生似乎都有一个梦——中国特色的"考试焦虑"梦。即使高考结束很多年了，这个梦还时不时会"造访"我们的梦乡。

从中可以看出，儿童会根据父母或者重要他人给自己发出的禁止信息和应该信息导致的一系列驱力决定，从而反映式地形成自己的人生脚本。这个脚本形成后又会被父母或重要他人以及环境所强化。一如上段中的例子，一个孩子若课本学习能力强，就会人见人爱，是"别人家的孩子"，从而更加认定自己是优秀的，此生要为成功人生做好计划和实施行动；若一个孩子的学习成绩一般或靠后，就会受到各种歧视甚至不得不早早地离开学校——那个让人伤心和受挫的地方，如此一来，孩子的人生脚本可能就会锁定在自己不是学习的那块料子，自己不行的定位上。

（二）人生脚本的意义

人生脚本一旦形成，个人就会习惯于此，以致它会渐渐进入人的潜意识，并且会在无意识中成为一个人成长发展的内在指引。笔者做过一个案例。一个学习成绩很优秀的孩子，每每大型升

学考试，总是发挥失常，低于录取分数线3分，即来访者所言的"差3分"。在咨询的探讨中，笔者了解到，来访者小学升初中的毕业考试，很遗憾离心仪的学校分数线3分，妈妈狠狠地教训了他，并不经意间透露道："你和你爸真像，他每次都是'差3分'，你以后千万不能这样了。"可似乎"差3分"具有代际传承性，孩子无限效忠于自己的家庭，每每大型升学考试都是"差3分"。当了解了、领悟了这种早期经历决定着的人生脚本，在硕士到博士的考试中，来访者终于走出"人生脚本的魔咒"。

总之，儿童受到家庭教育影响后做出的早期决定进一步会无意识制定的人生脚本，直接影响儿童的心理健康和人格健全发展。

第四节 家庭教育是儿童心理安抚的根基

一、安抚概述

（一）安抚的概念

心理学研究发现，安抚的需要是普遍存在于所有人身上的饥渴之一，主要是指对身体和精神刺激的需求。包括对儿童的肌肤接触、语言和动作上的承认、眼睛的注视关注、心灵上的关心、认可等。它是人际交往的基本单元，人际交往是交互作用构成的，而交互作用则由安抚的交换构成的。例如，上班的早晨，你和迎面而来的同事热情地打招呼问好，而对方也微笑地回答"早"。这就是大家相互交换了安抚，也完成了一个社会交往单元。若你的热情被对方视而不见、充耳不闻，你又做何感想？我们会有一种挫败感和剥夺感，长此以往，直接会影响我们的身心健康和主观幸福感。

安抚按照不同的分类标准可以分为不同的种类。按照安抚时附加的条件性来说，可以将安抚分为有条件的安抚和无条件的安抚。前者是指针对一个人所作所言所给予的认可回应，如，你学习专注时我爱你，你吵我时我讨厌你。后者是指针对一个人本身所给予的反应，比如，我爱你，我恨你。安抚还可以分为语言性的和非语言性的。比如聊天、问候；姿势、表情等。安抚还存在正面的和负面之分。正面的如赞美、表扬和肯定等，负面的有批评、讽刺、否定甚至打骂。

（二）安抚的意义

安抚对于人类的意义重大，就像心理学中著名的感觉剥夺实验所提示给我们的那样，人类不能没有感觉刺激，没有刺激短期会身心不适，心情烦躁；长期来看会适应不良甚至出现各种心理问题甚至心理障碍。有研究者在孤儿院开展的研究发现，孤儿院的这些孩子虽然能吃饱穿暖，但他们很少与抚养者有肌肤接触和情感交流，只能看见空白的墙壁，比起由抚养者直接带大的孩子更容易出现身体和情感障碍，也会出现不可逆转的衰弱和疾病症状。究其原因，是因为长期的刺激剥夺导致了不可逆的结果。

其他的在动物中的实验研究也证实了安抚对于生命维持的重要性。两组老鼠被装在单调的箱子里，实验组每天给予数次电击，而控制组没有电击。出乎意料的结果是实验组老鼠的身体、情绪都有所发展，而且神经系统的生化指标和对白血病的免疫力也有所提升。

婴儿在早期需要直接地与抚养人的肌肤接触获得安抚，长大成为独立个体后，需要更多的是一种替代性的安抚，如赞同、肯定或批评，以便感受到自我的存在感。如果儿童得不到他想要的正面安抚，会在潜意识中寻求负面的安抚，因为负面的安抚也要比没有安抚要强。这一点从儿童的问题行为中可看出来。比如有些在学校成绩落后的孩子，不被老师重视体验到的更多是忽视，他们就会三天两头倒腾点令人讨厌的事情，以致招来老师的批评、指责甚至惩罚，其实都是为了获得别人的关注，即使是招致打骂也在所不惜，因为打骂虽然痛苦，但总比自己被视为空气要强，这样也能"刷"存在感。当下的生活中人们总是习惯于刷微博、晒朋友圈，手机离不开身，有事无事都要玩手机，其实也是人们需要与他人发生链接、交换安抚的内在需要的表现形式。

总之，人类需要得到安抚才能生存，有安抚要胜于无安抚，即与完全没有安抚相比，即使是负面的安抚也具有促进健康的作用。

二、家庭教育对儿童心理安抚风格形成的影响

个体对于安抚的需要存在个体差异。有些人对他人总是挖苦、嘲笑和讽刺，有些人给予他人的总是支持、鼓励和温暖；有些人"给个杆子就朝上爬"，而还有人敏感多疑，极度容易受到伤害。其实，这些个体差异与个体儿童期其家庭教育环境有千丝万缕的联系。不同的家庭教育环境造就了儿童风格迥异的安抚风格，包括安抚的给予和安抚的接受。

（一）家庭教育影响儿童对安抚的给予

家庭教育是个大熔炉，也是一个大染缸，父母给予何种风格的安抚，孩子会潜移默化地代际传承下去这种安抚风格。即如果早年得到的是正面的无条件安抚，长大后也会更多给予他人这样的安抚；若早年得到太多的有条件安抚或负面安抚，我们自己也会不自觉重复孩童时被给予的安抚模式。比如很多中国父母从祖辈那里接受的是负面的安抚，在自己教育孩子的过程中，就容易打着"为你好"的名义，认为孩子做好是应该的，做不好是不对的，担心"骄傲使人退步"，对孩子已经取得的成绩和付出的努力视而不见，专门盯着其不足和缺点。例如孩子考了99分，责问"那一分跑哪里去了？"孩子数学考了98分，语文考了97分，英语考了95分，会问罪到"英语怎么考得这么低"。这样羞辱和否定的环境，导致孩子长大成人后，一生都在惶恐地寻找别人的肯定，更容易出现强迫、完美主义倾向、自我价值感低下、自卑等心理问题。另外，这种安抚的给予方式也会代际传承，即等孩子长大成人后，对负面安抚条件反射似的敏感，见不得他人的不足，所以在人际交往中，包括家庭相处中给予他人的更多是批评、苛求，而不是认可和鼓励。

（二）家庭教育影响儿童对安抚的接受

家庭教育不仅影响到儿童对安抚的给予，还对儿童接受安抚产生重大的导向作用。一个人的内心似乎有一个个人性的安抚过滤网——只接受一个人想要的或他自认为应该得到的安抚，而对不想要的或认为不该得到的安抚，采取敷衍和拒绝的方式。这个网的疏密程度取决于其早年经历。

/27/

如果一个人在儿童期接受来自父母更多的无条件的积极的安抚，长大后更能够比较坦然和放松地接受友好、赞美；若儿童接受过较多来自父母的身体接触，长大后也能与别人自然拥抱，亲密关系中也容易体验到肌肤相亲的甜蜜；若是小时遭受到较多身体接触的剥夺，长大后可能会在与人肌肤接触时出现内心深处的恐惧和抗拒。

综上可知，儿童在成长的过程中，若父母给予无条件的正面的安抚，孩子会有强烈的存在感和价值感，自信、独立和自主，"我好，你也好"的心理定位也逐渐占据其内心。因为儿童从父母那面镜子里看见了自己的好，所以会给予他人正面的安抚，也会大大方方地接受别人的认可。比如，一个4岁的孩子会说自己是家庭的太阳，没有他，父母和整个家庭将黯然无色。再比如，有个5岁的女孩，父母晚上不想让她下楼玩，和她说"下楼就会有大灰狼把她抱走的"，而女孩出人意料的回复却是："那样的话，大灰狼就有宝宝了，你们就失去宝贝了。"从中可见，这样的孩子其内心得何等强大，方能有这样的惊人之言。

相反，一个人若小时候接受的安抚是稀缺的，长大后仍然会不自觉地把自己置于缺乏安抚的境地，总是表现出不敢、不配或不愿主动寻求安抚。若接收到的是有条件的安抚，会使人没有被承认时，就会感觉没有价值和成就，或者是为了得到他人的认可，违背内心去做一些事情。

总之，从本节的内容中，可以看出，安抚对个人的身心健康不可或缺。而这种对于个人来说重要的安抚雏形是一个人在儿童期其父母给塑造的，父母给予孩子安抚的风格将成为孩子一生寻求何种关注的模板。从某个层面来说，家庭教育给儿童输送了最早的心灵营养，导引着其人格发展的前进方向。

第三章 家庭教育中的社会支持

第一节 家庭教育社会支持的概念

一、家庭教育社会支持

（一）社会支持的概念

1. 社会支持的由来

社会支持是一种普遍性的社会行为，在个体和群体中广泛存在，随着素质和人类社会的产生和发展而逐步的推进。社会生活在发展过程中存在着多种不确定性，当个体受到不同程度的社会困境以及社会压力时都会产生不一样的风险危机，因此个体会通过一定的帮助或者寻求帮助来度过此次劫难，而这种行为也是帮助行为最早出现在社会支持方面的含义表现。人类的实践丰富性往往是一些理论基础的解释，尽管一些社会早已对人类文明的发展习以为常，而对于社会帮助性行为的理解和知识的认识，却在20世纪末才被法国社会学家迪尔凯姆做出一定的研究和不同程度的整合表现。法国社会学家迪尔凯姆对社会中一些自杀现象做出了一定的研究和了解，将社会联系分为有机团结和机械团结两个方面。并且迪尔凯姆将自杀率和社会相联系，迪尔凯姆认为社会联系紧密程度具有社会支持的属性表现。真正地将社会支持提炼出来作为一个学术上的概念，是在20世纪中后期，其原因是社会支持成为当时医学和心理学研究的主题和范围。从个体和社会组织中获取到各方面的帮助以及支援的个体所展现出社会网络和关系的复杂性，成了资源获取的对象，在这一概念提出后，将近20年的时间内，社会支持的研究逐渐走向大众化，有关社会支持的内涵和理解也逐渐地丰富起来。甚至一些研究者为了研究社会支持的特殊含义和特殊主义，进入到一定视觉内的特殊研究，认为社会支持的对象被分为个体化和特殊群体两个方面。例如，特殊群体包含了心理障碍，生活困难人员、特殊疾病患者等一些弱势群体。也有的学者认为，为对研究做出正确的理解，应站在以普遍主义的角度去关注和发展群体的压力以及个体的需求。社会支持发展过程中不应该局限于对某种人类的服务。而是运用相关的分析方法来解释社会支持的发展，社会支持存在着实践性的多样性和复杂性的表现，在社会支持内涵当中学术界并没有达成共识。

2. 社会支持的界定

社会支持的界定发展到现在为止，通过分析方面的理解和研究，可以作为是一定支持的表现。社会支持，研究取向主要在以下几个方面表现，而这几个方面也都是通过相关的文献分析以及家庭教育及社会支持的内涵界定的表现。

（1）功能主义

功能主义主要存在于社会行为的实际作用方面，其中包含了需要和提高能力的表现。功能主义是社会支持行为存在的意义，即是对个体或者群体来解决一系列的困惑，实现目标的上升以及增加自身能力的表现所需要的存在。一些学者认为，社会支持是个体的家庭成员以及家族内部的亲戚表现，甚至同事、邻居等提供的各种实际作用的帮助。而这些功能中包含了社会情感方面、实际帮助方面和信息帮助方面。功能主义视角下的社会支持行为是帮助个体解决难题、实现目标和提高能力的行为。索茨认为，社会支持是个人家庭成员、亲戚、朋友、邻居和同事提供的各种帮助。"这些功能通常包括社会情感帮助、实际帮助和信息帮助。"功能主义的观点是社会支持的基础，因为如果任何支持没有相应的功能，它就不可能存在，至少不会长期存在。功能的描述和解释是社会支持的核心，但正是在这一核心问题上，研究者存在着很大的分歧，即基于不同的测量方法和理论，社会支持的功能将以多种方式表达和定义。

（2）结构主义

它不仅关注个人社会关系的网络结构，而且关注宏观社会支持系统的构成。任何个人都存在于多种社会关系中。以个人为中心，在他周围形成一个结构性的关系网络。关系网络对个体发展具有重要价值。个人与他人互动并在关系网络中获取资源。从静态的角度来看，成员的接近度、网络规模和空间距离是影响资源供给的因素；从动态的角度来看，网络成员互动的频率和质量以及网络架构的演变将影响个人能够获得的帮助。从宏观的角度来看，个人获得帮助的渠道不仅仅是关系网络，国家的社会政策和各种组织的价值实践都能达到社会支持的目的。因此，公共支持和私人支持共同构成一个社会支持结构。

（3）互动主义

重点研究了保障行为的微观过程，描述了保障行为的现状、条件和动力来源。它试图突破支持结构的总体限制，追求对实际支持行为的具体描述，将个体真正体验到的支持纳入研究视野。事实上，互动主义具有个性化和个人化的特点，强调情境和经验在社会支持行为中的作用，即只有个体认可的帮助行为才是社会支持行为。舒马赫和罗内尔认为，社会支持是"至少两个或两个以上的人之间的资源交换过程，（支持）提供者或接受者将其理解为旨在提高接受支持的一方的幸福感"。互动主义的贡献在于强调支持的体验性和个体性，从而使社会支持行为不再是虚拟环境。其缺陷在于忽视了社会支持的宏观视野，人为地缩小了社会的外延。

3. 社会支持的发生逻辑

不同的视角揭示了社会支持的不同方面。一些研究者试图整合现有的知识来统一定义社会支持的含义，但发现这是不可能实现的。事实上，面对社会支持内涵的多义性，我们不妨深入社会支持的背后，探究人们社会支持行为发生的原因。如果在原因上达成共识，可以根据研究领域、学科逻辑和知识属性来界定多元化的社会支持行为。社会支持行为的发生必须至少涉及两个主体，即捐赠者和接受者。虽然两者缺一不可，但它们的作用机制有一定的顺序。直觉上，资源所有者必须向资源不足者提供支持，也就是说，遵循从捐赠者到接受者的行动路线。然而，这一行动路线搁置了一个重要前提，即社会支持行为的发生必须首先明确谁是接受者。因此，现实的社会支持必须首先明确谁是接受者。接受者的决定可以得到自己和他人的确认，但无论走哪条路，有一点是明确的，那就是接受者自己处于某种两难境地。因此，社会支持的发生逻辑应该是两种逻辑，即自我证明逻辑和其他证明逻辑，它们分别遵循两条行动路线。根据马斯洛的需要层次理论，在满足基本的生理和安全需要后，人们仍然有情感、尊重和自我实现的需要，人们很难自己满足所有的需要，这决定了每个人都有困难的需要，而这些需求只有通过人们的互助才能得到更多的实现。因此，对他人的需要一直是人类社会的需要，这也意味着对他人的帮助也是人类社会应该始终提供的支持。

4. 社会支持的构成要素

社会支持本质上是一种帮助行为。围绕帮助行为，相关主体将形成互动结构。社会支持的构成要素是互动结构中的重要点、线和面。

（1）点的要素——支持主体和支持客体

支持主体是支持行为的发起者。毫无疑问，支持主体是人，但从支持主体的所有权角度来看，基于私人关系的支持与基于组织规则的支持明显不同。因此，支持主体应分为两类：组织和个人。支持的对象是支持或帮助的接受者。关于支持对象的理解，学术界尚未达成共识：一种观点认为支持对象是社会中的弱势个人或群体；另一种观点认为社会支持的对象是普遍的，任何人都可以成为社会支持的对象。事实上，他们都认识到支持的选择性，即社会支持应该选择那些面临困难和需要帮助的个人和群体。当困难和需求更集中于某一群体时，前者的观点更为恰当；当陷入困境的个人或群体的分布相对分散时，他们的需求是多样化的，支持对象的普遍性更具说服力。

（2）线的要素——支持路径

社会支持的路径也可称作社会支持的方式，是社会支持主体和客体的沟通桥梁与联系纽带。支持路径既可以是传统形式，比如真实世界的面对面支持，也可以是网络支持形式。随着信息时代的来临，互联网的运用日益广泛，尤其在知识、信息和技术指导方面。传统的支持路径仍然发挥着重要的作用，尤其在信息支持和情感支持方面，面对面的互动所显示的信息要比借助于媒体丰富，互动双方能够更加迅速和准确地感知对方的外显行为和内心状态，也有利于支持主体更有效地帮助对方。但是传统的支持路径也有一些不足，比如互动双方受地域限制，如果互动双方不在一个地理上接近的地方，支持的需求很难被传递，社会支持行为也很难发生；传统的支持方式要求互动双方同时在场，这使得社会支持的帮助范围又难以扩大。现代的支持路径是科技发展与普及的结果，主要表现为各种媒体在社会支持中的应用，比如电视、报纸杂志、网络等。这些媒体的应用使得互动双方不需要同时在场，增强了社会支持的灵活性，扩大了社会支持的受益面。另外，支持路径的多元化对于社会支持的氛围的形成具有重要的价值，这主要是因为个体可以更容易获得帮助他人或被他人帮助的渠道，个体对于社会支持的观念和意识也随之改变，互助意识的增强有利于形成社会支持的氛围。

（3）面的要素——支持内容

支持内容是连接支持主体与客体的具体事物，其表现形态既可以是物质的，也可以是精神的。物质层面的社会支持内容主要有财力支持、物资支持和技术支持；精神层面的社会支持内容主要有情感支持、信息支持和知识支持。支持内容还可以表现为有形的和无形的，有形支持包括各种拥有确定形式的支持内容，无形支持则是在有形支持的实施中所外溢的支持氛围和构建的心理环境。本研究主要关注有形支持，并将社会支持内容分解为三个方面，即物质支持、情感支持和信息支持。物质支持主要是指个人或组织为那些在家庭教育方面缺少物质环境的家庭提供的经济上的援助；情感支持主要指个人或组织对那些在家庭教育方面存在心理困惑的家长提供的心理援助；信息支持主要指个人或组织为家长提供的家庭教育知识和技能。除此之外，还存在一种特殊的支持，即政策支持，主要是指与家庭教育相关的法律、政策或其他明文规定，不同的政策法律在制定主体方面有明确的规定，由于涉及家庭教育的法律较少，所以政策支持发出者主要是各级政府。当然，实际发生的社会支持内容通常是混合型支持，这里的分类主要是便于理论阐释。

（二）家庭教育社会支持的内涵

1. 家庭教育社会支持的经验基础

实践是理论的源泉。只有在实际调查的基础上进行分析总结，家庭教育与社会支持才能形成一个较为完善的内涵界定。家庭教育经历了漫长的历史演变。之所以用进化论来描述家庭，是因为在人类历史的长河中，家庭作为最基本的社会单位，其结构和功能并不处于稳定状态。家庭教育是家庭的功能之一，但家庭教育的表现形式却因时而异。

（1）纵向的历史考察

对于家庭来说，儿童教育是内生的，即家庭教育是在家庭存在的过程中产生的。然而，家庭教育的存在并不一定意味着其社会支持也存在。一般来说，社会支持存在于家庭之外。在学校产生之前，教育是与社会生产和社会生活相结合的。家庭教育属于私人领域，父母对子女享有最高特权。在儿童教育方面，很少承认外部干预和帮助，但这并不意味着没有社会支持，基于亲戚和朋友的外部帮助可以参与家庭教育。学校成立后，孩子的教育任务由家庭和学校共同承担。学校传授的知识与家庭教育的内容不同。因此，这种分享对家庭教育没有实质性影响。相反，由于学校的个体发展功能和筛选功能，家庭教育逐渐成为一种重要的教育形式。一方面，家庭教育是个人成长和接受学校教育的基础。另一方面，学校教育需要与家庭教育进行有效的互动与合作，才能达到预期的效果。中国的农业社会是长期稳定的。尽管家庭教育属于私营部门，但它已经走出了封闭状态。家书、家训在民间广泛流传,已成为家庭教育获得技术支持或信息支持的重要途径。然而,没有任何历史数据可以得到官方支持的证实。中国社会是一个伦理社会。人际关系网络具有广泛的功能,在家庭教育和社会支持方面发挥着重要作用。同时,由于社会的层级性和社会支持的阶级差异,高阶层家庭的子女教育具有更多数量和更高质量的外部支持。例如,属于同一官僚阶层的家庭可以在儿童教育方面相互支持。进入现代社会后,在人际关系网络之外,政府和社会组织对家庭教育的支持日益增加。这一方面源于家长对儿童教育的困惑和需求,另一方面源于政府对儿童教育权利和政府责任的承认。梳理历史,可以发现家庭教育社会支持从模糊到清晰的发展过程。这一发展过程表明,家庭教育社会支持的逻辑起点是家庭教育的混乱,支持的提供者随着社会的发展而逐渐多样化,家庭教育的私人属性也在松动。

(2)横向的现状观察

目前,人们习惯于将教育分为三种形式:家庭教育、学校教育和社会教育。学校教育因其制度化的特点而成为教育活动的轴心,家庭教育继续呈现出多样化的特点,而社会教育则呈现出分散性的特点,相互渗透、互补、融合的趋势越来越明显。目前,中国社会正处于转型期,家庭内外环境发生了更多的变化。面对孩子的教育,家长的焦虑越来越突出。在家庭教育观念上,多数家长没有明确的教育价值观,导致家长在子女教育中经常摇摆不定,形成矛盾心理;在家庭教育技能方面,大多数家长主要从自己的经验和经历中教育孩子,缺乏意识和主动性,担心孩子不能成才;在家庭教育决策方面,尽管大多数家长更加关注家庭教育决策,但由于缺乏获取信息的渠道和理解信息的能力,家长往往感到苦恼。例如,在为子女选择学校时,虽然政府规定了就近入学的原则,但学校和班级选择的实际现象一直存在。面对这样的事情,很多家长都容易焦虑。通过列举,我们可以观察到家庭教育的社会支持的多种形式或行为,如家庭教育慈善机构或基金会的支持、互联网平台上的家庭教育网站、广播电视节目中的家庭教育讲座、各种非营利性教育咨询机构、一些教育机构开办的家长学校,等等。

2.家庭教育社会支持的内涵界定

研究者对社会支持的理解有不同的看法。社会支持理论虽有差异,但并不妨碍社会支持成为多学科的研究主题,因为社会支持理论有着坚实而丰富的实践基础。从某种意义上说,世界上没有完美的定义,只有合适的定义,因为任何定义都是对事物的理解和描述,而不是事物本身。恰当的定义应满足两个方面的要求:一是准确把握定义对象的核心,二是明确学科视角的定义和解释。社会支持的核心是什么?无论是从文献追溯还是从实践观察,帮助都是社会支持的核心。在帮助的基础上,构建相关主体之间的关系,找到后续的活动模式和运行机制。从学科角度看,从最初的医学到心理学再到社会学,可以说社会支持研究的学科视角越来越丰富。不同的学科视角意味着看待问题和关注的主题不同,方向也不同。丰富的视角有助于人们更深入、更全面地理解社会支持。因此,广义的社会支持是指以帮助为核心的人际交往过程。帮助可能来自组织成员和个人。他们在帮助的方式、内容和程度上有所不同。从教育学的角度来看,家庭教育社会支持是指父母与社会环境中的个人或组织在面对家庭教育困难或需要时形成的帮助关系及其发生过程。其结果表现为父母或家庭从家庭外部获得的各种帮助。

3. 家庭教育社会支持的特点

（1）支持对象的普遍主义

家庭教育不仅是家庭的一种功能，也是一种具体的教育活动。从功能上看，儿童教育活动是家庭生活的一部分，但由于家庭教育不是制度化教育，其功能的完善没有明确的标准，这导致家长将对教育功能的抽象理解转化为对实际教育活动的感受，并从实际教育活动的困惑和挫折的角度来感知家庭教育功能是否完善。人是复杂的生物，个体的社会化也是一个复杂的过程。当父母面对子女的教育时，他们不可避免地会遇到许多困难和需要。然而，家庭教育困难的原因、表现形式、阶段和压力在不同的家庭中是不同的。也可以说，家庭教育的困惑是普遍存在的。当某人陷入某种困境时，寻求帮助或提供帮助接近于人们的本能行为和自然反应。正是在这个意义上，家庭教育和社会支持的对象是普遍主义。支持对象的普遍主义并不否认相对意义上的特殊或弱势家庭的存在，如单亲家庭、贫困家庭、移民家庭等，这些家庭会在子女的教育方面存在很大的压力，甚至会有一些特殊的因素。面对这种情况，政府或公益组织应该建立有效的"目标机制"，为他们提供特殊的支持和帮助，但这并没有改变家庭教育和社会支持对象的普遍性。

（2）支持主体的多元分布

对支持主体的理解有两种视角，即关系视角和实体视角。关系视角认为社会支持的主体是各种社会关系或社会网络，实体视角认为社会支持的主体包括政府、企业、社会团体和个人。作者倾向于从实体的角度来理解支持主体，这是社会支持作用的基础。如果没有实体意义上的支持主体，个体获得支持的关系网络就会变成被动的水。家庭教育和社会支持的科目分布广泛。首先，父母人际网络中的亲属、朋友、邻居和同事是主体。他们可以在教育观念、教育技能、教育信息等方面提供更方便的支持，关系密切的人也可以提供一定的经济帮助。值得注意的是，互联网技术的发展促成了虚拟社区的形成，因此个人支持的对象也可以是互联网平台上的陌生人。随着互动的加深，这些陌生人也可能在现实世界中变成熟人。其次，国家和各级政府颁布的法律和政策为家庭教育提供了体制支持，其中考虑到了普遍性和特殊情况。公共性是这种社会支持的价值取向，经常引起争议。其背后是人们对政府组织支持家庭教育的合理性和合法性的质疑。最后，各种社会组织提供公益性家庭教育支持。中国改革开放以来，社会组织取得了长足的进步。它不仅不同于政府，也不同于企业。它是一个以公益为目的的非营利性组织。在中国，能够为家庭教育提供支持的社会组织主要包括联合国儿童基金会、慈善机构和一些非营利性教育咨询机构。此外，教育行政机构、各级学校、图书馆等机构也将通过一些活动宣传家庭教育知识，提高家长素质。综上所述，家庭教育和社会支持的主体呈现出多元分布的特点。

（3）支持内容的复杂多样

家庭教育是历史最为久远的教育样式，尽管学术界大都比较认同亲子关系是家庭教育发生的逻辑起点,但是围绕亲子关系而展开的家庭教育理念、内容、方法等并没有获得广泛共识。从家庭教育实践角度看,面对社会转型所带来的家庭内外部环境变化,家长在子女教育上的困惑逐渐增多,涉及的问题多种多样,问题形成的原因也比较复杂。有的家庭存在由教育环境缺失而导致的子女成长问题,有的家庭则苦恼于父母自身缺少有效的教育方法和技能;有的家长需要情感上的帮助,有的家长则需要行为改变的支持。不同家庭在教育诉求上存在一定的差异,导致其社会支持的内容复杂多样,既存在无形的社会支持(如情感、指导、交流等),又存在有形的社会支持(如金钱、物资或其他服务等)。可以说,社会支持内容涉及家庭教育活动的各个层面,而且往往是多种需求的混合。家庭教育社会支持内容的复杂性还与家庭教育本身的复杂性有关,在我国,家庭教育研究处于边缘化境地,已有研究大都停留于经验描述,缺少理论升华,导致家庭教育实践缺少理论根基,出现这种情况的原因主要在于家庭教育本身具有较高的复杂性。另外,家庭教育的影响因素复杂,既有家庭内部的因素,也有外部环境的因素,多种因素互相组合,导致家长所需要的支持随着他们对困境和需求的理解而呈现动态变化。

(4)支持载体的新旧并存

社会支持载体的"新"与"旧"是相对的,也可以用"传统"与"现代"来表达。社会支持的传统载体或中介是支持的发送者和接受者面对面的行为,而现代载体更多地使用互联网。目前,传统与现代并存。互联网的普及使虚拟社会得以构建。在虚拟社区中,家长可以就家庭教育的任何问题进行讨论和交流,从而获得情感支持和信息支持。特别是在现代城市,个人或家庭的亲属不再像传统社会那样聚集在一起,陌生人社会正在兴起。互联网的非区域化为关注子女教育的家长提供了一个分享经验和交流信息的平台。基于互联网平台,信息和知识流动迅速。家长在获得教育知识和技能方面感到更方便。许多家长利用互联网平台获得社会支持。此外,与真实社区相比,虚拟社区人员容量大,异质性强。成员之间形成"弱关系",家长获取教育信息的方式更加多样化,拓展了家长教学行为的选择空间。除了信息支持外,情感支持也是虚拟社区的重要价值。遇到家庭教育困惑的父母可以获得心理安慰、情感分享和精神陪伴。当然,互联网支持载体也有一些缺点。例如,个人通过网络获取的信息往往存在矛盾和冲突。虽然信息量大,但没有实际的针对性和适用性。有些社会支持很难通过互联网实现,只能通过真正的面对面互动实现。因此,网络支持不能取代传统的社会支持。两大支撑载体各有发挥作用的空间,共存互补是其发展趋势。

二、家庭教育社会支持的功能

(一)提高家庭教育质量,推动家庭成员的成长

1.传播家庭教育先进理念

对于家庭教育而言,家长承担了重要的责任,让孩子成为一个有道德,有价值的人。在家庭教育中,父母的责任极为重要,父母不仅仅是一种顺其自然的角色,更是需要作为一个职业来努力对待自身"岗位"的,面对孩子的心理变化,不断学习心理学知识,更好地和孩子相处。如今,人们在生活中已经远离了原本的乡村丛林生活和祖先的生活方式,在社会中,学习成了人类生存

中的重要内容。家庭对于个体的成长而言有着极为重要的作用，无论是学习科学知识，还是提升自身的生存能力，家庭在个体中生都发挥着极为重要的作用。家长是孩子未来成长的影响者，其思想和行为直接决定着孩子未来的成长，对此，从国家到社会，需要认识到家长的职责，并且帮助教育家长履行自身的职责。从社会支持的角度来看，进一步传播家庭教育的先进观念，尤其是借鉴国内外的优秀教育理念。在不同的教育理念中，从自身的家庭状况出发，避免束缚儿童，而是要尊重孩子的成长和发展。家庭教育通过实践改变一些落后陈旧或者错误的教育理念，要认识到孩子的自主性和个性化发展，进而展开合理的教育。如今教育理念多元化，呈现出良莠不齐的局面，对此家庭教育观念则需要不断地更新，了解不同类型家庭观念的教育效果，避免各言其是，有一些伪先进理念，鱼目混珠，作为常见的就是一些以早期智力开发名目为主的培训机构，不仅没有掌握正确教育孩子的方法，还会过早地扼杀孩子的想象力，影响到其未来的发展。家长一方面会遭受经济上的损失，另一方面对于孩子的成长来说也极为不利，对此，无论是国家还是社会，都需要承担起相应的责任，引导家长正确地面对家庭教育，避免伪先进理念在家庭教育中加以应用。在政府和社会部门的支持下，传播正确的家庭教育观念，尤其是增加一些社会机构的可信度，以其专业性知识成为家长家庭教育的重要支撑。

2. 推广家庭教育实用技能

家庭教育不仅仅是一些知识的累积，更为重要的是一种教育技能，以先进的理念在实践中加以应用，并需要家长通过不断的学习掌握先进教育理念，同时在家庭教育中加以应用，继而养成得心应手地使用技能。在如今的社会发展背景下，原本的顺其自然养育模式已经不适应如今社会对人才的需求，在孩子成长的过程中，家长需要通过不断的学习，才能成为合格的家长，成为真正帮助孩子发展的家长。在社会支持下，家长需要掌握相应的教育技能，专业人员加以支持，其中包括家庭教育的专家指导人员，以及一些具有家庭教育经验的社会人员，这些人都可以为家长的家庭教育提供一些技能参照甚至是培训其家庭教育技能，而这一培训往往通过不同的项目来展开。设计训练项目，通过家长参与，掌握一些家庭教育专业技能，处理好和孩子之间的关系，让孩子更好地适应社会发展，融入社会当中，在学校和其他同学保持良好关系。通过社会支持，为家长提供一些可以实践的机会，例如场地、设备以及些场景，为家长的训练提供支持，这些对于家长家庭教育技能训练来说都极为重要，通过实践也是将技能转化成为习惯的过程，让家长从理论知识学习到实践操作，再到转化成为自身的技能，社会支持的整个过程不容忽视。在此过程中，家长之间也可以相互交流经验，分享自己在教育过程中的困惑以及积累的心得，这样家长相互交流，进一步提高家庭教育的效果，使得社会支持发挥出更为巨大的作用。

（二）提高家校合作质量，促进研究成果应用

1. 推进家庭与学校的合作

在如今的社会背景下，家长参与到学校教育过程，已经不是一件稀罕事，家园合作和家校合作在学校教育中变得极为普遍。学校确定了教育理念和教育目标，而家长参与其中，进一步了解

学生在学校中的实际情况，也能了解学校的教育和发展，进而二者相互合作，共同为了孩子的成长而努力。不过从目前教育的现状来看，家长对于学校教育的参与程度并不理想，往往只是通过一些社会实践，这一参与过程只是停留在和孩子一起完成一些活动，并没有真正地参与到学校事务管理中来。从目前学校的办学方式，也往往是高度行政化，这个相关的行政部门对学校具有管理的权限，家长评价往往只是通过社会舆论来展开，并不能真正参与到学校的办学中去，因此家长在学校并没有参与管理事务的权利，只能是与教师相互合作，参与一些社会实践活动。家庭教育和学校教育，二者并不能相对独立，家庭教育是学校教育的基础，二者对于青少年的成长来说具有重要的作用，并不是哪一种教育方式决定了学生未来的发展。需要二者相互合作，良好的学校教育需要家庭教育作为保障，而家庭教育也能更好地实现学校教育目标，培养符合社会需求的人才。通过社会支持，能将家庭教育和学校教育相结合，提高家庭教育水平的同时，满足学校对于家庭教育的需求，也能进一步推动学校教育的发展，使得学校和家庭二者相对平等，避免学校教育一家独大或者是家庭教育占主要地位的情况，为孩子的成长提供更为民主的教育环境。

2. 促进家庭教育研究成果的应用

在家庭教育中，受到一些学校和研究机构的影响，高校，科研场所和家庭很少有关联的内容。研究成果在应用过程中存在较大的阻碍，无法广泛地推广到各个家庭中去，这也使得科研成果只能停留在理论层面，实践也只是针对小范围内的实践。基层家庭教育的从业人员，尽管其实践经验较为丰富，但是由于其文化水平并不高，理论知识不够扎实，也很难进入到研究机构学习，这些在一线积累的经验无法提升成为理论内容加以总结升华，这也使得国内关于家庭教育的相关研究严重不足。现有家庭教育研究机构以大学和一些科研机构为主，民间家庭教育组织人员数量有限，但是却对相关教育理论的完善以及家庭教育水平的提升起到了重要的作用。在社会支持机构的帮助下，家庭教育研究人员有了将理论与实践相结合的机会，可以参与到家庭教育实践中去，也可以和一些一线从业人员进行沟通交流，将理论在实践中得到检验，并能总结实践经验，进一步完善理论知识，在此过程中，无论对于家长还是对于社会研究机构人员而言，无疑是改变了其工作状态，促进了理论的完善，也使得家庭教育水平明显提升。

（三）加强家庭与社会的联系，改善儿童成长环境

1. 搭建政府与家庭沟通的桥梁

随着党建工作的不断推进，各个行政机构的服务意识明显增强，政府在服务过程中认识到了教育的重要性，教育体系也在逐步地完善。家庭教育也是政府教育服务体系的重要内容，家长学校受到了人们的广泛重视，这也是未来的发展趋势。设立家长学校，能为家庭教育提供一些帮助与支持，可以让家长参与其中，了解家庭教育的相关技能，也为政府和家庭之间的沟通提供了平台。改革开放以来，我国并没有形成明确的家庭政策，家庭更多地被当作私人领域，社会福利与社会保障一般也不是以家庭为单位。同时，在由计划经济向市场经济转轨的过程中，过去由政府（工作单位）承担下来的福利逐渐被取消，家庭成为承担责任和抵御风险的基本单位，这就使得

家庭在现代社会中承担了越来越大的压力。在这种社会环境下，政府如果能够合理合法地为普通家庭和特殊家庭在子女教育方面提供支持与帮助，满足家长的教子需求，不仅可以有效缓解家庭压力，而且有利于建立政府与家庭之间的联系，增强社会融合与社会团结，并为完善我国的家庭政策做出尝试和探索。

2. 发挥社会对家庭反哺的作用

家庭是社会的基本组成部分，家庭的质量直接决定了整个社会的质量，每一个家庭健康幸福才能促进整个社会的和谐稳定，而家庭教育水平的提升，对于孩子未来的成长有利，也能提高社会的整体文明水平，社会文明水平的提升又反过来会提升家庭的幸福指数，二者相互促进，动态互补。随着我国社会文明建设的不断发展，人们已经越来越清楚地意识到，单靠政府的力量不能解决所有的社会问题，必须动员其他社会力量。尤其是家庭教育方面的问题，牵涉到社会的每一个成员，需要解决的问题也是种类繁多，只有通过社会互助，才能更加有效地解决个体家庭遇到的家庭教育问题。同时，随着社会财富的积累，一些财力雄厚的有识之士也愿意为提高社会的教育水平贡献力量。正是这种现实状况，使家庭教育社会支持拥有了更多的社会资源，使家庭教育社会支持活动可以得到更广泛的开展，从而使更多的家庭受益，使更多的儿童和青少年得到更好的家庭教育。

第二节 家庭教育社会支持的运行机制

一、家庭教育社会支持的动力来源

动力来源是指动力从哪里获得。在家庭教育社会支持这个领域，动力来源可以从四个层面来分析，即动力来源的政府层面、学校层面、社会组织层面和个人层面。

（一）政府支持家庭教育的合理性

政府支持家庭教育并非自古就有，它是历史发展到一定阶段的产物。在古代社会，家庭一般被视为私人领域，父母对子女的教育拥有较大的权力，可以根据自己的意愿教育子女，家长对子女的管教属于家庭私事。随着制度化教育的发展和完善，国家和政府逐渐介入教育领域，并根据社会发展状况不断调整其介入教育的广度和深度，目前，世界各国普遍建立了政府主导的学校教育系统。家庭教育对儿童的成长具有奠基作用，因为家庭中的儿童最终要步入社会，所以，家庭教育质量也对整体社会发展具有重要影响。现代社会的家庭教育已经不是完全的私人领域，政府有责任支持家庭教育健康发展。

1. 教育公平的价值追求

教育公平问题是我国当前教育领域的热点问题，也是人们关注的焦点。改革开放以来，我国社会进入了较为快速的转型期，各行各业都发生了较大的变化，教育领域也是如此。教育公平首先是一个现实问题，经过40多年的改革，我国教育尽管取得了较大成绩，但是存在的问题也比较多，其中不公平现象在教育领域日益增多，既有入学的不公平（择校现象、招生指标的地域差别等），也有在校的不公平（城乡教育质量差别、重点校与普通校教育质量差别等）。无论是入学还是在校，教育不公平的矛头始终指向学校，这当然有其理由，因为教育成效上的差别在学校间表现得最为显著。然而，学校并非儿童和青少年的唯一生活环境，他们还是家庭成员，父母对他们的身心成长实施多种影响，构成了学生学校生活的基础和底色，因此，教育公平问题的解决还必须包含对家庭教育的关注和积极介入。促进人的发展是社会的根本任务，教育公平是实现所有人的全面发展的重要保证，而支持家庭教育是促进教育公平的基础性工作，所以，全社会都应该支持家庭教育。

从我国传统来看，家庭教育始终受到高度的关注，因为子女的成长关涉家庭甚至家族的荣誉与兴衰，在学校系统不完善和学校教育不普及的情况下，家庭教育的作用至关重要。随着国家经济的发展和社会分工体系的完善，家庭教育的部分责任委托给了政府，政府有责任建立完善的制度化教育体系。然而，家庭教育并没有因为学校的建立而消失和弱化，几乎所有家长都认为家庭教育对子女成长至关重要。促进教育公平并非要求家庭教育整齐划一，而是要积极培植家长科学的教育观念，使其掌握一定的教育技能，增强家庭教育能力。

家庭教育的社会支持面临一个重要问题，即政府支持的边界问题。如果不规范权力实施的边界，就会使促进教育公平的目标转换成破坏教育公平的行动，从而在整体上扰乱教育秩序。政府对家庭教育的支持主要表现为公共服务，它遵循两条原则，即弱势扶助原则和普惠原则。弱势扶助原则主要针对贫困家庭和危机家庭，比如有的家庭经济条件较差，家长无力为子女购买基本学习用品，在这种情况下，政府可以伸出援助之手。普惠原则是指为家长提供家庭教育知识技能，增强家长的教育能力，缓解其焦虑情绪。

2. 完善社会支持体系的需要

中华人民共和国成立后，国家治理模式发生了很大变化，计划经济及其背后的计划思维在很长一段时期内主导着社会发展，导致在个体与国家之间没有中间结构，政府的责任和权力几乎涵盖了社会生活的每个角落。"在计划经济时代，几乎所有的社会成员都被固定在某一个既定的位置，人们按照国家（单位）铺设的轨迹来安排自己的学习、生活、工作，脱离了那个轨道便寸步难行。"对于社会生活，国家或政府建立了大包大揽的权力责任体系，而不是完善的社会支持体系，甚至可以说不存在真正的社会支持体系，因为几乎所有的支持都来源于政府或国家，即使存在个人支持，但无处不在的计划触角使其缺少自然生发的有利环境，导致个人支持空间狭窄。我国自改革开放以来，经济体制由计划经济向市场经济转轨，转轨的过程也是政府、市场、社会、个人重新划分和确立边界的过程。相应地，社会整体结构发生了变化，即在政府和个人之间逐渐生长出一个中间结构，它并非属于中间等级，而是既有市场又存在公益的自由空间，一些公益性的社会组织开始步入社会舞台并承担社会责任。于是，社会支持体系逐步完善，政府、社会组织和个人共同构成社会支持的主体。如果将视野由中国扩大到整个世界，我们能体会到现代化浪潮几乎席卷了整个地球，有人为现代化的进程而欢呼，也有人为现代化的后果而忧虑。尽管现代化造就了非凡的物质文明，甚至精神文明，但就个体感受而言，风险和压力无处不在，个体生活中的不确定性增多，这些变化为社会支持体系的建构与完善提供了正当理由。

  当前，人们对社会支持的认识逐渐加深，社会支持体系也日益完善，尤其是针对弱势群体的社会支持，各种组织和个人提供了巨大的支持力量，比如针对艾滋病人的社会支持，无论是官方还是民间都获得了支持共识，社会支持效果显著。然而，现有的社会支持比较忽视家庭教育领域，这对建立和完善社会支持体系无疑是一种缺憾。之所以出现这种局面，很大一部分原因在于认识上出现了问题，也就是说，很多组织包括政府没有真正重视家庭教育，认为那是家庭私事。另外，教育是长期互动过程，很难快速见效，即使承担了家庭教育的支持工作，效果也不明显。家庭教育对于人的发展和社会的进步具有重要价值，如果家庭教育问题没有获得妥善解决，个体自身的生活质量和对社会的贡献就会大打折扣，从心理治疗的角度看，很多进入社会的成年人的心理障碍或疾病都源于家庭教育的缺失与不当。未成年人的生活重心主要在家庭，这不仅由于他们在家庭中或与父母共同生活的时间较长并具有连续性，还在于父母对子女的教育影响具有基础性和先在性。因此，从应然的角度看，社会支持体系的建设必须重视家庭教育并有所行动。

  3. 家庭政策的重要指向

  家庭是社会生活的基本组织，也是人类社会最早形成的制度单位，作为社会发展到一定历史阶段的产物，它对个体发展与社会发展都具有重要作用。就个体而言，家庭是个体成长的摇篮、社会化的第一个场所，也是个体获得情感关怀、经济支持的重要来源；就社会来说，家庭是构成社会的重要单元，它承担着人口生产和社会生产的双重职能，是稳定社会秩序的重要力量，也是传承社会文化的重要载体。家庭并非纯粹的私人领域，它具有公共产品的属性，因为家庭中出现的问题往往会发展为社会问题，同时，家庭是社会政治、经济和文化的中转站，它影响家庭成员的观念和行为，进而影响社会整体发展进程。长期以来，我国并没有明晰的家庭政策，一些涉及家庭的社会政策主要关注弱势群体，目的是减轻家庭经济压力。随着市场化改革的不断深入，家庭原本具有的功能逐渐由市场来承载，导致家庭能力建设被弱化。今天许多社会问题，比如青少年犯罪、家庭暴力和社会排斥等，都源于家庭无力承担其应有的责任。另外，经过几十年的发展，我国家庭本身发生了诸多变化，如家庭规模变小，独生子女家庭增多，家庭形式多样化，家庭内部权力关系、代际关系也平等化，这些变化使我们在制定社会政策时将面临新的挑战，正是在这样的大背景下，发展型家庭政策被广泛提倡。

  发展型家庭政策的核心是完善家庭功能。所谓家庭功能，就是家庭在社会生活中所起的作用。一般认为，"家庭功能包括生产、消费、生育、教育、赡养、抚育、闲暇与感情满足等"。家庭功能并非一个常量，其表现既受家庭生命周期的影响，还因社会发展阶段的不同而发生变化。在我国传统社会，教育是家庭的重要功能，进入现代社会后，随着学校体系的扩张，部分教育功能从家庭中分化出去，但家庭的教育功能并没有消失。受社会环境和发展阶段影响，我国家长对子女教育日益关注，主要表现为家庭教育的高期望与高投入，然而，对子女教育的高期望和高投入并不意味着家庭真正发挥了教育作用。家庭是儿童受教育的初始环境，儿童的兴趣、价值观、品德和态度等大都离不开父母的教育与影响，如果父母没有给予子女恰当的教育，他们就有可能在社会化过程中遭遇更多不必要的困难和阻力，甚至最后成为家庭和社会的负担。发展型家庭政策本身包含对家庭教育功能的支持，它为家长提供科学的教育观念和方法，增强其教育能力，满足了家长获得教育支持的需求。因此，发展型家庭政策内在要求支持家庭教育，尤其是通过多种方式帮助家长成长，并使他们有能力承担家庭教育责任，进而改善家庭教育质量。

（二）学校支持是家庭教育的驱动力

和政府与家庭的关系相比，学校与家庭的关系显然更为密切，尤其是在普及了九年义务教育之后，学校已经成为每个公民必经的成长阶段，家庭和学校的关系也超越了普通的工作关系，而具备了更多、更深的情感关系。在经历了家庭对学校工作的全方位支持阶段之后，中国的家校关系进入学校反哺家庭的崭新阶段，通过支持家庭教育，学校将会以新的形象进入家庭视野，这一改变也将受到家庭的接受与欢迎。

1. 家庭教育是学校教育的基础

每名儿童都拥有各自的家庭教育背景，可以说，家庭教育为他们进一步接受学校教育奠定了基础。首先，从学生的世界观与价值观的形成来看，父母是他们模仿的对象，家庭是他们重要的生长环境，良好的门第与家风才能建立出优良的品格与高尚的情操，学校的品德培养必须以家庭的品德熏陶为基础，才能取得良好的效果；否则，即使学生有良好品德的萌芽，也会为长期的不良家庭熏染所扼杀，导致学校教育难以取得预期效果。其次，从学生的行为养成习惯上看，社会心理学家认为，观察学习是儿童学习的重要途径，要养成好的行为习惯，家长必须以身作则，儿童才能在长期的耳濡目染中建立起自己好的行为模式，单凭学校对学生施加影响是不够的。最后，从学生的社会化发展来看，学生必须在良好的人际关系中成长，才能实现充分的社会化，才能发展成为成熟的个体，具备独立生存的能力，而亲子关系是最重要的人际关系，儿童首先必须在良好的亲子沟通中，才能逐步学会处理更复杂的人际关系，从而获得心智上的成熟。从以上分析可以看出，学校教育无法离开家庭教育独自寻求发展，因此，好的家庭教育是好的学校教育的基础，学校要想获得更好的发展，必然要为家庭教育水平的提高付出努力。

2. 支持家庭教育有助于改善家校关系

近年来，教育公平问题一直难以解决，学校成为人们宣泄不满情绪的替罪羊，家校关系日益紧张。造成家校关系紧张的原因复杂而多样，但学校却为此付出了沉重的代价，并因此承受了巨大的压力。尽管学校做出种种努力来缓解家校关系，但学校和家庭的隔膜与误会却令这种努力收效甚微。如何改善家校关系，如何办出人民满意的教育，成为政府要着力解决的问题，而搞好学校的家庭教育支持活动是解决这一问题的有效对策。首先，学校的家庭教育指导活动，可以使家长对学校教师的教育教学水平和态度有更多的了解，从而减少家长对学校工作能力与责任心的指责；其次，学校提供家庭教育指导可以让家长对教育的规律有更深的理解，从而避免家长盲目用成绩、排名来衡量学校的教学质量和管理水平；最后，学校提供家庭教育指导可以使家长感受到来自学校的帮助和支持，从而缓解个别事件在家长中引发的对立情绪，改善家长和学校之间的关系。因此，提供家庭教育支持，不但可以提高家庭教育质量，而且能够有效改善家校关系，并促进学校教育工作的顺利开展。

（三）社会组织支持家庭教育的作用力

改革开放以来，我国社会组织获得了前所未有的发展，尽管在自身建设上还存在诸多问题，但不能否认的是，在政府退出而市场又不愿触及的领域，社会组织发挥了巨大作用。各种社会组织的章程明确规定了组织的宗旨、服务内容和工作程序等，介入家庭教育领域的社会组织也呈上升趋势。家庭教育领域有很多可以市场化的内容，比如课外辅导、素质培训等，这些市场化的内容主要起到家庭教育功能替代作用，而对于提高家长教育能力并完善家庭教育功能，则鲜有市场介入。政府对家庭教育的支持是有限度的，这不仅涉及支持的合理性，还与政府本身的局限性有关，全能政府或大政府并非有效的管理模式，小政府大社会才更符合时代的要求。一方面家庭的支持需求越来越多，另一方面社会组织拥有日益增多的活动空间，正是基于上述两方面条件，社会组织成为家庭教育社会支持的一个重要的动力来源。

1. 家庭教育对社会支持的需求

从家长角度看，抚育下一代并促进其健康成长是每个为人父母者必须承担的责任。抚育的过程既包括满足子女生理需要的抚养，又包括促进子女社会化的教育，二者通常融合在一起。尽管抚养和教育都渗透于家庭生活中，但是判断抚养质量和教育质量的标准却不同，由于抚养侧重于儿童的身体，而教育更偏向于儿童的精神，二者对父母的要求也不同。儿童的身体生长需求规律性较强，父母完全可以根据生活经验推进抚养过程，相对而言，儿童的精神世界更加丰富并具有个体性，在家庭教育方面，对家长提出了更高的要求。由于教育是理念、知识、方法和艺术的综合体，很多家长不具备基本的教子能力，在承担家庭教育责任的过程中，容易产生困惑。同时，无论是基于传统还是基于现实，家长大都对孩子的未来充满较高期待，希望通过家庭的教育影响促进孩子成长，这就在客观上形成了期望与能力的落差，即家长想要在家庭教育上有所作为，但他们又不具备相应的教育能力和素养，正是这种客观存在的落差构成了家庭教育的社会支持需求。同时，在支持需求的行动转化上，家长比较茫然，政府机构提供的支持毕竟有限，个人支持又很难达到专业水平，这为社会组织支持家庭教育提供了作用空间。

从组织角度看，社会组织成员具有支持家庭教育的意愿，这也是一种需求，是来自支持主体的需求。按照马斯洛的需要理论，每个人都有多种需要，它们分属两大层次，即生理需求和精神需求，生理需求是基础性的、本体性的，精神需求则是高级的、派生的。作为组织成员，他们首先要从工作中获得经济来源，要维持一定的物质生活标准，其次才能够考虑精神层面的需要。不过，这只是对人的需要的总体描述，实际上，每个人的需要结构都会因工作环境条件的不同而有所区别。而且，物质层面需要和精神层面在一定程度上转化和替代，当某项工作能满足从业者较高精神需求时，他们很可能会降低在物质上的追求。对于社会组织中的工作人员来说，通过工作获取报酬是其基础性需要，这可以维持他们的基本生活，而精神性的需求更能增加组织成员的满意度和成就感，他们往往为了满足精神需求放弃部分物质上的满足。在与访谈对象探讨对工作的看法时，他们这样说："我对自己所做的事情很满意，它让我感到帮助他人的欣喜。每当看到家长或孩子在我这里有所收获，最后能真诚地说声谢谢时，就感觉自己的劳动特别有价值。其实人不能总想着索取，得有点儿奉献精神。"

2. 社会组织的活动空间

活动空间是指面对家长在家庭教育方面的支持需求，社会组织能够发挥作用的程度。一般来讲，家长在遇到困境时，他们可以通过三种途径来获得帮助，即政府、市场和个人关系。市场奉行交换原则，它通过供求关系和价格机制来配置资源，利益追逐是市场行为的外在表现。目前，市场介入家庭教育往往是一种诱导性支持，即以公益的名义，诱导家长购买他们的教育产品。所以，市场行为不仅无法真正解决家长的教育困惑，还可能催生新的教育不公，而且严格来讲，市场行为本质是交换而非支持；政府拥有丰富的社会资源，并具有强大的资源调动力量，它能够通过政策的制定来提供社会保障和促进社会公平。政府尽管不是牟利机构，但是由其自身低效率引起的"政府失灵"现象也广泛存在。计划经济时代，政府的强势作用渗透到社会生活的各个领域，极大地挤压了社会组织的生存空间。改革开放后，管理者认识到了政府的局限，于是政府逐渐从一些领域中退出或主动削减影响力，这就为社会组织的介入提供了施展自身的舞台；依靠个人关系获得帮助是人之常情，但是个人支持在家庭教育方面偏重于物质层面，情感支持效果具有不确定性，在信息支持上则受到专业的局限，很难获得令人满意的效果。而且，市场化进程中人际关系发生了较大变化，随着社会流动的增加，陌生人社区越来越多，尤其在城市，人际的冷淡比较常见，即使是邻居也不会走动很频繁。同时，我国计划生育政策的实施导致家庭规模小型化，独生子女家庭增多，亲属数量减少，这在某种程度上阻碍了个人支持作用的发挥。实际上，政府和个人在家庭教育社会支持上都发挥了一定的作用，但是从结构上看，依然存在需求与供给的矛盾，社会组织的介入可以满足家长或家庭的需求，使家庭教育社会支持体系不断得以完善。

（四）家庭教育个人支持的自发性

任何人都处于一定的社会关系中，都会与周围的人发生或多或少的交往，个人在与他人的交往中形成了自己的关系网络。人与人之间可以形成多种关系，这将依情境而定，当个人陷入困境时，关系网络中的帮助关系就会比较突出。家庭教育对于每个有责任心的父母来说都是一种挑战，因为个体的精神世界是复杂的，个体的身心又随着时间和情境而改变。家庭教育是代际间的互动，面对丰富多变的儿童精神世界，为人父母者必定会遇到教子困惑，也会很自然地寻求他人帮助，这便是家庭教育社会支持发生的个人动力来源。

1. 家庭教育困惑的普遍性

中国文化是伦理性文化，家庭伦理是整个伦理文化的基础，所以，中国人普遍重视家庭，家庭中既有横向的同辈关系，又有纵向的代际关系，它们共同构成子女成长的最初环境。家庭教育困惑具有普遍性，其原因主要表现为以下几个方面。

（1）子女能否成才是家长关注的焦点

家长将子女看作家庭血脉的延续，子女成才会给家庭或家族带来荣誉，相反则会使家长感到沮丧甚至失败，所以，家长通常对子女的未来充满了期待。然而，影响子女成长的因素较多，这些因素还形成多种互动，很少有父母能够有效控制这些教育影响因素，对子女的高期待经常被子女的现实表现迎头痛击，事与愿违与一厢情愿经常令家长无比困惑。

（2）家长大都不具备清晰的家庭教育理念

家庭教育是一个长期的过程，并且融合在家庭生活中，而很多家长在子女教育方面存在随意性和盲目性，对子女的成长造成了不良影响。随意性导致家长在教育子女时感情用事和教育行为的前后不一致，子女无法获得稳定的预期，难以培养子女良好的品质与习惯；盲目性导致家长在教育子女时进行无意义的攀比，从而很容易伤害子女的自尊心。清晰的教育理念可以使家长具有较强的教育意识，能够减少子女在教育过程中的随意性和盲目性。

（3）家长往往无法有效分配教育中的理性和情感

教育是感性与理性的结合，缺少爱心的教育是无情的教育，而缺少理性的教育则是无知的教育，它们对孩子的成长都十分不利。在家庭教育中，家长往往无法控制自己的情绪，导致理性或情感的滥用。父母与子女首先是亲子关系，而非工作关系，亲子关系导致父母与子女之间形成了特殊的感情联系，在家庭教育中很多父母把握不好感情的介入程度或如何使感情的介入有利于子女教育。

（4）家长很容易把家庭教育当作学校教育的延伸

家长在日常的教育中，一般来说，重点都是放在了对孩子作业的辅导上，通过自己的努力尽可能地让孩子完成作业，或者是参加各种教育辅导班，一切的活动都是围绕着孩子的学习而展开，这也形成了目前家长和学校以及市场的非正常关系。家庭教育和学校教育本身应该相互合作，但是在一些实际工作中，却使得家庭教育需要配合学校，跟随学校的脚步来展开，或者是家长指导学校教育，想要学校教育更加符合自身孩子的情况。无论哪一种方式，这都使得家庭教育和学校教育出现了矛盾，二者本身各具特色，相互合作，家庭教育并非学校教育的延伸，而是与学校教育相对独立的部分。既能让家庭教育极为灵活，拥有自身的个性，符合学生的个性化发展，也能让孩子更好地适应学校教育，在学校教育中不断地成长。

2. 转型社会下的家庭压力

在社会转型期，这是到稳态社会的过渡时期，而且很难预测其结束的时间，根据目前的社会转型可以看出，从政治到经济，再到文化层面的转型，经济转型时间较短，而政治转型和文化转型则需要较长的时间，社会转型不仅改变了社会结构，还改变了人们的价值观念，家庭是社会的基本组成单元，也是社会转型的必然环节，社会观念和社会结构的变化在家庭生活中也会有所凸显，借助带动家庭观念的变化，将社会观念和家庭观念相互碰撞，最终形成作用于社会的力量。在如今的社会转型期，面对外界环境的压力，家庭压力也明显增加，家庭模式和生育观念发生了显著的变化，家庭子女数量从一家有2~3个孩子再到独生子女家庭的时间短，家长在子女教育过程中缺少缓冲的时间，很容易造成双方的代沟。和孩子在沟通时会爆发矛盾，而这一矛盾缺乏中间人加以缓解，无论是家长的教育，还是孩子的成长，都会有较大的压力。在当时的计划体制下，政府和一些基层单位承担的社会职能较多，对此，家庭存在经济压力，但是在子女教育方面，一些普通民众心理负担并不大，可以自觉展开家庭教育，这也是外部社会环境较为安全的原因，子女离开学校，家长也同样放心。如今人们越来越自由，社会空间增加，社会竞争也过于激烈，原本家庭教育只是关注孩子的身体成长和学习成绩，而如今则更加重视孩子的心理健康。家长在家庭教育中所花费的精力、时间和金钱也明显增加，这对于家庭而言，无疑是额外的压力。

总而言之，家庭教育面临了较大的困惑和家庭压力也在逐渐增加，家长在日常家庭教育中，希望寻求他人的支持和帮助，这也是家庭教育想要得到个人支持的动力所在。

二、家庭教育社会支持的运行特性

（一）支持媒介的多元性

支持媒介主要是家庭教育在社会支持过程中，连接知识主体和支持对象的媒介，在现代媒体技术不断发展的今天，支持媒介的形式更为多样化，既可以让社会支持进入渠道不断丰富，也导致了社会支持过程充满不确定性。

1.社会支持的媒介类型

家庭教育社会支持的方式极为多样，一般常见的是教育讲座、教育咨询、心理辅导或者是一些项目训练等方式，除此之外，在社会支持下，可以借助媒体形式作为中介。

（1）传统媒体

传统媒体主要包括报纸、广播和电视，这是组织机构向受众传播信息或提供交流平台的重要方式，传统媒体一般传播方式为"一对多"的放射式传播，信息发布者只能是这些媒体，而其他人则是信息的受众，只能被动地接收信息。一些新闻机构关注家庭教育，重点在一些家庭教育知识和信息的传播，分享家庭教育的经验，在城市报社或者是其他出版社，报纸中都会有教育板块，其中会有一些家庭教育指导理论内容，或者是解答一些家长困惑，在广播和电视中也可有一些分享教育经验的栏目，或者是家庭教育热线，有专门的专家解答家长在教育过程中存在的各种问题。

（2）网络媒体

网络媒体是借助了互联网技术而构建的传播平台，和传统媒体有很大的不同，网络媒体的传播方式不再是"一对多"的放射性传播，而是相互混合就可以"一对多"传播，也可以"多对一"，或者是"多对多"，多种传播形式，使得信息的传递更加多样化，每个人都是信息的传递者，也是信息的制造者，更是信息的接收者，这样多种角色的参与，使得人们在获取信息时极为便利。从信息接收者的角度来看，网络媒体中所包含的信息量极大，而且传播速度也较快，可以根据自己的需求自由选择，而网络媒体在传播过程中，无论是组织传播还是个体传播，都为家庭教育提供了较好的社会支持。有一些组织成立了自己的官方网站，家长可以登录这一网站，了解关于家庭教育的相关知识的介绍，学习家庭教育方法，也可以通过在线交流和专家沟通，请教他们一些专业的家庭教育知识。在近些年来，借助多媒体形式，网络上每一个人都可以成为传播的主体，这也是自媒体逐渐增加的原因，每一个人都成了传播的主体，也可以在网络上发表自己的观点，例如微博、微信等方式。在这些自媒体中，其中包含的内容极为丰富，既有家庭教育，也有一些案例分享，尽管质量良莠不齐，但都属于家庭教育社会支持的重要组成部分。有一些家庭教育的微信公众号和微博公众号"粉丝"较多，知名度较高，其中也有很多关于家庭教育方面正确观点，而且这些自媒体内容短小，方便的家长在一些碎片化时间观看和学习。

2. 支持媒介多元化的效应分析

在传统情况下，传统媒体作为社会知识的主要媒体，而在互联网普及的今天，网络技术使得各种新媒体出现，对于家庭教育而言，往往是提供了多元化的社会支持局面。

（1）正效应

①增加了社会支持的运行通道

从家庭教育的情况来看，一般是面对面进行交流，这也是常见的家庭教育方式，而在互联网技术不断发展的今天，家长可以从多渠道获得社会支持，子女教育也并非家长唯一的教育方式，他们需要承担更多的责任，而面对面交流则需要双方同时在场，很多家长并没有这样的实际条件，借助多媒体手段可以让家长灵活选择自己的时间和空间，获得社会支持。例如，有一些家长尽管十分爱自己的孩子，但是却不能掌握正确的沟通方式，无法和孩子进行高质量的沟通，对此可以求助一些社会支持或其他的人员当面交流沟通，也可以利用一些媒体形式，例如电视节目、书籍或者是互联网平台，实时回答问题等方式，获得他人的帮助。

②扩大了社会支持的覆盖面

受到多种条件的影响，家庭教育往往是面对面交流，很少通过其他方式进行沟通，而这一沟通方式覆盖面积并不大，通过媒体的运用，则提高了社会支持的服务半径。在一些省市，每年都会有政府部门和社会组织来组织一些家庭教育讲师团，深入到社区和学校开展家庭教育讲座。不过参与讲座的家长数量并不多，宣传组织不到位，覆盖面过窄，而且很多家长忙于工作并没有时间来参加，再加上受到场地和各方面安排的影响，家长的参与受到了影响。新媒体出现之后，社会支持的覆盖面积明显增加，在家庭知识传播过程中，不仅仅可以通过讲座和座谈的方式也可以通过广播电视，或者是新媒体手段加以传播。多种媒体的介入使得受众的数量明显增加，越来越多的家长参与其中，接受专业的家庭教育知识，而且设施和相关媒介素养也在不断地完善。

③提高了社会支持的运行效率

多种媒体的介入使得家庭教育得到了社会的广泛支持，知识传播效率明显提升，在原本书籍传播的基础上，广播电视扩大了传播面积，也使得家长获取知识的方式更为多样化，而互联网媒体的出现，进一步加快了家庭教育相关知识的传播速度，也让家长可以通过多角度认识这一知识，多角度去获取和学习这一知识。通过媒介的介入，家长在教育中遇到困难时，可以通过媒体介入，更为迅速地获得社会支持，互联网信息传播速度较快，他人可以快速回应，及时的帮助其解决问题，例如在遇到一些教育难题时，可以在一些社交平台上交流、分享。媒体则可以扩大其分享的氛围，迅速缩短时间间隔，使得家长可以实时获得他人的帮助与支持，解决教育中的难题。媒体也可以起到监督作用，无论是政府还是社会组织提供的社会支持，都可以使得媒体介入，提高工作人员的效率，也是让支持工作更加透明，尽可能避免腐败情况的出现。

（2）负效应

媒体切入家庭教育社会支持中，不仅仅有正效应，也存在负效应，也就是一些弊病，这些弊病有可能是媒体本身属性的影响，也可能是一些个体媒介素养不高而导致的。

①家庭教育知识的碎片化

家庭教育知识在家庭教育中总结经验，这是理论在家庭教育的实践，也是通过不断实践而总结出的结果，家庭教育知识的理解和学习有很多途径。最传统的方式是通过书籍阅读，这会使得家长有一定的知识基础储备，也会提高其心理品质，而读者在拥有知识储备之后，会开动脑筋，但是相对来说，阅读本身属于较为困难的脑力劳动，需要家长全身心的付出，才能改变思想，在行为上加以实践。阅读不仅仅能让家长获得知识，还提高了其各项能力，而如今互联网的出现，使得人们获取知识的途径不再拘泥于书籍，而是通过互联网海量资源来获取相关知识，这样对于家长而言，并不是一种严肃的知识教学，不是系统的讲解，而是通过一些趣味加工的方式，使得知识呈现出多样化的效果。但这也意味着知识在经过加工之后，失去了其原本的力量和严肃性，家长的学习效果受到了影响，对于知识也失去了正确的判断，知识的权威性被打破。

②社会支持效果的表面化

各种媒体对知识的处理方式是不同的，书籍和报纸主要诉诸文字来呈现知识，除了少量娱乐性外，严肃、规范、启发人思考是其处理知识的方式。一般来讲，书刊或者用一篇文章谈家庭教育，或用整本书谈家庭教育，它需要设计严谨的结构和思路，阅读的过程也是读者付出努力进行消化和吸收的过程。电视或网络就与之不同，电视呈现的是图像符号，它不可能用珍贵的时间呈现家庭教育知识脉络和逻辑过程，它要用图像打动人，在某种程度上还要实现背后的经济利益，所以，它在知识的选择和呈现上具有很强的功利性。对个体而言，电视的"看"与文字的"读"是两种体验，"看"近乎本能，不学而会，"读"则需要一定的准备和基础，容易获得也容易消逝。所以，家长通过电视获得知识信息往往是非系统的，甚至是故弄玄虚的。网络这种媒体同样会导致家长获取知识的假象，除了个别网站，大多数网站的家庭教育知识也都缺少科学性，而且不一致和冲突现象比较常见，导致困惑中的家长比较茫然。一些自媒体同样无法满足家长的支持需求，这些自媒体对家庭教育的认识往往经不起推敲，背后的动机也不够简单，而且自媒体往往倾向于娱乐。上述表现使媒体介入的支持效果具有表面化倾向，应该引起公众的关注，从而找到解决路径。

（二）支持过程的差异性

社会支持的发生总是涉及人，有些人代表组织，履行组织赋予的职责；有些人则只能代表自己，成为社会支持行为的发出者或接受者。家庭教育的社会支持过程并非整齐划一，组织或个人在社会支持能力、内容和对社会支持的利用上存在差异。

1. 社会支持能力的差异

支持能力的大小与社会支持主体所掌控的资源有关，这里的资源主要包括人、财物和制度。

（1）组织与个人社会支持能力的差异

组织与个人是社会支持的两类主体，它们在家庭教育社会支持中发挥着各自的影响，从社会支持能力上看，组织要强于个人。首先，组织（包括政府、学校和社会组织）的建立需要符合一定的条件。任何组织都要承担一定的社会责任，人员、资金、制度和固定资产等，既是组织建立的基础，也是组织活动可以调动的资源。其次，与承担责任相对应，组织也享有权利，这使得组织提供社会支持具有较大的运作空间。再次，组织工作人员的专业性较强。组织支持中人的资源既包括社会支持的组织者，又包括社会支持的实施者，他们的数量与质量决定组织支持能力的大小。最后，组织工作要遵循规范的程序并纳入考核，这使得它在支持家庭教育上，减少了随意性和不公正性。作为支持主体的个人并不具备组织的上述优势。个人支持是一种基于个体关系网络而发生的社会支持，支持的提供者所拥有的资源有限，在人、财、物上无法与组织相提并论，更没有正式的制度约束。组织与个人之间支持能力的差异是一种社会事实，然而，我国目前提供家庭教育社会支持的组织数量有限，面对数量较大的社会支持需求，国家应提供更多有利于社会支持组织建立的政策，甚至直接给予相应的人员与资金的安排。

（2）政府组织与社会组织的差异

在家庭教育社会支持方面，政府组织和社会组织的支持能力也不同。首先，政府组织具有更多的政策支持优势。我国各级政府都有相应的制定政策的权力，它们可以根据当地的实际状况，制定相应的政策，对家庭教育社会支持进行总体安排，社会组织则不具备这种优势。其次，政府组织拥有更多的支持渠道利用优势。处于学龄期的未成年人大都在学校上学，政府组织要求在中小学开办家长学校，这样就确立了比较稳定的支持渠道，家长学校比较容易将家长集中，有利于支持活动的开展，社会组织则不具备这种稳定的支持渠道。再次，社会组织具有较强的工作灵活性。我国社会组织的种类和数量繁多，虽然少有专门的支持家庭教育的社会组织，但是有些社会组织把支持家庭教育作为其工作中的一项。它们所开展的活动尽管受众面不大，但具有较强的针对性，可以对支持需求做出较快的回应，这反映了社会组织在支持家庭教育上的灵活性。最后，社会组织在物质支持上发挥了更大的作用。政府也会为家庭教育提供一些物质支持,但是政府组织的这种经费数量有限。许多物质支持的提供都是由社会组织(主要是慈善组织、基金会等)完成的。

2. 社会支持内容的差异

家庭教育社会支持的内容比较丰富,这与家庭教育和家长需求的多样性相关,从分类的角度看,主要包括物质、情感和信息。不同支持主体在支持内容选择的倾向性上具有一定的差异。从总体上看,有的支持主体只提供一种支持,有的则提供两种内容以上的支持,前者可称为单一型,后者被称为混合型。

改革开放以来,我国基金会和慈善组织在各地纷纷建立,它们一般掌握着规模不等的物质和资金,尽管它们属于社会组织,但这两类机构都与政府有着密切的联系,甚至本身也像政府机构存在着行政级别。这两种支持主体在家庭教育支持内容上属于单一型,主要提供物质支持,尤其是针对贫困家庭。尽管提供物质帮助的同时,也会给支持对象带来情感上的安慰,但这种安慰更多的是带给受助者直接的心态改变,而不是对教子困惑所引发的负向情感的改变,所以不属于情感支持。人民代表大会或政府拥有制定法律法规或政策的权力,它们制定的一些政策与家庭教育的社会支持直接相关,除了政策方面的支持外,它们很少介入家庭教育社会支持的具体工作,因此,也偏向于单一型支持内容。有些组织会为家长提供家庭教育讲座,指导家长如何教育子女,它们提供的支持内容属于信息(知识),也是单一型内容。

从整体上看,提供混合型支持内容的主体更多,这一方面是因为有些支持内容具有比较密切的联系,比如情感支持和信息支持;另一方面有些组织或个人有能力提供多种支持。作为支持主体的个人一般提供混合型支持,个人支持在基本形式上是真实世界的面对面互动或虚拟世界的即时或非即时互动,它们在社会支持内容上,主要表现为情感与信息的混合,一些家庭教育论坛或育儿群交流的内容,既有知识技能,又有情感安慰。公益性的心理咨询机构在给予家长情感支持的同时会提供家庭教育方面的指导和建议,也属于内容混合型支持。家长学校在支持内容上也倾向于混合型,它所提供的支持不限于自上而下的家庭教育指导,还包括家长经验交流、困惑解答、家访、为贫困家庭募捐等。另外,与基金会、慈善组织不同,有些社会组织也倾向于提供内容混合型支持,不仅提供家庭教育的情感安慰,还会力所能及地提供物质帮助和教育方法指导。

3. 社会支持的利用差异

社会支持的利用是指家长或家庭在寻求组织帮助还是个人帮助的选择上所表现的实际状况,通常用社会支持的利用度来衡量。在家庭教育方面,对个人支持的利用度高于对组织支持的利用度。究其原因,主要有以下几个方面。

(1) 家长在认识上存在偏差

很多家长认为家庭教育是私事,应该靠私人的力量加以解决,国家没有义务提供帮助。因此,当家长在教育子女方面需要帮助或支持时,他们一般求助于亲戚、朋友、同事或其他家长。他们对组织支持缺少清晰的认识，而且在组织支持过程中，家长往往处于相对被动的状态，很少有机会获得有针对性或个性化的帮助。比如参加家长学校一般都是由家长学校的主办者确定主题、时间、地点，专家通过讲座普及家庭教育知识，家长虽然有收获，但其个性化需求难以获得满足。

（2）寻求个人支持比较便利

我国在传统上重视人际关联，每个人都处于一定的关系网络中，并从关系网络中进行角色定位和社会交换。当家长陷入教子困境时，他们会很自然地从关系网络中选择可以提供帮助的人，而且通常也能够找到这样的人。这种便利性使家长倾向于寻求个人支持，而不是向组织中的工作人员提出帮助要求。另外，多数家长精力有限，如果他们认为通过关系网络中的熟人就可以解决子女教育问题，只要这些问题并非十分棘手，一般会向个人而不是组织寻求帮助。

（3）很多家长不知道组织支持的存在

尽管我国在法律政策上明确了妇联、关心下一代工作委员会等机构在家庭教育上的工作职责，但是大部分家长不清楚这些规定；尽管有一些社会组织开展了家庭教育社会支持活动，但是大部分家长没有亲身体验。这种现象的出现，一方面与相关部门工作的数量和质量有关，比如支持主体工作的覆盖面有限或支持过程流于形式，使大部分家长没有成为受惠者；另一方面也与组织的宣传工作不到位有关，这使社会支持信息无法到达有需求的家长，也就不能获得家长的回应。

三、家庭教育社会支持的发生机理

发生机理是指隐藏在家庭教育社会支持行为背后的理论依据，这些理论提供了看待家庭教育社会支持的多元视角，也为社会支持体系的完善奠定了理论基础。

（一）社会支持的整合价值

改革开放以来，中国社会发生了大规模的社会变迁，总体性社会有所松动，利益主体多元化使同质性社会演变为多元社会。一般而言，多元社会给个体更大的生活空间和更多的发展平台，但也面临因利益分化而产生社会排斥的风险。社会排斥具有相当大的危害，它加剧了社会阶层的分裂与隔阂，带来了社会结构紧张，使社会运行充满风险。"排斥盛行的社会必然是个封闭社会。社会中不同群体经由不同的路径进入了排斥的状态中，社会也就由此被分割成为若干个没有联系的封闭单元。"于是，社会整合成为转型社会发展中的必然要求，要达到社会整合的目的，国家必须建立完善的社会支持体系。

1. 有助于社会连接的重建与完善

家庭教育是促进社会化的推动力量，个体的社会化与家庭教育具有紧密的联系。在利益分化日趋严重的社会背景下，支持家庭教育，尤其是改进弱势家庭的家庭教育质量，可以缩小年轻一代进入社会后的分化与隔阂，降低社会排斥的风险，从而有利于社会的整合。

第一，给予物质支持可以使那些经济贫困的家庭在子女教育上拥有更多的物质基础。物质支持不是"锦上添花"，而是"雪中送炭"，政府或社会组织应建立科学的筛选机制，明确物质支持的标准，使那些真正贫困的家庭获益，弥补他们物质条件的匮乏，增强家长培养孩子的信心和动力，同时也消除家长在培养孩子方面的后顾之忧。

第二，给予情感支持可以缓解家长在教育子女上的焦虑情绪。在社会转型期，成人的心理负担较重，不良情绪增多，多元化社会中年轻一代的思想又很难获得父母的理解，导致亲子沟通中困惑增加。父母与子女情感上排斥的现象日益普遍，不良情绪难以排解，相应的情感支持可以促进家长的情感宣泄和自我反省，有利于融合亲子间的感情。

第三，给予信息支持可以提高家长的教育能力和素养。家庭教育既是科学又是艺术，父母的教育能力和素养在很大程度上影响子女的未来发展。目前，我国在亲子教育方面并没有相应的法规，实践中的家长教育覆盖面小，多数家长都是在没有任何教育与培训的前提下就开始履行家长角色，导致多数家长并没有科学的家庭教育观念和教育技能，甚至缺少家庭教育的自觉意识。信息支持对于很多家长来说是一种教育启蒙，良好的信息支持可以使他们掌握一定的家庭教育知识和技能，从而减少家庭教育中的困惑，促进子女健康成长。

从形式上看，家庭教育社会支持的发生实质上加强了家长或家庭与社会的连接，成为社会整合链条中的重要环节；从效果预期上看，社会支持的发生减少了家庭教育的问题与困惑，成为社会整合内容的一部分。

2. 体系构建中的两种"经验"

家庭教育社会支持体系的建构有利于社会整合，然而，体系的建构必须直面两种"经验"：一种经验是传统民间秩序，即以个人关系网络为依托寻求支持；另一种经验是现代官方秩序，即以社会再组织化为特征设计社会支持。

传统民间秩序是在漫长的封建社会中逐步形成的，是中国伦理关系的写照和反映，虽然经过近现代西方思想的冲击和涤荡，但今天依然能感受到其强大的生命力。家庭教育的个人支持主要属于民间秩序，民间秩序最形象的表达就是费孝通先生的"差序格局"，他认为，中国的人伦就是以"己"为中心和别人所联系成的社会关系，就像石子投入水中一般，形成一圈一圈的波纹，而且愈推愈远、愈推愈薄。在家庭教育个人支持中，家长往往会根据亲疏远近来决定是否求助和求助的内容，越是子女教育方面的重大事件，家长越倾向于寻求关系最密切的人的帮助，亲疏关系一直是影响个人支持的关键要素。然而，民间秩序始终主要局限于血缘、地缘和业缘关系中，这使其发挥作用空间具有局部性。当然，随着社会流动的增多和互联网的普及，家庭教育个人支持并非完全依赖传统民间秩序，现实世界或虚拟世界的陌生人支持开始显现，但还远远没有动摇传统根基。

现代官方秩序力图弱化传统亲族关系的影响力，使每个人都纳入国家的相应组织中，这样的社会不需要整合，因为缺少差异和分化。由于官方秩序强调集体化和统一性，家庭教育的社会支持缺少发挥作用的空间，个人与社会的连接基本上被个人与政府（单位）的连接取代。改革开放后，市场机制日益完善，导致原有的社会组织不断分化，社会整合的需求也增加了。

无论是民间秩序还是官方秩序，它们都是我国社会发展中的两种现实经验，弄清两种秩序的优缺点，是构建家庭教育社会支持体系的重要前提。如果体系的构建能够有效融合两种秩序（传统），那么，其社会整合的价值就会有所体现。

（二）社会支持的增能效应

增能是社会工作专业的核心概念，其最初的服务对象是弱势群体，通过有效的介入，个体或群体在能力和意识上获得了改进，增能的目标就达成了。家庭教育社会支持并不是严格意义上的社会工作，但就其工作的方式、目标和内容而言，增能是其鲜明特点，分析增能效应对于理解家庭教育社会支持的发生机制具有重要价值。

1. 增能理论内涵

"增能"一词源于西方，被引进中国后，又被称为增权、充权、激发权能等，目前，"增能"概念的使用已经超越了社会工作领域。增能理论中的"权"并非指权利，而是指权能，学者们对于权能的认识并未统一。有些学者认为权能是一种能力，是个体掌控生活或工作现实、实现理想目标的能力；有的学者则认为权能是一种个体意识，它促进个体自我觉醒，并使个体充分利用主客观条件，达成最终目标。实际上，能力与意识具有紧密联系，在增能过程中，个体不仅获得能力增长，还会提升自身的意识水平。增能的核心是通过向个体提供物质资源或能力培训，使他们具有控制自己生活的能力，从被动的弱者变成主动的强者。

增能既是一种社会实践，又是正在发展中的理论。从实践角度看，增能过程是一种积极介入过程，介入的对象主要是弱势群体。介入过程不仅体现为社会工作者的外力推动，还需要受助者发挥其主体性；从理论角度看，增能涉及对价值基础、发展取向、合法性与合理性等问题的回应。增能是实践先行领域，也正是在实践过程中，其理论体系逐步完善。

增能理论与家庭教育社会支持的联系在于：家庭教育质量的高低、儿童社会化是否顺利，除了受到物质条件的影响外，在很大程度上取决于家长的教育观念和行为。部分家长在教育观念和行为上存在着"贫困"，即他们不具备基本的教育素养。增能服务的对象是弱势群体，一般会将弱势群体区分为生理性弱势群体和社会性弱势群体，家庭教育陷入困境的家长应属于社会性弱势群体。过去，人们对弱势群体的理解过于僵化，认为弱势群体一定是符合某些明确标准的人群，实际上，弱势群体是一种相对意义上的界定，在社会工作中，弱势群体的界定应具有一定的弹性。就家庭教育而言，可将经济上特别贫困的家庭归属为弱势群体，但那些由于行为不当导致家庭教育陷入困境的家长何尝不是弱势群体？因此，增能与社会支持具有天然联系，家庭教育社会支持包含增能的价值、形式与内容。

2. 家庭教育社会支持的增能意识

基于增能理论，家庭教育社会支持可以为家长自身教育者潜能的增长提供帮助，使他们有能力更好地履行教育子女的责任。家庭教育社会支持的增能意识主要表现在以下几个方面。

（1）增能视角下，社会支持应着重提升家庭教育的效能

家庭教育寓于家庭生活中，其实施边界比较模糊，因此，在目标、内容和形式上，与制度化

教育存在诸多不同。家长拥有多种社会角色并大都从事某种职业，他们在承担家庭教育责任方面的一个重要限制条件就是时间和精力不足。因此，家庭教育社会支持要帮助家长提高家庭教育效能，使他们能够花费较少的时间和精力，收获更好的教育效果。基于增能理论，社会支持应超越单向输出家庭教育知识的传统做法，与寻求帮助的家长形成伙伴关系，具体分析家长的教育观念、生活习惯、时间安排和亲子沟通方式等，找出家庭教育陷入困境的原因，最后形成家庭教育改进方案。外力支持和家长自我觉醒的双重动力，有助于提升家庭教育效能。

（2）增能视角下，社会支持应聚焦于家长的优势领域

增能视角下的社会支持关注个体潜能，其基本前提在于对个体的了解。"金无足赤，人无完人。"每个家长都既有优势又有不足，尽管"扬长补短"是美好的愿景，但"扬长避短"更具现实价值。因此，家庭教育社会支持要分析家长的自身条件，帮助家长发现自身的教育优势，并使其优势在教育子女的过程中得到应用。现实的家庭教育必然是差异化的、多样化的，并不存在适合所有家长的理想家庭教育样式，对家长自身教育优势的发掘有利于家长的教育自信和家庭教育的理性化，减少家庭教育的盲目攀比。关注优势并非排斥弥补不足，主要是因为家长不足的形成并非一朝一夕，受制于家长所处的社会条件、工作环境和人际环境，弥补不足会使社会支持遭遇较大的阻力；相反，关注优势既可以减少社会支持的工作量，还会对提高家庭教育质量具有显著效果。

（3）增能视角下，社会支持应提高家长的制度化教育参与能力

家长不仅具有对子女进行教育的权利和义务，而且拥有为子女教育进行决策的责任，这种责任大都与制度化教育相关，比如为子女选择学校、为子女所在学校提供建议和意见、参加学校家长委员会等，这就要求家长具有一定的社会参与能力。反观现实，很多家长并不关注这方面的责任，缺少社会参与意识和能力，对家长拥有的权利也不够清楚。社会支持的增能不仅要关注家长的潜能，还要使家长拥有教育方面的社会参与能力。一方面，学校和政府等官方组织机构应该为家长提供更多地参与教育活动的机会，使家长在共同的活动中提高参与意识和参与能力。另一方面，各种民间社团组织应该吸收更多的家长参与其中，既可以壮大团体的力量，也能提高家长参与教育活动的积极性和主动性，从而为提高整个社会的家庭教育水平提供动力。

第四章 家庭教育的家长心理资本建设

家庭教育的有效开展需要"三位一体"的工作，即家长心理资本建设、家庭教育理念和家庭教育技术。德国教育家雅斯贝尔斯说："教育的本质是一棵树摇动另一棵树，一朵云推动另一朵云，一个灵魂唤醒另一个灵魂。"也就是说在开展家长教育的时候，家长是用自己全部的人格影响着孩子，促进其成人、成长和成才的。所以，首先，家庭教育需要家长自身的自我成长，建设自己的心理资本。心理资本是指个体在成长和发展过程中表现出的一种积极向上的心理状态，是超越人力资本和社会资本的一种核心的心理要素，是促进个人成长和绩效提升的心理资源。家长自身内心所具备的积极的心理资本，决定着孩子的教育发展方向和教育效果。只有家长具备了良好的心理资本，家庭教育的理念和技术才能收到成效。其次，开展家庭教育还需要家长了解一些儿童心理发展的理论和规律，树立正确的儿童观、人才观，丰富家庭教育理念。理念方向对了，家庭教育的实践才有可能事半功倍，正如俗语所言："有术无道止于道，有道无术术可求。"最后，家长应该有一些具体的家庭教育技术和工具，同时注意技术和理念之间的融会贯通。接下来的第四章将主要说明在开展家庭教育中的"三位一体"的工作。

第一节 家庭教育在引导儿童人格健康发展中的开展现状

一、家庭教育的现状

（一）国外家庭教育发展的现状

在国外尤其是欧美国家，提起家庭教育，更多是采用"亲职教育"的说法。在那里，亲职教育并不是一个新诞生的词汇，parental education 并不陌生，因为其已有近百年的发展历史。美国在亲职教育这块领域发展得尤为显著。

美国亲职教育主要是为 0~18 岁子女的父母提供服务，尤其重视对 0~8 岁区间儿童的早期教育，多数已开发出的亲职项目或已存在的组织也更加关注此年龄阶段。针对幼儿父母来说，美国目前已存在并且影响力较大的亲职项目有：父母即教师、triple-p 教养项目、学龄前幼儿家庭指导计划、难以置信的几年父母项目等。除美国外，很多国家已经认识到家庭教育的重要性，尤其是亲职教育，并相继开发出了本国的亲职教育项目。如澳大利亚的家长充权项目在提高家长的教育效能上成绩显著,其著名的STEP("父母效能系统训练"的缩写)在帮助父母更好地掌握较为科学的方法管教孩子方面取得了非常好的反响。

(二)中国家庭教育发展的现状

在我国,亲职教育理念在台湾较为被接受。2003年,台湾地区"立法会"颁布了《家庭教育法》,以此将亲职教育理念以立法形式最终确立下来,使之有了明确的法律保障。相对而言,大陆教育界虽也有关注亲职教育,但更多的形式只是以妇联和一些专业学会为主,并没有实现系统、科学的模式,国家颁布了明确的法律法规来约束亲职教育,以便推动亲职教育普适的程度。

2012年3月8日由全国妇联、教育部、中央文明办、民政部、卫生部、国家人口计生委、中国关心下一代工作委员会七部委联合发布了《关于指导推进家庭教育的五年规划》(以下简称《规划》)。《规划》设置了10项目标任务,提出了9项保障措施,其中有不少新增内容和重点指标。如,提出推进家庭教育立法,鼓励有条件的地方出台家庭教育法规条例;将家庭教育指导服务纳入城乡公共服务体系之中;在80%的城市社区和60%的行政村建立家长学校或家庭教育指导服务点;办好全国及省区市网上家长学校等。同时明确了各部门的职责,强化了经费保障机制和监测评估机制。为配合《规划》实施,《全国家庭教育科研课题指南(2011—2015年)》同时发布。

2015年2月17日习近平总书记发表了重要讲话,他在向全国各族人民拜年的同时,谈到了家庭和睦和家庭教育的重要性。他指出,家庭是社会的基本细胞,是人生的第一所学校。不论时代发生多大变化,不论生活格局发生多大变化,我们都要重视家庭建设,注重家庭、注重家教、注重家风,发扬光大中华民族传统家庭美德,促进家庭和睦,促进亲人相亲相爱,促进下一代健康成长,促进老年人老有所养,使千千万万个家庭成为国家发展、民族进步、社会和谐的重要基点。

2015年10月教育部印发了《教育部关于加强家庭教育工作的指导意见》(以下简称《指导意见》)(教基一〔2015〕10号),指导各地积极发挥家庭教育在少年儿童成长过程中的重要作用,提升对家庭教育工作的重视程度,提高家庭教育工作的水平,为每一个孩子打造适合健康成长和全面发展的家庭环境,构建学校教育、家庭教育和社会教育有机融合的现代教育体系。《指导意见》包括以下五部分内容:充分认识加强家庭教育工作的重要意义,进一步明确家长在家庭教育中的主体责任,充分发挥学校在家庭教育中的重要作用,加快形成家庭教育社会支持网络,完善家庭教育工作保障措施,如家庭教育工作组织领导、经费保障、督导评估、科学研究、宣传引导等方面。

(三)我国家庭教育开展中存在的误区和家长的困惑

在现实的家庭教育中,很多家长还是存有诸多困惑和误区的。

1. 困惑

家长的困惑主要集中在管与不管的问题上。"80后"以及更年长一点的家长在自己的家庭教育中发现,自己对孩子的教育真是操碎了心,但是孩子的各种问题层出不穷,如情绪不稳定、学习无动力、没有主见、不自律、爱上网、不负责、自我为中心、依赖等等。笔者接触到被如下问题困扰的妈妈们。妈妈A：我很是用心去关注孩子的成长了，但是4岁的她还是交往被动，没有主见，看别人的眼色行事。一个典型案例是，为了表现得让老师满意，整整一节课笔直笔直地坐在那里，纹丝不动，老师让放松可孩子不会放松。还有，4岁的孩子还尿床，家长也没有批评，还劝说以后慢慢就不会这样啦。可孩子看着床单上的"地图"不依不饶，换床单也不行，洗也不是，就是发脾气长时间哭闹。和父母没有亲密性互动。妈妈B：7岁的女儿天天缠着自己问"妈妈，你爱我吗？"画的画全是妈妈和女儿共舞的内容，整天要求陪伴，不爱学习。妈妈C：原来儿子小时候使用的代币制还是很管用，可是刚上小学后就不管用了。现在的儿子不爱学习，稍微责怪两句，就打骂妈妈，并大声吼叫："你是个坏妈妈！"上小学四年级的女儿，一旦遇见妈妈大声说话，就会全身发抖，钻到桌子下，持续头疼，去多家医院检查，不见生理疾病。妈妈D：发现5岁的女儿性格越来越像我，尤其是自己不喜欢的一些特点，女儿似乎都继承下来了。类似的例子不胜枚举，可以说，每个做父母的在自己的家庭教育实践中，都有本难念的经。

但是，回顾自己的成长经历，父母们发现，自己的父母在养育自己的时候，忙于生计，根本没有精力也没有时间去盯着自己，干预自己的成长，放养式环境中长大的自己，现在一切都还不错。对比的结果显而易见：似乎放任不管、疏于管教的效果更佳。可道理上来说，勤于管理的效果一定比疏于管理的效果更为理想。那么，就可以推测，一定是管理的方法出现了问题。正如卢梭所言：误用光阴比虚掷光阴损失更大，教育错了的儿童比未受教育的儿童离智慧更远。

其实，家庭教育中所谓的"管"也是有层次区别的。最低层次的可能是多数父母呈现出来的面貌：不懂得儿童心理发展规律和教育的科学方法，却特别"负责"，简单说可称之为"瞎管"，结果孩子成长扭曲变样。稍高层次的是部分家长，简称为自然型父母，他们不懂心理规律和科学方法、也不负责任，任由孩子自然长成，可视之为"不管"类型。其孩子随机成长，各种心理行为问题也不少，但从不严格统计比较来看，可能较"瞎管"类，问题还会少一些。最高的层次就是一类被誉为"教练型父母"，他们既懂规律和方法又很负责去引领孩子的成长，属于"会管"类别，其孩子健康成长的概率更大。

从中可见，解决孩子问题的关键是解决家长的家庭教育的问题。只有家长好好学习，孩子才能天天向上。家长不当穿西装的野人，先改变自己才能使孩子更健康的成长。

2. 误区

当下有一种说法是：每个孩子都是天使，但是历经父母的亲吻之后却变成了青蛙。还有说正版的孩子就这样变成了盗版的了。身为家长，必须要好好思考：自己到底做了什么，走进了什么样的家庭教育误区而令孩子（或与父母的关系）变成了这样？当下的家庭教育的误区可能很多，我们在这里主要来看家长和孩子亲子关系出现的问题。

很多家长和孩子之间构建的亲子关系可以用司机和汽车的关系来类比，即家长是司机，孩子是汽车，司机是人，汽车是东西，二者之间存在着极大的不平等，出现了众多生而不养、养而不教、教而不当的局面。第一种情况是父母生育了孩子，但是因为各种原因，如忙于工作没有时间、婚姻不幸等，把孩子长时间地丢给了保姆、祖辈父母看养甚至送人，这是把"汽车"想放哪里放哪里的生而不养型。第二种情况是家长认为孩子是自己生的，是"司机"的私有财产，想怎么对待就怎么对待的"养而不教"型。比如，有些孩子也一直在父母身边，但是父母只满足孩子的基本生理需要，对孩子的情感需要、心灵成长视而不见，不管不问，进而引发孩子身心的一系列问题。第三种情况是教而不当类。司机无证驾驶或驾驶不当，汽车坏了，很多司机并不怪罪自己的驾驶技术而是骂汽车质量不好，在孩子出问题的时候，很多家长不去反思自己的教育方法是否得当，只是一味地怪罪孩子。甚至有些看见孩子出现了问题，把孩子领到医生那里看病吃药，自己从来不看病，更不可能去吃药。如家教方法简单粗暴，汽车出了故障，家长不分时间、地点地修理它，随心所欲地指责、批评甚至打骂孩子；只让孩子好好读书，替家长考上大学，剥夺孩子体验生活的机会；还有些司机盲目地给汽车加油，让汽车超速超负荷运转，家长给予孩子过高期望，揠苗助长；家长品行失检，长期误导孩子。

历经以上罗列出的各类作为"司机"的家长的不当"驾驶"，作为"汽车"的孩子，其身心发展会出现一些不良后果。第一种后果是孩子会变得顺从、听话、乖巧，没有主见，而乖巧的背后是深深的敌意和攻击。他们人生的一切都由家长操心、安排，无须自己考虑规划，没有独立思想、没有人生方向、内心好似被挖空，一味迎合或不思进取，更有甚者变为"啃老族"。第二种后果是一些孩子会变得很反叛、对抗。作为正常的有独立思想需要的个体都不愿意屈从于家长的权威，所以会不断反抗，反抗的结果是遭到家长更大的打压，更大的惩治带来更多的对抗，出现恶性循环。这样的孩子青春期前小毛病不断，青春期后大问题出现，甚至人生抛锚，比如早恋、网瘾、不去上学、离家出走、犯罪等等。家里没有温暖，本能性地去寻找一个接纳自己的安全岛如网络和爱情。第三种后果可能是孩子感受不到生命的生机、活力，找不到作为人的存在感和价值感，轻者会从家庭之外寻找，如早恋、网络，重者会将攻击性变成向内的被动攻击，最后会放弃生命，走向生命的自我终结。

二、几种常见的养育方式及其特点

客体关系心理学的研究发现，孩子的成长需要父母情绪稳定、给予积极回应、深入共情，需要父母积极构建尊重、民主、爱与自由的养育关系，在这份关系滋养中，孩子凭借自身自带的心理成长潜力，汲取成长必需的心理营养，顺利走过分离个体化时期和俄狄浦斯时期，完成离开父母独立生活必需的心理任务，具备单独进行人生远行必备的心理品质。如果孩子出现了各种心理和人格方面的问题，排除先天、生理等原因外，那一定不是孩子的问题，也不是简单的家长问题，而是孩子和家长的关系出现了问题。具体来说，就是各种不当的关系，扭曲了孩子成长的动力，诱发了各种问题。下面，我们就来看看几种代表性的养育方式及其背后的心理动力所带来的后果。

先来明确养育方式的概念。养育方式是指父母在抚养、教育子女的过程中采取的手段和方法，是父母教养的态度、行为和非言语表达的集合。养育方式包含着对孩子的爱和管制，若把二者视作跷跷板的两端，二者力量的大小不同会让跷跷板呈现不同的状态。有管制大大压过爱一端的专制型，有爱大大压过管制一端的纵容型，还有管制和爱都缺失的忽略型以及二者处于力量相互制衡的民主关系型。任何一个家庭的教养方式都属于以上列举的典型类型中的一种或两种及两种以上的综合。为了更好地说明问题，在这里我们只介绍四种典型的教养方式种类。

（一）专制型

1. 特点

坚持这类养育风格的家长对孩子期望高、要求严，是绝对权威，给予孩子的都是命令、限制。父母向孩子提出要求和限制，希望孩子无条件服从，不愿与孩子协商而是强迫孩子执行，如果遇到反抗，就会采用惩罚措施。他们关注孩子缺点，无视或屏蔽孩子的感受、情感和需要，一味看中自己的意志是否被执行。处于此类养育环境中的孩子，就像一棵小树苗，父母的命令、控制恰似缠绕着不断生长在树干的绳索，随着树干的长高、长粗，经年累月，那根绳索已经深深地嵌入到树干之中，与树干融为一体。若是一棵小树苗在生长初期，无法抵挡这根绳索的密不透风的捆绑，生命就有可能被扼杀在襁褓之中。若是有小树苗能在绳索的高压束缚下生长，其过程也是十分艰辛，而且其树皮表面也将打上绳索捆绑的深深烙印，这些烙印也将影响其终身发展。

2. 类别

这类养育方式的父母的专制有诸多变形。第一种是事必躬亲型。他们试图影响、控制孩子生活的方方面面，孩子几乎没有自我成长的空间，成了父母的附属物，在几近窒息的环境中艰难度日。第二种是不怀好意型。这类父母是典型的两面人，人格很是分裂，在外人面前展现的公众自我是慈爱可亲、殷勤体贴，但在自己孩子面前呈现的却是性情暴虐、心地残忍、肆意凌虐的私人自我。第三种是自我牺牲型。这类父母放弃自身发展的努力，眼睛全都盯着孩子，生活围着孩子转，时刻在为孩子"成长问题"而焦虑、担忧，试图牺牲自己的人生来换取孩子人生的更好发展，无形间给孩子构成了巨大的压力、徒增不必要的内疚和焦虑。第四种是成就导向型。在父母眼里，孩子是自己自恋的一部分，只有孩子的学习成绩、工作成就是最重要的。父母评价孩子的唯一标准是孩子做了什么，而非是什么样的一个人。他们希望孩子无所不及，且爱炫耀这一切。第五类是身心疾病型。无视孩子生活现状，漠不关心孩子的情感需要，只是为了获得孩子的更多关注，为了赢得关心，不惜使用疾病和痛苦引发孩子的内疚来操纵孩子，实现对孩子的弱势控制。第六种是情感饥渴型。有的父母希望孩子来倾听成人的困惑，安抚自己的情绪，希望孩子来替代自己为自己的人生负责，帮助父母解决一切问题。

一个高中生，为将来考什么科目，学什么专业和父母有了分歧。父母都是重点大学的教师，他们认为大学所学的科目对将来会有很大的影响，并一向要求孩子听自己的，因此而发生了并没有任何暴力的争吵。然而有一天，父亲回家的时候，发现儿子已经用煤气自杀身亡了，留下的遗书上写道，他这样做就是为了让父母后悔，试图使用自杀来惩罚父母。

3. 危害

这种养育方式的危害也是显而易见的。生在其中的孩子压力巨大，自我探索受限，自我成长空间被侵犯，边界被触犯，为了生存下来，可能从小就得学会看父母眼色行事的本领，察言观色，围着别人的感受转，为别人而活，养成行为心理的外在的评价系统，压抑、忽视真实的自我感受，形成虚假的自我。这样的孩子自我价值感低，部分行业优秀者，在利用外在的优秀补偿内在的不够好的自卑。他们胆小、害怕、自卑、焦虑、自尊心强、完美主义、缺乏好奇心、挑衅（叛逆）或顺从，也是抑郁症与强迫症等心理障碍的高发人群。

4. 专制型养育方式的精神动力学原因

这种养育方式核心是对孩子的情感勒索和控制，是父母对自己小时候不能控制的补偿。父母在自己的婴儿期没有及时地回应和抚慰，苦恼不被理解，甚至被送到别人家寄养，母亲的不可控和无法预期，使婴儿时时刻刻承受着"不存在"感，这种感觉比死更可怕。这种童年的全能自恋、受挫的未完成事件成为一种情结，潜意识地要在成年期寻求补偿，似乎童年期的不能控制，长大后一定不能重蹈覆辙，所以长大后才会疯狂的追求控制，无视孩子的独立性，将孩子视为自己的延续，构建了不健康的共生关系，也是典型的巨婴一个。

有自信的父母是不需要对子女进行控制的，但是这些中毒的父母不放弃对孩子的控制，致使健康亲子关系的分离却要被搁置多年或者永远被搁置下来。这种父母越来越感到必须在背后掌控孩子，因为自身生活的强烈失意和对遭到抛弃的深深恐惧，孩子的独立，对他们来讲就像自己失去了一条腿。

（二）纵容型

1. 特点

纵容型的父母在孩子还没有能力做出决策时，就把自主权交与孩子，让孩子随意实施决定，不对孩子提任何要求也不进行适时的管教，孩子想干什么就干什么，以避免孩子受到不必要的伤害和重复父母走过的弯路。这种无原则的养育方式实则是构成了对孩子的过度保护和过度限制的双重绞杀的极致，即，孩子，最好你一动都不动，我让你动时你再动，我希望你怎么动你就怎么动，这样才安全。

2. 类别和危害

纵容型的父母对孩子可能是包办的也可能是典型的放纵。

有一天，我和朋友正在一家咖啡馆喝咖啡。一位女士贝蒂和她的女儿苏茜，一起走了进来。女儿7岁左右。她们看着玻璃柜台下的各种冰激凌。

"你要哪种冰激凌？"贝蒂问女儿。

"我想要香草的。"苏茜说。

"有巧克力的。"妈妈说。

"不，我要香草的。"

"我觉得巧克力的更好一点。"

"不，我就要香草的。"

"你不应该要香草的。我知道你喜欢巧克力的东西。"

"我现在就想吃香草的。"

"你怎么这么倔，真够怪的。"贝蒂说。

故事中的妈妈这样做，其实是在将她自己的"内在的小孩"投射到女儿头上，是妈妈自己想吃巧克力的，硬是坚持说这是女儿的想法。看起来，她是在溺爱女儿——让她吃冰激凌，实际上，她对女儿的真实存在视而不见。此类养育方式是典型的让子女为父母而活的包办型。即父母把孩子的一切都安排好了，孩子不动手就可以得到一切，他们不鼓励甚至不喜欢孩子自己去解决问题，而是代替孩子成长，对孩子过度保护。恰似一架直升机一样，孩子有难，家长就立刻现身来灭火救援。如此这般做法，剥夺了孩子自我探索的机会，刻意按照父母的意图来塑造孩子，而不懂得尊重孩子的独立人格。那么，无论他们的安排多么完美，部分包办型溺爱下的孩子成功了，但觉得没有为自己活过，交往能力差，缺乏自信和自我；大量包办型的孩子失败了，他们一生中都无法离开父母而独立生活，任性、懒惰、啃老。总之，结果是父母以爱的名义摧毁孩子的感受使孩子既依赖父母又恨父母，活死人一个。

冬天的一个晚上，妈妈带着3岁的皮鲁去朋友家串门。回到家里后，皮鲁突然发现一直攥在手里的一块糖果不见了。那块糖果是妈妈的朋友给的，他家没有这样的糖果。发现糖果没有了之后，皮鲁着急地哭了起来。爷爷、奶奶、爸爸、妈妈都来安慰他，并承诺第二天给他买他最喜欢的玩具。但是，皮鲁没有妥协："我要！我要！！我一定要！！！"

皮鲁打着滚哭闹，爷爷奶奶、爸爸妈妈看得实在心疼，便带上照明工具，"倾巢"出动，沿着回来的路进行"拉网式"搜寻。眼看到了午夜12时，糖果还是没有找到，妈妈看到因绝望而死去活来的孩子，终于硬着头皮敲响了朋友家的门……

经历小小的失望就这样歇斯底里，预兆了未来灾难的来临……

皮鲁长大了，想找一个女朋友，但他看上的女孩根本看不上他。他不再打滚哭闹，而是拿起一把刀子割破了自己的手腕……

在医院里，皮鲁被抢救过来了，但是他却又开始绝食。父母哭着对他说："你想把我们急死？不就是一个女孩吗？人生的路还长着呢，好女孩多的是。"但是他恨恨地说："我就想要她！要她！一定要她！！"

从一块糖果开始，皮鲁被无休止的满足温柔地包围着，直至失去了理性……

——摘自美国心理学家华莱士的著作《父母手记：教育好孩子的101种方法》

故事中的孩子要什么家长就给什么，不管多么不合理的要求，他们都会拿出全部力气去满足孩子。时刻围着孩子转，给孩子太多自由、无条件满足孩子任何要求，管教方式无任何原则，不去思考什么能给什么不能给，给的界限在哪里等，也是最懒惰的一种教养风格，可以称它为放纵型。而时代、文化问题和隔代抚养加剧了这类风格的普遍性。

放纵型的危害更严重。如果说上述列举到的被包办的孩子，还能够尊重父母、别人，遵守法律和伦理道德，只是丧失了自我而已，那么，放纵方式养育长大的孩子，却是他人的地狱和社会的敌人。心中只有自己，不尊重父母，轻视别人，也无视法律和伦理道德，只想肆意而为。还有一个连环反应：A.挫折商低，一旦遭遇挫折就容易出现严重的逃避行为，譬如躲在家中不出门；B.躲在家中后，脾气很大，易对父母发脾气，严重的还会对父母拳脚相加甚至打死父母。如家里是"小霸王"，校园里是"小恶魔"。

3. 纵容型养育方式的精神动力学原因

家长给予孩子密不透风的包办和纵容，最重要的一个原因是父母的"内在的小孩"向外的投射。纵容的父母将自己"内在的小孩"投射到现实中的孩子身上，他们无节制地给予孩子，其实是在无节制地满足自己，对孩子的真实成长需要视而不见。他们"内在的父母"告诉他们，爱自己不对。既然如此，就只好去拼命爱孩子。但他们很容易忽视孩子自身的需要，尤其是成长需要。纵容的父母恨不得自己的孩子永远都不要长大，一辈子都做他们"内在的小孩"的被投射对象，否则就会感觉到失落，就像是丢掉了什么似的。这种密不通风源于自私，看不得孩子受苦，其实是自己内在的问题。

（三）忽视型

1. 特点

这类父母，其家庭关系不好或忙于自己的事情，将孩子送养或寄养；除了满足孩子最低的衣食要求外不再关心自己的孩子。对于孩子的要求，这类父母有时简单回应，有时漠视孩子的要求，看不见孩子的存在，忽视孩子真正的需要，致使孩子在没有关爱和规则意识的氛围下成长，其产生的恶果将影响孩子的一生。

2. 其表现以及给孩子的人格塑造所带来的危害

在亲子沟通中，父母不能站在孩子的角度体会其内心感受，深入共情，了解孩子。两人在两个完全不同的频道上完美错过。这类父母对孩子时有反应，但是和孩子的内心需要相差很远，甚至背道而驰，可以称之为无关反应型或情感逆转型。比如以下两个案例中的父母。案例一："妈妈，我在楼下看见一只小狗，眼睛大大的，还会站起来与人握手，真可爱。""别碰它，有人养狗得了传染病，最后连肝脏都切掉了。"案例二："妈妈，我毕业准备去大城市好好打拼一番。""报纸上说了，连博士毕业都找不到工作。"还有些父母会一再否定孩子的感受，使用各种方式屏蔽孩子的感受。如孩子向父母表达悲伤，父母列举自己为孩子的所有付出，证明孩子应该感到高兴和感恩才对，悲伤是没有任何理由的错误感受。

还有些父母可能心不在焉，不给孩子提供什么指导、情绪支持和共鸣，甚至否认孩子的需要，认为孩子有地方住、不愁吃、不愁穿，就足够了，无需其他支持，更有甚者沉浸在各种物质成瘾中而无暇顾及孩子及其各种成长需求。

内心需要被长期忽视的孩子同样看不见自己,看不到自身存在的价值和意义,找不到归属感和价值感,产生深深的存在性焦虑,假性自我都难以形成,更不要提真性自我的形成和发展了。他们还特别容易体验到被抛弃的创伤,秉承"我不行你也不行"的心理定位,情绪不稳定,易焦虑和恐惧,性格内向、孤僻、倔强,适应力差,无安全感,存在形成各种心理问题和人格障碍如边缘性人格障碍的隐患。

3.忽略型养育风格的精神动力学原因

为什么一些父母会忽略孩子呢?这其中的原因如下:

其中一个重大原因是作为家长的父母,他们在被养育的过程中,没有被好好的无条件的对待,或者母爱匮乏或是母爱不足,导致原本的全能自恋发展受阻,情感上过度贫乏,深入共情能力缺失,强烈的自我专注、目中无人,全部的精力聚焦在自恋的自我补偿上,即自恋幻觉,以致无法为孩子提供无条件的爱和情感支持。可以说忽略型养育风格是创伤性父母在做父母以及养育孩子的过程中,一直没有走出糟糕的原生家庭的阴影,不良亲子关系模式和心理问题代代相传的结果。

自恋来源于希腊神话Narcissus的故事。纳西瑟斯(Narcissus)是河神刻菲索斯(Cephisus)与仙女莱里奥普(Liriope)所生,因为爱上自己的水中倒影郁郁而终,据说纳西瑟斯死后,化身为水中的一株水仙花,所以,水仙花就称为纳西瑟斯,比喻一个人爱上了自己,对自己的全然关注,自恋。心理学的研究发现,健康的自恋是每个生命体正常的需要,不健康的自恋是引发心理问题的重要原因。不健康的自恋致使个体缺乏必要的共情能力,自恋的家庭就像一个外表光泽,里面却蛀了虫的苹果,看起来不错,直到你咬开来发现那只虫。苹果的其余部分也许还能吃,但你已经没有了胃口。自恋的家庭提高了身在其中的孩子罹患各种心理问题的概率。

(四)平衡型

秉持爱和管制并重的养育方式的家长,对孩子有合理的要求,为孩子设定适当目标;表现出热忱和关心,能够耐心倾听孩子心声,征求意见,接纳观点,并鼓励孩子参与家庭决策;对孩子不合理言行加以限制。这样被对待的孩子乐观、积极、自信、自律、独立、适应性强,内心相对健康,罹患各种心理、人格问题的概率也较低。

第二节 家庭教育的家长心理资本和理念

一、家长心理资本建设

(一)积极心理学的兴起及其基本观点

在心理学过去一百年的发展中,研究者对人类的心理疾病、内在痛苦给予了高度的重视,形成了一套成熟的以人类心理问题、心理疾病诊断与治疗为中心的消极心理学研究和实践体系,如在过去一个世纪的心理学研究中,我们所熟悉的词汇是病态、幻觉、焦虑、狂躁等,而很少涉及健康、勇气和爱。对于《心理学摘要》(*Psychological Abstracts*)电子版的搜索结果表明,自

1887年至2000年，关于焦虑(anxiety)的文章有57800篇，关于抑郁(depression)的有70856篇，而提及欢乐(joy)的仅有851篇，关于幸福(happiness)的有2958篇。搜索结果中关于消极情绪与积极情绪的文章比例大约为14:1。这个统计数据显示，两个世纪以来，似乎大多数心理学家的任务是理解和解释人类的消极情绪和行为。

消极心理学在过去一段时间内确实对人类和人类社会的发展做出了很大的贡献，但我们却也发现这种以消极取向的心理学模式，缺乏对人类积极品质的研究与探讨，忽略了人内在的潜力和主动性，由此造成心理学知识体系上的巨大"空档"，限制了心理学的发展与应用，罹患心理疾病的人口数量也随着时间的推移而出现了成倍的增长。这一现象似乎和心理学的实践初衷相违背。Seligman把这一现象称为人类20世纪最大的困惑。消极心理学的已有实践证明，我们不能依靠对问题的修补来为人类谋取幸福，因此心理学必须转向于人类的积极品质，通过大力倡导积极心理学来帮助人类真正到达幸福的彼岸。在这种背景下，积极心理学作为心理学研究的一种新型的模式应运而生。

积极心理学是心理学史上具有革命意义的学科，以马丁·塞利格曼（Martin E.P.Seligman）和米哈里·契克森米哈赖（Mihaly Csikszentmihalyi）的2000年1月《积极心理学导论》为标志，愈来愈多的心理学家开始涉足此领域的研究。积极心理学英文为Positive Psychology，它是指利用心理学目前已比较完善和有效的实验方法与测量手段，来研究人类的力量和美德等积极方面的一个心理学思潮。积极心理学的研究对象是平均水平的普通人，它要求心理学家用一种更加开放的、欣赏性的眼光去看待人类的潜能、动机和能力等。具体就研究对象而言，积极心理学的研究分为一个中心、三个层面，一个中心是指研究人类的幸福，包括幸福的基本含义、影响因素，在主观的层面上是研究积极的主观体验：幸福感和满足（对过去）、希望和乐观主义（对未来），以及快乐和幸福流（对现在），包括它们的生理机制以及获得的途径；在个人的层面上，是研究积极的个人特质：爱的能力、工作的能力、勇气、人际交往技巧、对美的感受力、毅力、宽容、创造性、关注未来、灵性、天赋和智慧，目前这方面的研究集中于这些品质的根源和效果上；在群体的层面上，研究公民美德，和使个体成为具有责任感、利他主义、有礼貌、宽容和有职业道德的公民的社会组织，包括健康的家庭、关系良好的社区、有效能的学校、有社会责任感的媒体等。

（二）家长的积极心理资本

精神分析心理学家温尼科特曾经有言：这个世界上实际上没有婴儿这种东西。因为婴儿是不可能独立存在的，你如果看见一个婴儿，你就一定会同时看到他的妈妈（等抚养人）。孩子越小，与抚育者的关系对其一生的影响越大。重要的抚养人如妈妈从儿童的婴儿期开始，为孩子的一生奠定温暖扎实的人格基础，它像定海神针，无论日后的风浪有多大，都能稳住中心，化解度过。所以，当我们的家庭迎接一个新生命到来后，举家欢庆之余，我们就需要思考：我们已是将要哺育孩子成人的家长了，此时已从自然状态进入某种"临战"状态，我们是否准备好了做合格的父母，或是合格的祖父母？我们在养育孩子之路上，要把孩子带到哪里等等。当然，我们每一个有能力、有思想、有见识的人，都希望带领自己的孩子、家庭甚至家族有所作为。但如何做一名合格的家长，如何培养杰出的孩子，却不是每一位家长都十分清楚的。积极心理学的研究提示我们，家长作为培养孩子的中流砥柱力量，需要以积极的心理面貌经营自己和家庭教育，以助于子女心理的健康和人格的完善。

每个家长在自己的成长过程中，都或多或少存有原生家庭不良影响的残留，这些都有可能对家庭教育留下不良印记，甚至会代际传承下去。所以，家长应该不断觉察自己，改写过去不良体验，同时放眼未来，聚焦自身积极心理能量，从积极心理学的四个维度即积极意义的转换、积极人际关系的建设、积极情绪的培养、积极心理品质训练来构建心理资本。

（三）家长积极心理资本建设

至于家长如何从积极心理学的四个维度构建心理资本，家长还需要不断学习心理健康知识、觉察自己，在日常生活中身体力行地自我成长。这里我们将介绍一些心理训练活动。

1. 积极人际关系的建设

（1）暖场阶段（10分钟）

排排站：请全体站成一大圆圈，给每个人发一张写有数字的纸条（顺序是打乱的），每个人记住自己的数字，但不能给别人看到。然后带上眼罩，不能说话，按照数字顺序重新排好队伍。排好后，拿出纸条，看看是否正确，请位置不正确的谈谈感受，然后调整。之后从1号开始每6个人组成一个小组，按照小组就座。

（2）工作阶段

①谁是你的重要他人（25分钟）

②播放音乐《在我生命中的每一天》

教师引导："重要他人"是一个心理学名词，意思是在一个人心理和人格形成过程中，起到巨大影响甚至是决定性的人物。"重要他人"可能是我们的父母长辈、兄弟姐妹、儿女，也可能是我们的老师，抑或是萍水喜相逢的路人。在人的记忆中某些特定的人或事，可能会影响到我们的某些性格和反应模式。

每个人一张白纸，一支笔。请在白纸最上面正中间写下"***的重要他人"，这里的***就是自己的名字。然后另起一行，依次写下"重要他人"的名字和他们入选的原因。

小组内分享。每组推选一位同学讲述自己的故事。

（3）我的斜拉桥（25分钟）

斜拉桥以绳索的团结和集体的力量，拉住宽大的桥面，既坚固又壮丽。支持系统犹如斜拉桥的绳索，一旦按照科学规律排列组合，就能产生巨大的合力，保障斜拉桥的安全。

请大家在白纸上写下"我的支持系统"，然后另起一行，用1、2、3等写下标号，每个标号后写上人名，具体数量自定。然后画一张我的支持系统蓝图，从现在开始去经营。

个人先在小组内分享感受，然后邀请部分同学全班分享。

（4）原来你也在这里（25分钟）

播放《启程》，全体在场内围成圆圈，仔细观察，寻找自己感觉智慧、可爱等心理资本丰富的人，对他说出分享感受以及思考自己为何选出他。

（5）总结阶段（10分钟）

迟到的祝福或歉意：每人寻找写下久已不联系的老朋友的名字，寻找他们的联系方式，写一份迟到的祝福或歉意书，课后通过短信、电子邮件、微信等方式，重新联结起珍贵的情谊。

2. 积极情绪的培育

（1）暖场阶段（10分钟）

笑一笑：这是一个简单的放松训练，全班同学围坐成一个大圈。大家跟着老师做以下动作："微笑，不出声的；慢慢地笑的幅度大点，可以笑出声来；最后请放声哈哈大笑，一定要笑出声来。"

在这个过程中，在没有好笑的理由的情况下却要笑出来，有的学生可能会不好意思，敷衍了事，或者笑不出来。其实，不是一定要有好笑的理由才笑，而是通过主动笑出来去引发内心愉快情绪的体验，在疲惫或心情不好时，试着大声笑笑是很好的自我调整方法。

（2）工作阶段

①照镜子(25分钟)

先请两位志愿者上台表演愉快情绪，其他成员担当镜子的角色，模仿他们的表情和动作。学生1、2报数，奇数内圈，偶数外圈，内外圈成员对面而坐。先是内圈成员做出各种愉快的表情，外圈同学作为镜子模仿内圈同学的各种表情。之后相互交换角色。成员围绕刚才的活动讨论分享：看到"镜子"的表情内心有什么感受？情绪会传染吗？在努力做各种愉快表情时内心情绪有什么变化？

②快乐清单(25分钟)

分组。请成员回想最近两周让自己开心的事情，在纸上列出自己的"快乐清单"，每人至少列出10项。然后请成员读出自己的快乐清单。

把短文《美国青年人眼中的开心时刻》发给大家，由一位成员朗诵，每个人对照自己的快乐清单，继续写出过去让自己高兴的一件事，详细描述当时的内心感受。

在大家的"快乐清单"以及短文的启发下，大家开动脑筋再尽可能多地寻找快乐，每组由一位成员记录，列出小组的快乐事情。以小组为单位读出快乐清单，给想得最多的组颁发"快乐大使"奖状。

（3）练习幽默(25分钟)

出示两个情景，情景一：弹吉他的青年；情景二：水打翻后。

小组谈论：假设自己是上述两个情景中的主人公，会怎么办？然后由成员扮演其中的角色来解释本组的答案。选出最具有幽默感的表演和答案，给予奖励。

（4）总结阶段（10分钟）

纸飞机：每个人叠一架纸飞机，在机翼上写下表达快乐、乐观的词语或语句，跑出去，纸飞机载着祝福飞向其他成员。请部分成员分享自己接收到的纸飞机上的祝福。

3. 积极心理品质训练

（1）暖场阶段（10分钟）

趾高气扬：全体围坐成一个大圈，按照抽签顺序，每人绕圈一周，用表情和动作来表演"趾高气扬"。全程录像，给特写。然后回放录像，大家一起观看，可以自由交流，随机请成员谈感受。

（2）工作阶段

①自我肯定(25分钟)

每人发表3分钟的自我感动演讲。小组分享感受后选派代表大组分享。

②戴高帽(25分钟)

每组不少于5个人，围坐一圈。请一位成员坐在圆圈的正中，其他人轮流说出他的优点和自己欣赏之处。然后被称赞的成员说出哪些优点是自己以前知道的，哪些是不知道的。每个成员到中央戴一次高帽。关键点是：必须说出优点，态度要真诚，努力去发现别人的长处，不能毫无根据地吹嘘。

活动后，在小组内主要围绕以下内容进行分享：被称赞时的感受，赞美别人通常都赞美什么地方，能给所有的人不同的赞美吗？赞美别人时，是否自然？为什么会这样？是否有一些优点是自己没有意识到的？是否加强了对自身优点、长处的认识？

（3）桃花朵朵开(25分钟)

在一张A4纸上，画5个花瓣，在每个花瓣上写上自己的品格优势。小组内分享，选派代表大组分享。

（4）总结阶段（10分钟）

描绘一幅"十年后的幸福生活"图景，可以用图画，也可以用文字。

二、家庭教育的科学理念

（一）一个意义——家庭教育的意义

孩子的健康成长需要社会、学校和家庭多方面的条件供给，其中，家庭教育的作用不容小觑。如果把我们现在的教育体系比作一棵大树的话，家长教育就是大树的根，家庭教育就是大树的干，学校教育就是大树的枝，而社会教育则是大树的叶，而教育的对象——孩子，就是大树的果实。若真要比较家庭教育、学校教育和社会教育三者在一个孩子成长中的重要性的比重，有研究得出这样的比例关系，家庭教育占51%，学校教育14%，社会教育35%。从中可见，家庭教育的根基性、主干性作用。

大树的"根"是不可见的，却是最重要的，它为整棵大树提供营养，没有根就不会有大树。家长教育作为大树的"根"，是家庭教育的施教者，是家庭教育的根本。这也是我们很多家长最容易忽略的地方。要想让孩子成人成才，必须从源头和根本上入手。大树的"干"是唯一的，"干"中养分的输送也是单向的。同样的道理，我们对孩子进行家庭教育，家庭教育作为大树的"干"，教育的过程也是不可逆的。我们的营养通过家庭教育输送到"树枝、树叶"，因此家庭教育是基础，这个基础是可见的，现在全社会都很重视这个基础。

一棵树有许多树"枝"，我们把学校教育比喻成大树的"枝"。孩子一生当中要去很多学校，幼儿园、小学、中学、大学……所以"枝"代表学校教育，学校教育让孩子获取不同阶段、不同类型的专业知识。"叶"春生秋落，帮助果实呼吸和成长。"叶"就好比我们的社会教育。我们所学的知识，不仅只是在学校，还可以通过其他方式获得，这就是社会教育。社会教育是叶，它让我们这棵树更加茁壮。"果实"就是我们的孩子。要想让孩子有所成就、得到幸福，一定源于根深、干粗、枝繁、叶茂。

宋庆龄曾说过，孩子长大成人以后，社会成了锻炼他们的环境。学校对年轻人的发展也起了重要的作用。但是，在一个人的身上留下了不可磨灭的印记的却是家庭。家庭教育的意义在于它是"教育的源头"，其社会预防性功能是所有教育都不能替代的，家庭教育是三大教育体系3×3"接力赛"的"第一棒"，第一棒没跑好便会"事倍功半"。这一点在其他研究中也被证实。一项关于北京大学学生自评能够考取北京大学的主要原因的调查研究表明，按照原因的重要性由大到小的顺序排列分别为家庭教育因素、自主学习能力和方法、勤奋用功、学校教育因素、理想远大与目标明确以及天资聪慧。也就是说北大学生认为决定他们上北大的排序第1重要原因是家庭因素，包括良好的家庭教育与父母的支持、关爱与理解、和谐的家庭关系，排序第4重要的才是学校因素，包括就读的中小学整体教学质量高；老师的教学水平高，给予学生关爱、鼓励、信任和引导。

综上可知，家庭是孩子的第一所学校和终身学校，父母是孩子的第一任老师也是终身老师。德国著名教育学家福禄贝尔所说："国家之命运与其说掌握在当权者手中，倒不如说是掌握在家长手中。"在如今时代的家庭中，作为一个家长如果想带领一个孩子、家庭或者一个家族有所作为，需要家长为孩子提供一个成长的真实环境,通过不断学习家庭教育的理论知识,掌握一些教育的科学原理，努力从"自然型家长"转变为"教练型家长"。这关系到孩子的卓越、家庭的幸福和国家的兴盛，一如家长推动摇篮的手就是推动世界的手一样，家庭教育的作用举足轻重。

（二）两个善待

和谐家庭呼唤两个善待，即善待自己：喜欢自己、珍重自己、超越自己；善待孩子：体谅孩子、尊重孩子、锻炼孩子。

当代心理学的研究发现，这个世界其实没有别人，只有一个人——自己。一个人和内在的自己的关系构成了这个人在世界上的所有关系。父母剥离掉父母的这个社会角色，他也是社会大家庭的普通一员，他首先要处理好与自己的关系，与自己和解，接纳自己包括优点和不足，提升可以改观的部分，从内心深处喜欢自己、爱上自己和超越自己。处理好与自己关系的人才能处理好与别人的关系,同样的道理,接纳自己的父母方能看见孩子作为一个独立个体的全部,包括孩子的各种感受、需要,如孩子内心的无助脆弱、平等尊重的需要、被接纳被疼爱的渴望、自我实现的需要,进而去体谅孩子、尊重孩子、锻炼孩子。被善待的孩子能心领神会地感受到这份爱,并有可能将它不断传承下去。

记得儿子4岁的一个晚上,儿子边抱着我的棉袄边闻着还边说:"妈妈,周一晚上你去上课,还没有回来,我想你了就抱着你的棉袄,就当是你,因为上面有你的味道。"哦,忽然明白了,每个孩子都会自动找到妈妈的替身,无须教授,"哦,是吗?我也很想你呀,还看了你的照片。"我附和道。"你看我爱不爱你呀,妈妈?"儿子仍然沉浸在他的世界中,"爱,妈妈感受到了。"在躺到被窝说悄悄话时,我又和他重温了他闻我的衣服的美好瞬间。

第二天早上还没有睁开惺忪的双眼,他清晰地说:"妈妈,我给你看看我折的千纸鹤吧。"早晨一忙,我给忘了,白天上班休息的间隙,我忽然想起来,就发誓当天晚上等儿子放学回家,一定提醒儿子并和他共同欣赏他的佳作。其实,每次我不在家,他都会边等着我边沉浸在他自己的绘画和读书以及玩耍的世界里,我一进家门,他跑过来,有时可能他正在玩着玩具或看着书,他都会惊喜又开心地大喊:"妈妈,你回来了?!"并似乎一切都准备好了似的告诉我:"妈妈,我要送给你我给你准备的礼物。"边说边跑着拿给我看他为我画的画(其实就是一些太空呀等他的内心世界,但就是想和我分享)。

周末的一天,站在我旁边看我切西瓜的儿子忽然问我:"妈妈,等你们老了去天堂了,我长大后也老了去天堂了,我还能见到你们吗?"我有点错愕,但还是十分肯定地说:"当然会见面的。"儿子似懂非懂地欣然点点头。不知道儿子怎么忽然想起来问我这个,但是,他这一问却引发了我的思考。是啊,人生苦短,和儿子成为母子、父子,那是一段奇缘,为什么我们不能对自己好一点,学会科学地使用身体,多在这个世间停留些时日呢;对亲人多一点陪伴,舒心幸福地过好每一天;多一点宽容和接纳,少一点纷争与不快,好好地对待自己,好好地对待家人,给彼此以爱的温暖,毕竟生命是短暂的。孩子还惦记着要在天堂见面,也许他还不知道天堂见面只是一个天方夜谭,有着生命结束的凄凉和无奈,但这浓浓的牵挂和愿望,怎不叫我感动?他再次提醒我们尤其是父母应该好好地爱彼此,爱孩子,因为我们就是孩子的全部世界,虽然孩子只是我们世界的一部分。也只有这样,才不枉待生命,不枉做亲子一场。此时孩子不是在谈论死亡,而是在谈论他们需要的爱和关注。

死亡的不可抗拒,让世间的一切纷争都变得微不足道,让每一个人的内心变得更加宽容、豁达,除了善待彼此,带领孩子尽情领略生命的美好和世界的美景,每个人都幸福地活在当下,快乐地追求未来。最后,还是要强调,在短暂的相处相伴中,让我们不要为难彼此,好好地科学地去爱吧!

(三)三次成长机会

精神动力心理学认为,每个人的人生有3次成长机会,分别是出生、婚姻和孩子的到来。出生时遇见什么样的父母以及他们会实施何种养育方式，是个体不能选择的，但是从个体心理健康和人格完善方面来说，却是至关重要的。民主型父母的养育方式显然能促进孩子的成长，相反，非民主型的原生家庭可能为孩子一生的心理发展打上不健康的底色和背景乐。婚姻是个体的第二次成长机会。带着原生家庭的烙印，走进了婚姻的个体，反观自己的婚姻会发现，婚姻是一种"娶回妈妈、嫁给爸爸"的方式以示对原生家庭的依赖。理想的婚姻是伴侣充当理想父母的角色，让个体重温童年的美好，修补童年的不幸，得到进一步的成长。

而孩子的到来，又给为人父母的我们带来一次成长的机会。孩子是家长的老师，地球上每增加一个儿童，就多一分希望。孩子就是一面照妖镜，让我们家长照见自己的不足、人格的局限、需要改进之处。为了孩子更好地成长，家长可能会自主学习，自我成长，也就是说是孩子促进了家长的成长，有时仔细思考，我们还需要感谢孩子，一如著名精神动力专家曾奇峰在《给女儿的信》中饱含深情地表达了对女儿、对自己、自我成长的意义："你的出生，是我一生中最重要的事情。""爸爸从你那里得到的荣誉和鼓舞，远远地超过了从其他方面得到的。爸爸是别人的心理医生，而你却是爸爸的心理医生。在你人生的所有重大选择上，爸爸都是最热情的观众。""谢谢你啊。"

（四）四个正确的观念

养育孩子的家长需要树立4个正确的观念。

1. 正确的儿童观

正确的儿童观是指社会看待和对待儿童的看法或观点应该科学。其中涉及儿童的特性、权利与地位、儿童期的意义以及教育和儿童发展之间的关系等问题。中外古今，不同地域、不同时期具有不同的儿童观。在中国传统社会中，儿童被视为家庭和家族的隶属品，父母的私有财产，儿童没有自己独立自主的人格，只有对长辈的依附关系。而正确的儿童观，一般认为最重要的是将儿童视为正在走向成熟和独立的人，尊重、发展儿童的独立自主性，并承认其发展的可能性，使之成为独立的人格，成为能动的主体去认识和变革自然和社会，同时也获得自我认识和自我教育能力的发展。儿童观不正确，对儿童的教育就必然会出现种种问题。

首先，儿童是一个独立的人。中国传统儿童观视儿童为非独立的个体，一如学者王学富《论孩子》中揭示的那样，但正确的儿童观应该如黎巴嫩诗人纪伯伦所著的《你的孩子》中试图要表达的主旨一样，在人格上，儿童和父母是平等的，因此，我们应该尊重他。

论孩子

——王学富

我的孩子就是我的孩子，他们是我生命的延续。

他们是从我而生的，是我给了他们生命。

我把他们放在我的视野之内，因为他们属于我。

我爱他们，所以把思想灌输给他们，

因为他们没有自己的思想。

我给他们的身体提供住房，

还让他们的心灵住在我建造的安乐窝里。

不管他们走到哪里，我都会跟他们形影不离，

因为离开了我，他们什么都做不好。

我努力把他们变得像我，

我不喜欢他们现在这个样子。

要是能够，我想把他们带回到母腹里，

因为现在很不安全，将来也没有什么希望。

我的孩子是我身上掉下的一块肉，

来到这个世界是多么没有保障，

我必须对他们严加控制，让他们跟我寸步不离。

让孩子在我的"爱"里变得安分守己吧，

既然我不让他们蹦出我的手掌心，他们就蹦不出我的手掌心。

你的孩子

——〔黎巴嫩〕 纪伯伦

你的孩子不属于你

他们是生命的渴望

是生命自己的儿女

经由你生与你相守

却有自己独立的轨迹

给他们爱而不是你的意志

孩子有自己的见地

给他一个栖身的家

不要把他的精神关闭

他们的灵魂属于明日世界

你无从闯入 梦中寻访也将被拒

让自己变得像个孩子

不要让孩子成为你的复制

昨天已经过去

生命向前奔涌

无法回头川流不息

你是生命之弓 孩子是生命之矢

幸福而谦卑地弯身吧

把羽箭般的孩子射向远方

送往无际的未来

爱——是孩子的飞翔

也是你强健沉稳的姿态

其次，孩子是一个未成年人。

①在生理上，他是正在发育中的人，他控制使用自己身体的能力尚待生长成熟之中，所以，他会常常受到伤害而把事情做错。

②在心理上，他是正在成长中的人，他判断是非、分辨好坏的价值观还没有完全形成，所以，他会不断地犯错误。

③在技能上，他是正在学习中的人，他把事情做对的技能还没有完全训练出来，所以，他会不断把事情做错。

因此，我们应该对孩子有这样的预期：无论孩子怎样努力，他都会不断地做错事，他把事情不断办砸是正常的，而他偶然把事情做对是幸运的！

2. 正确的人才观

人才观是社会对待人才的基本态度和观念，包括对什么是人才、人才在经济社会发展中所处的地位，如何育才聚才用才等。中国传统社会认为读书值万金，万般皆下品唯有读书高，提倡通过读书考取名利，轻视工、农、商等行业的人才。实际上，尺有所短，寸有所长，社会的良性运转需要各行各业人才，改变单纯按资历、学历、职称、职务等论人才的片面观，坚持人的价值多元化的正确人才观。所以，家长在养育孩子的过程，不应该仅仅局限于对孩子文化知识学习的要求，还应该拓展育才范围，包容人才的多样性，根据孩子的先天禀性、兴趣爱好等鼓励孩子通过努力成为各行各业的人才，坚信三百六十行，行行出状元。

3. 正确的教育观

正确的教育观是指家庭教育应该坚持全人教育思想，以健康成长为导向。"全人"就是全面、完整的人。"全人教育"是以健全人格为基础，促进孩子身心平衡发展，让个体生命的潜能得到自由、充分、全面、和谐、持续发展的教育。全人家庭教育是指家长学习和掌握系统的全人教育理念和方法，从孩子的婴幼儿时期就对子女进行体魄、心智与人格的完整教育，让家长的全人教育观念塑造孩子的行为，而行为形成习惯，习惯塑造性格，性格决定命运，遵循如上的良性生命轨迹，从而成就孩子快乐和谐、美满幸福的人生！

4. 正确的亲子观

在家庭教育中，较之其他社会关系来说，父母与子女是血浓于水的亲子血缘关系，家庭教育的核心也是维护好这份亲子关系。其实关系是大于教育的，正如信其师，才能信其道一样，若家长只是一味地考虑教育，有时虽然赢了道理但是输了关系，也就输掉了教育。父母和孩子不是老司机和汽车的不平等附属关系，而是父母作为人生的老司机带领孩子这个新司机学习驾驶孩子生活这辆汽车安全高效行驶的平等带领关系，这份亲子关系是平等的。老司机争取不当法官，学做律师，了解孩子的内心，呵护其自尊，维护其权力，成为其依赖和尊敬的朋友；不当裁判，学做啦啦队，帮助孩子建立自信；不当驯兽师，学做镜子，帮助孩子提高自我意识，让孩子不害怕父母的权威，积极与父母沟通。秉持正确的亲子观，经营好这份亲子关系，方能不断地靠近教育是一棵树摇动另一棵树，一朵云推动另一朵云，一个灵魂唤醒另一个灵魂的本质（德国教育家雅斯贝尔斯语）。

接到从幼儿园放学后的4岁儿子，我俩没有回家，手牵着手直奔火烧店去买火烧。走到火烧店的摊位旁，我问儿子准备买几个，他毫不犹豫地说四个。我当时本想买五个正好10元（火烧是2元一个），但转念一想，我刚征求意见得到的答案是四个，若是现在改变主意是对他的不尊敬，就稍微犹豫后告诉服务员说买四个。回家的路上，不知道怎么就聊到烧饼了，儿子说家里有四个人所以要买四个。我当时真是豁然开朗，理解了儿子的要买四个火烧的深层用意。原来他的心里有爱、有大家，正如家人心里有他一样，他用这样的方式让大家感受到了。这让我忽然明白上次买小蛋糕，他为何要买四个。现在想来，他每天沐浴在被爱中也在不断回馈给大家一份爱：前天晚上饭后，他打开食品柜子，给每个人发了一块爸爸从香港捎回来的蛋糕块；昨晚去书房，给我送了一小袋青豆；今晚一定要"帮"我打开零食泰国炒米和奥利奥饼干，让我当着他的面吃了；还有前一段时间有一个晚上，我还没有下班，他把海苔包装打开并放到餐桌旁等我回来……父母的一份爱滋养了孩子的另一份爱！

（五）5个家长角色转换

儿童心理学家格塞尔曾经说过：儿童发展是一个过程，在不同阶段呈现不同形态，对不同年龄的孩子应该寄予不同的希望。家长在孩子不同的成长阶段中应该适时调整所扮演的角色以助力孩子成长，具体要扮演何种角色要视孩子的心理发展需要而定。

美国著名精神病医师、新精神分析派的代表人物埃里克森提出了著名的有关不同年龄阶段的心灵发展规律的人格终生发展论。他把人格的形成和发展过程划分为八个阶段，这八个阶段的顺序是由遗传决定的，但是每一阶段能否顺利度过却是由环境决定的，所以这个理论可称为心理社会阶段理论。它认为人格在人的一生中都不断发展，每个阶段都有每个阶段的发展任务和面临的危机。每一个阶段都是不可忽视的，任何年龄段的教育失误，都会给一个人的终生发展造成障碍。埃里克森的人格终生发展论，为不同年龄段的家庭教育提供了理论依据和教育内容。

1.0～3岁分离—个体化时期

0～3岁的这个时期心理发展任务主要是婴幼儿成为一个独立的个体。它又可以细化为0～1岁和2～3岁两个阶段。

0～1岁的儿童主要的心理发展冲突是基本信任和不信任的冲突。这个阶段的儿童最为孤弱，因而对成人依赖性最大，如果抚养人能经常性敏感地洞察和及时满足儿童的各种生理和情感需要，既满足了儿童的全能自恋，也帮助儿童建立了对他人和世界的基本信任感。相反，如果他们的母亲拒绝他们需要或以非惯常的方式来满足他们的需要，儿童就会形成不信任感。当儿童形成的信任感超过不信任感时基本信任对基本不信任的危机方能得到解决，但这不代表儿童对任何人和任何东西都是完全信任的，绝对信任感的儿童必然会陷入困境，因为某种程度的不信任是积极的和有助于生存的，重要的是信任感和不信任感所占的比率。信任感占优势的儿童具有敢于冒险的勇气，不会被绝望和挫折所压垮，当母亲不在身边时，他们也不会有明显的烦躁不安、过分地焦虑和愤怒。

埃里克森说，一旦某一阶段的特征危机得到积极的解决，那这个人的人格中就形成一种美德。美德是某些能够为一个人的自我增添力量的东西。在这个阶段中，如果儿童具有的基本信任超过基本不信任，就形成希望的美德。埃里克森把希望解释为"对热烈愿望的实现怀有持久的信念，尽管存在标志生存初期的那种隐晦的迫切要求及愤怒"。具有信任感的儿童敢于希望，富于理想，具有强烈的未来定向。反之则不敢希望，时时担忧自己的需要得不到满足，所以他们被目前所束缚。

1～3岁阶段的儿童迅速形成和掌握了大量的技能，如，爬、走、说话等。更重要的是他们学会了怎样坚持或放弃，也就是说儿童开始"有意志"地决定做什么或不做什么。这时候父母与子女的冲突很激烈，也就是第一个反抗期的出现，一方面父母必须承担起控制儿童行为使之符合社会规范的任务，即养成良好的习惯，如训练儿童大小便，使他们对肮脏的随地大小便感到羞耻，训练他们按时吃饭，节约粮食等；另一方面儿童开始了自主感，他们坚持自己的进食、排泄方式，所以训练良好的习惯不是一件容易的事。这时孩子会反复应用"我""我们""不"来反抗外界控制，而父母绝不能听之任之、放任自流，这将不利于儿童的社会化。反之，若过分严厉，又会伤害儿童自主感和自我控制能力。如果父母对儿童的保护或惩罚不当，儿童就会产生怀疑，并感到羞怯。关于羞怯，埃里克森说："羞怯意味着一个人意识到自己被暴露无遗，在光天化日下被人审视，一句话，它是一种自我意识。一个人被他人识破，并且在毫无准备之下被人识破……"因此，在这个阶段中，把握住"度"很重要。如果儿童形成的自主性超过羞怯与疑虑，就形成意志的美德。埃里克森把意志解释为："进行自由决策和自我约束的不屈不挠的决心，尽管在幼年期不可避免地要体验到羞怯和疑虑。"

成功度过0～3岁心理发展危机的儿童就顺利完成了心理层面的与母亲的分离，成了独立的个体，儿童已懂得他们是人。

从以上阐述可知，在这个阶段，家长扮演的角色是父母，即更多地站在孩子的角度，出于养育本能看见一个生命体为存活下来所表达出来的需要，畅快满足孩子的各种需要，一如老母鸡抚养自己的小鸡一样。帮助孩子学会独立爬、抓、玩，教他学说话，成为一个独立的有需求、能表达欲望、并试着自主满足其需要的个体。

2. 3～6岁的主动对内疚的冲突时期

在前两个阶段，儿童已懂得他们是人。现在3～6岁的阶段的他们开始探究他们能成为哪一类人。在这一时期，儿童能更多地进行各种具体的运动神经活动，更精确地运用语言和更生动地运用想象力。这些技能使儿童萌发出各种思想、行为和幻想，以及规划未来的前景。按照埃里克森的观点，这个阶段的儿童"一般对形状规格的差异，特别对性差异都产生一种毫不厌倦的好奇心……现在他在学习上大胆探索且精力充沛：这就致使他越出自己有限范围，投入未来无限的前景之中"。

在这个阶段，儿童检验了各种各样的限制，以便找到哪些是属于许可的范围，而哪些又是不许可的。如果父母鼓励儿童的独创性行为和想象力，那儿童会以一种健康的独创性意识离开这个阶段。然而，如果父母讥笑儿童的独创性行为和想象力，儿童就会以缺乏自信心离开这一阶段。由于缺乏自主性，因此当他们在考虑种行为时总是易于产生内疚感，所以，他们倾向于生活在别人为他们安排好的狭隘的圈子里，缺乏自己开创幸福生活的主动性。

如果儿童在这个阶段获得的自主性胜过内疚感，就会形成目的的美德。埃里克森把目的解释为："正视和追求有价值的目的的勇气，尽管这种目的曾被幼年的幻想，被内疚、被对惩罚的失魂落魄的恐惧所阻挡。"

为了更好地协助孩子顺利度过主动对内疚的冲突时期，家长需要适当调整角色，从原来的父母的角色的基础上积极参与到孩子的游戏中，扮演玩伴角色，争取能做到"蹲下来讲话、抱起来交流、牵着手教育"。蹲下来讲话是一种尊重。试着以孩子的视角去看待世界和问题。抱起来交流是一种接纳。我可能不认同你的行为，但我永远爱你这个人。牵着手教育是一种身体力行的榜样示范。要求孩子做到的，我们要先做到，所谓"其身正，不令而行；其身不正，虽令不从"。

3. 6～12岁的勤奋对自卑的冲突时期

在这一阶段中，儿童学习各种必要的谋生技能以及能使他们成为社会生产者所具备的专业技巧。学校是培养儿童将来就业及顺应他们文化的场所。这一阶段的儿童都应在学校接受教育。儿童在这一阶段所学的最重要的课程是"体验以稳定的注意和孜孜不倦的勤奋来完成工作的乐趣"。在这门课程中，儿童可以获得一种为他在社会中满怀信心地同别人一起寻求各种劳动职业做准备的勤奋感。

如果儿童没有形成这种勤奋感，他们就会形成一种引起他们对成为社会有用成员的能力丧失信心的自卑感。这种儿童很可能会形成一种"消极的同一性"，这个概念将在本章后面再做解释。

同这一阶段相联系的还有另一个危险，即儿童会过分重视他们在工作能力方面的地位。对这样的人说来，工作就是生活，因而他们看不到人类生存的其他重要方面。"如果他把工作作为他唯一的义务，把某种工作作为唯一有价值的标准，那么他也许会成为一位因循守旧的人，成为他自己的技术和可能利用他的技术的那些人的毫无思想的奴仆。"按照埃里克森的理论，在这个阶段里，必须鼓励儿童掌握为未来就业所必需的技能，但不能以牺牲人类某些其他重要的品质为代价。

如果儿童获得的勤奋感胜过自卑感，他们就会以能力的美德离开这个阶段。"能力是不为儿童期自卑感所损害的在完成任务中运用自如的聪明才智。"像以上论述过的其他美德一样，能力是由于爱的关注与鼓励而形成的。自卑感是由于儿童生活中十分重要的人物对他的嘲笑或漠不关心造成的。这也要求父母在儿童的这个心理发展阶段，聚焦孩子的优点，积极鼓励、教授有益的生活技能，训练孩子的自立、自律和合作精神，充当教练的角色。

4. 12～18岁自我同一性和角色混乱的冲突时期

这个阶段体现了童年期向青年期发展中的过渡阶段。前面四个阶段为儿童提供了形成"同一性"的"材料"，儿童懂得了他是什么，能干什么，也就是说，懂得所能担任的各种角色。在这个阶段中，儿童必须同化这些材料，仔细思考全部积累起来的有关他们自己及社会的知识，最后致力于某一生活策略。一旦他们这样做，他们就获得了一种同一性，长大成人了。获得个人的同一性就标志着这个发展阶段取得了满意的结局。同一性的形成也标志着童年期的结束与成年期的开始。从这时起，生活是对自我同一性的彻底表现。既然个人"知道他或她是什么人"，生活的任务就是引导"那个人"完满地度过人生的其余阶段。

这个阶段正在生长和发展的青年人，他们正面临着一场内部生理发育的革命，面临着摆在他们前头的成年人的使命，他们在新的社会要求和社会的冲突中而感到困扰和混乱，他们现在主要关心的是把别人对他们的评价与他们自己的感觉相比较，主要关心的是如何把各种角色及早期培养的技能和当今职业的标准相联系这个问题，建立一个新的同一感或自己在别人眼中的形象，以及他在社会集体中所占的情感位置。自我同一性是指"一种熟悉自身的感觉，一种知道个人未来目标的感觉，一种从他信赖的人们中获得所期待的认可的内在自信"。"这种统一性的感觉也是一种不断增强的自信心，一种在过去的经历中形成的内在持续性和同一感（一个人心理上的自我）。如果这种自我感觉与一个人在他人心目中的感觉相称，很明显这将为一个人的生涯增添绚丽的色彩。"然而，这个阶段自身应当看作是一个寻找同一性的时期，而不是具有同一性的时期。即心理社会的合法延缓期。

如果年轻人不能以同一性来离开这个阶段，那他们就会以角色混乱或者也许会以消极的同一性来离开这个阶段。角色混乱是以不能选择生活角色为特征的，这样就无限制地延长了心理的合法延续期。他还将以令人吃惊的力量抵抗社会环境，出现对社会不满和犯罪等社会问题。

如果青年人在这个阶段中获得了积极的同一性而不是角色混乱或消极的同一性时他们就会形成忠诚的美德。埃里克森把忠诚定义为，不顾价值系统的必然矛盾，而坚持自己确认的同一性的能力。这个阶段的心理发展规律也提示家长要看懂孩子的内心，视孩子为知心朋友，平等尊重，既照顾到他们试图摆脱家长独立成人的内心渴望，又顾及他们尚需依赖家长的内在需求，耐心倾听，深入共情，支持鼓励，适时提供孩子所需要的帮助，协助孩子实现自我同一性心理发展的平稳过渡。

5. 18岁以后

不论从生理成熟还是心理成熟度的角度来说，18岁以后的孩子都应该是成年人了，他们彻底完成了与父母的分离，长大成人并能够独立承担生活的人生任务。在空间上，他们也已走出家庭，远离父母，甚至在和父母不同的城市开始上大学或工作，父母对孩子的爱也已光荣地完成了不断输送心理营养促使孩子变成成熟的人的伟大历史使命，到了得体地退出的时候了。从个体生命心理发展上来看，埃里克森认为18岁以后的孩子还要历经三个重要的人生阶段，它们分别是18～25岁亲密对孤独冲突的成年早期阶段、25～50岁繁殖感和停滞感冲突的成年中期以及50岁以后完善感和绝望感冲突的成年晚期。这些阶段的孩子已经踏上人生远行的漫漫长路，主营着自己的人生，或许从父母的经验相对较为丰富的角度，他们在遇到困难、疑问时偶尔还需要和父母沟通，征求父母意见，向父母请教，以便做出更智慧的决定，此时的父母在孩子的生命中充当的角色最多是个顾问罢了。所以，父母要学会放手，经营自己的人生，不断学习进步，以配得上这个角色期待和要求，否则，有朝一日会被高飞的孩子"嫌弃"，"顾问"一职也将被"罢免"。

从以上儿童心理发展的规律可以看出，父母对孩子能产生重大影响的时间是有限的，也就是说做父母也是有"有效期"的，而且很短，大约十年。孩子10岁之后，任凭父母百般努力，拼命补偿，也无济于事，因为父母过期了。这也提醒家长，在做父母的有效期内，有一种成功，叫我有时间陪孩子，为孩子做点该做的，否则，会被孩子扔出舞台。

（六）儿童的29个敏感期

儿童心理学的研究发现，儿童0～6岁年龄段的发展是一个人一生心理宏观发展的微观缩影，它的发展奠定了一生的基石。这个阶段的心理发展历经了29个敏感期，基本可以涵盖孩子成长中的主要阶段。当然，每个孩子的发育状况不同，敏感期时间会有所差异。

这里所说的敏感期一词是荷兰生物学家德·弗里在研究动物成长时首先使用的名称。后来，蒙台梭利在长期与儿童的相处中，发现儿童的成长也会产生同样现象，因而提出了敏感期的原理，并将它运用在幼儿教育上，对提升幼儿的智力有卓越的贡献。敏感期是指特定能力和行为发展的最佳时期，在这一时期个体对形成这些能力和行为的环境影响特别敏感。孩子在6岁前某一时间段，会表现出对某种知识或事物特性特别感兴趣，若顺着孩子喜好来预备教育环境，孩子就能够轻而易举地掌握这类知识或特性，这个时期的教育就称之为孩子学习某种东西或事物特性的敏感期教育。

正如上所述，经历敏感期的小孩，其无助的身体正受到一种神圣命令的指挥，其小小心灵也受到鼓舞，敏感期不仅是幼儿学习的关键期，也影响其心灵、人格的发展。如果我们对任何一个敏感期进行压抑，都会成为孩子性格成长发育中的缺陷，甚至演变成人性弱点。所以，家长一定要知道敏感期的特点和处理方法，为孩子按照他自己的轨迹成长提供宽松的环境，以免错失一生仅有一次的特别机会。下面就来介绍这些敏感期的特点以及作为家庭教育的执行者的家长的科学养育做法。

1. 光感敏感期 0~3 个月

其特点为：刚出生的宝宝对光感非常敏感，这时宝宝需要适应白天和晚上的光线差异，所以白天要拉开窗帘，晚上要关灯睡觉，让宝宝适应自然的光线变化。

建议家长可以给宝宝多看黑白图。

2. 味觉发育敏感期 4~7 个月

此时的宝宝自己的口腔可以感觉到甜、咸、酸等味觉。这个敏感期也提示此时是给孩子添加辅食的开始，一定要注意饮食的清淡，保护好宝宝味觉的敏感程度。

3. 口腔敏感期 4~12 个月

这时宝宝喜欢吃手，他在用口进行尝试、感觉。建议家长给宝宝口腔发育的机会，让宝宝吃个够，不要无情地把宝宝的手从他嘴里拿开。

4. 手臂发育敏感期 6~12 个月

这个时候孩子喜欢扔东西。建议看护者不要管制宝宝这个行为，让他扔个够。

5. 大肌肉发育敏感期 1~2 岁，小肌肉 1.5~3 岁

此时的孩子喜欢扶、站，并努力学着自己独立行走。家长此时应该给予他们充分的空间，在保证安全的前提下，让他熟悉更多的肢体动作，和他一起做许多游戏运动，使肌肉得到训练，增进亲子关系，且能有助于左右脑均衡发展。

6. 对细微事物感兴趣敏感期 1.5~4 岁

这个时候的孩子常常会做出一些我们不理解的细小动作，比如捏起一片掉落的叶子不停地往花盆里插，或是摆弄着花手绢怎么看也不烦。此时正是培养孩子对事物学会观察入微的好时机，引导孩子带着疑问和想法去认知世界。

7. 语言敏感期 1.5~2.5 岁

此时，家长会发现，大自然赋予了孩子一种能力——孩子从观看爸爸妈妈说话的口形直到突然开口说话，这个过程就是语言敏感期积攒的力量。语言的启蒙始终伴随着婴幼儿，甚至是胎儿期。对着胎儿说话，婴儿的咿咿呀呀学语就开始了语言敏感期。这个时候建议家长多和孩子说话、讲故事，当他需要表达自我感受时，自然就开口说话了。同样，良好的语言教育会使幼儿的表达能力增强，学会与人交往。有些孩子说话晚，如果不是病症，那么就有可能是环境的影响所至，不管他会不会说话，我们都要不断地给他注入"养分"——多与他说话，而不是交给"电视机保姆"。

8. 自我意识的敏感期 1.5~3 岁

这个阶段他们学着区分饼干，但不断懂得我的和你的、我和你的界限。主要表现是从开始说"我的"到开始说"不"再到开始打人、咬人、再到模仿他人，渐渐地孩子们有了自我意识，这时的孩子出现得最多的现象是划分我的，以便清除你的。同时通过说"不"以表达自我的意志，对于他们来说"我说了算"是最重要的，如果发生不符合他心思的事情就会大哭大闹，孩子们的

表现是完全以自我为中心。在家庭教育中，当孩子打人咬人的时候，我们家长只需制止孩子的行为，对孩子来说，"打死你"只是排除的意思，不要去谴责，也不要去说教，因为那和粗野的行为是不同的，让孩子不违反规则的情况下发展他的自我。（注：不要和孩子较劲，这是孩子形成自我的过程。）

9. 社会规范敏感期 2.5~4 岁

2.5~4 岁的孩子开始喜欢结交朋友，喜欢参与群体活动。社会规范敏感期的教养有助于孩子学会遵守社会规则、生活规范以及日常礼节，抓住时机教养，有利于将来遵守社会规范，拥有自律的生活，和他人轻松交往。建议家长给孩子提供和更多孩子接触的机会。一般两岁半的孩子，家长就可以做好孩子入幼儿园的准备工作了，幼儿园可以给孩子提供良好的与同一年龄阶段及不同年龄阶段的其他小朋友开展社会交往的环境，儿童通过交友不断地学习和领悟社会规则规范，一方面适应了其社会规则敏感期的发展的需求，另一方面也能更好地促进其社会规范敏感期的发展。

10. 空间的敏感期 3~4 岁

处于空间敏感期的三四岁的孩子喜欢垒高高、三维、钻箱子等。建议家长可以多提供给孩子类似的玩具，孩子可以借助于这个机会学习各种几何图形，对日后学习几何学奠定兴趣基础。

11. 色彩敏感期 3~4 岁

3~4 岁的儿童开始对色彩产生浓烈的兴趣，开始在生活中不断寻找不同的色彩，不断去尝试着感觉和认识各种色彩。这有利于儿童感觉思维的发展，同时也为其认知能力的发展奠定坚实基础。所以，建议家长在家里给孩子提供多彩的颜料及相关书籍，也为他们日后的绘画兴趣打下良好的基础。

12. 逻辑思维敏感期 3~4 岁

儿童在 3~4 岁的时候在生活中开始不断追问各种"为什么"，比如"天为什么黑了？""为什么会下雨？"等等。这些"十万个为什么"问题总是让家长感到应接不暇，可是孩子却不管不顾地打破砂锅问到底。当我们一次一次地给孩子解答时，孩子开始出现了逻辑思维。孩子正是通过这样一问一答，在认识客观世界的同时也发展了思维能力。所以，在家庭教育中家长应该想办法去保护好孩子这份珍贵的好奇心，如果家长不能回答的问题，可以和孩子一起学习，这时家里有一套百科全书是非常重要的。

13. 剪、贴、涂等等动手敏感期 3~4 岁

儿童从 3 岁开始真正有意识地使用工具，无论在哪里，只要有充分的材料，孩子们都非常乐意选择剪、贴、涂等这些动手类的活动。这些动手活动一方面有助于儿童训练小手肌肉和手眼协调，另一方面也为孩子建构专注品格提供了良好的机会。心理专家也建议家长尽可能地给孩子提供所需的各类材料，不要怕他们把家弄乱，浪费材料，不要打扰专心工作的孩子，让他们尽情地沉浸在动手剪贴涂的世界中。

14. 藏、占有敏感期 3～4 岁

3～4 岁年龄阶段的儿童开始对东西的所属人和自己的东西感兴趣，似乎强烈地感觉到了占有、支配自己所属物的快乐。其实，孩子只有心理上感到自己完全的拥有物质并可以自由支配时，才有可能去探索物质背后的精神，并超越于对物质的占有。而当这些物品的所有权完全属于孩子自己时，交换也就开始了。与此同时，也就拉开了人际关系的序幕。这也提醒家长此时应该给孩子提供一个独立的空间，比如一个属于孩子自己的房间或者区域。在你进入他的房间或者区域时，一定要征得孩子的同意，尊重孩子的空间。另外，一旦其他孩子要使用自己孩子的东西，比如他的玩具，一定要征得他的同意，以表示对孩子的充分尊重，促进其占有敏感期的顺利发展。

15. 执拗的敏感期 3～4 岁

3～4 岁儿童恰逢执拗的敏感期时往往会有如下特点：事事得依他的想法和意图去办，否则情绪就会剧烈变化，发脾气、哭、闹。这可能来源于他们内心的秩序感。在建构秩序感时，儿童的过分需求常常被家长认为是"任性"和"胡闹"。在这一时期常常难以变通，有时会到难以理喻的地步。我们并不知道它的真正原因，但我们确切知道，儿童的心理活动一定是有秩序的，当他没有超越这种秩序时，就会严格地执行它。所以，也要求家长一是要理解、有耐心，二是要安抚他们。

16. 追求完美的敏感期 3.5～4.5 岁

3.5～4.5 岁的儿童处于追求完美的敏感期，他们做事情要求完美，端水时洒出一滴就很痛苦，吃的苹果上不能有斑点，衣服不能少扣子等。接着又上升到对规则的要求：我遵守规则你也必须遵守，人人都要遵守；香蕉皮必须扔到垃圾桶里，没有垃圾桶就必须拿着；红灯亮了，即使马路上一辆车、一个人没有也不能过马路，已经过了必须退回来，退回来也不行，谁叫你这样做了！此时建议家长在开展家庭教育时依然是尊重孩子，不要在意孩子是否能吃掉一个整饼，是否会成为一个爱浪费的人等，不要将问题扩大化，只针对事不针对人。

17. 诅咒的敏感期 3～5 岁

等儿童年龄到 3～5 岁期间，他们对诸如"臭屁股蛋""屎巴巴""打死你""踢死"等听上去既不文明又有些可怕的言辞感兴趣，这类词汇会时不时从他们嘴里蹦出来。心理学的研究发现，因为孩子在这时发现语言是有力量的，而最能表现力量的话语就是诅咒，而且成人反应越强烈，孩子就越喜欢说。所以，建议家长不要在意孩子的语言，这并不是他真的想表达的，对此忽略、淡化，慢慢等待这个阶段过去。

18. 打听出生敏感期 4～5 岁

四五岁的孩子往往开始询问自己从何处来，且一遍又一遍地问。成人的回答不能有一丝的马虎，因为这是孩子安全感最早的来源，也是人类最古老的一个哲学问题：我从哪里来。建议：家长们认真地拿出百科全书，将生命形成的全部过程科学地讲给孩子听，打破他们对生命起源的神秘感。千万不能撒谎说"你从垃圾堆里拾来的""你是从大山里刨回来的"等。

19. 婚姻敏感期 4~5 岁

4~5 岁的儿童在开展人际关系后，便真正展开了婚姻敏感。最早的时候孩子会想要和爸爸、妈妈"结婚"。之后，他们就会"爱上"老师或其他成人。一直到 5 岁，才会"爱上"一个小伙伴，比如只给自己喜欢的孩子分享好吃的东西，而且经常在一起玩，产生矛盾时也不愿意让其他人干预，等等。总之，他们想拥有属于自己的空间。此时，无论孩子想结多少次婚，喜欢多少朋友，家长都一定要给孩子自由的空间。

20. 审美敏感期 5~7 岁

5~7 岁期间儿童特别喜欢"化妆"（可能有点离谱）和漂亮的裙子和鞋子，并且要按照自己的想法穿着和打扮，尤其女孩子。总是热情不减，且爱展示，直到获得夸奖之后，才会带着满足的神情离开，转身又会到其他人面前展示。建议家长尊重并肯定孩子对美的追求，无须对美做任何评判。

21. 性别敏感期 4~5 岁

处于性别敏感期的 4~5 岁的儿童对谁是男孩谁是女孩特别感兴趣。若有人去洗手间，甚至还一定要跟着去观察到底是男还是女。孩子对身体的探索和认识来自观察，建议成人在给孩子解释时，态度必须客观和科学，就如同认识自己的眼睛、鼻子、嘴一样。当然百科全书这时是最好的工具了。

22. 数学概念敏感期 4.5~7 岁

儿童从 4 岁半一直到 7 岁总是喜欢问诸如"这是几个，现在是几点"等和数字有关的问题。此时孩子对数名、数量、数字产生了浓厚兴趣。但此时是数学智能的最初发展，孩子还不能完全理解逻辑，只是能将数名、数字、数量配上对。这时家长可以让孩子帮助家里买一些日用品，通过花钱锻炼数字能力及经济能力。

23. 绘画和音乐敏感期 4~7 岁

4~7 岁的儿童特别喜欢画画和听音乐及唱歌，其实孩子在妈妈的肚子里就开始了听觉的发展，音乐是人类的语言，孩子天生就具有最高级的艺术欣赏能力。

从涂鸦开始一直到可以用语言表达自己的感受，整个过程都是一种自然的展现。

建议家长不打扰不干预孩子。

24. 认字敏感期 5~7 岁

5~7 岁的儿童还是对各种文字感兴趣，不过他们刚开始只能宏观地认识文字，即一个整体的形象，还不能分解字的笔画，也达不到书写。孩子也会对自己熟悉的某些文字感兴趣，比如他们会发现自己名字里的字在别的地方出现。建议家长给孩子一些文字卡片，让孩子把动作和看到的文字配合起来去学习文字，同时注重引导孩子进行大量的阅读。

25. 延续婚姻敏感期 5~6 岁

在前一个婚姻敏感期（4~5 岁）平稳过渡的基础上，5~6 岁的孩子选择伙伴的倾向性非常明显，且知道了一些简单的婚姻规则，如只有相爱的人才能结婚等。这也是儿童前一个婚姻敏感期的延续，建议家长继续支持、静观其变，而不是进行打压、嘲笑等。

26. 社会性兴趣发展的敏感期 6~7 岁

儿童在 6~7 岁时候开始已经做好了小学学习的准备或者有些已经进入了小学，他们开始对自己之外的其他小朋友和环境等社会性问题观察和感兴趣，积极地了解自己和他人的基本权利，喜欢遵守和共同建立规则，形成合作意识。如选举班长，实现自我管理，监督上课的时候谁没有进教室，吃饭前谁没有洗手，哪个孩子没有遵守幼儿园的规则等。此时建议家长可以让孩子多参加一些社会活动，包括公益性，如：捡垃圾、自己做手工、义卖、捐助等，培养他们的社会责任感。

27. 数学逻辑的敏感期 6~7 岁

6~7 岁的孩子们在完成了对数字、数名、数量的认识之后，开始对数的序列、概念以及概念间的关系等涉及数学逻辑方面产生了兴趣，这种数学逻辑不同于数学概念，所以，此时的他们被认为是处于数学逻辑的敏感期。建议家长可以通过如蒙氏数学教具让孩子学习加减乘除法，这种方法学习的是数学的逻辑而不是简单的记忆。

28. 动植物、科学实验、收集敏感期 6~7 岁

6~7 岁的孩子开始对动植物、科学实验很好奇，热烈地吸收一切来自自然界的知识，而他们对自然的探索兴趣比我们想象得要强烈得多。建议家长给孩子创造更多的机会观察大自然，亲近大自然的，买一些科学实验之类的书籍供他们阅读和模仿着做，既满足了他们对自然的好奇心，又锻炼了他们的能力。

29. 文化敏感期 6~9 岁

从 3 岁幼儿时期开始，儿童就对文化的学习产生了兴趣，而到了 6~9 岁年龄阶段，他们则出现想探究事物奥秘的强烈需求。因此，这时期孩子的心智就像一块肥沃的土地，准备接受大量的文化播种。建议家长可在此时提供丰富的文化资讯，以本土文化为基础，延展至关怀世界的大胸怀。

第五章 家庭教育中家庭环境的优化

家庭教育是在一定的家庭环境中实施的，家庭教育功能的发挥，受家庭环境诸因素所制约。为了保护未成年人的身心健康，促进他们社会化和形成健全人格，并在德、智、体诸方面全面发展，必须优化家庭环境。

第一节 家庭环境在个体发展中的作用

一、家庭环境的含义

环境通常泛指生物有机体生存空间内的各种条件的总和。环境是相对于某项中心事物，并且总是作为某项中心事物的对立面而存在的。它因中心事物的不同而不同，随着中心事物的变化而变化。家庭环境有广义和狭义之分。广义的家庭环境指的是个体生活在其中的家庭各种条件的总和。从这个意义上说，家庭环境包括家庭教育，也称家庭教育环境。家庭环境是由多种因素构成的复合体。从生态学的观点看，家庭环境可分为自然的、社会的、精神的三种环境圈层。家庭的自然环境，包括房舍的光照、通风，室内空气的含氧量和二氧化碳的含量，湿度、射线等个体发育和生长所必需的自然生态因素；家庭的社会环境，包括家长的职业、文化程度、生活方式，家庭的经济状况、自然结构，子女的出生次第以及是否独生等社会生活因素；家庭的精神环境，包括家风、家庭气氛、家长的价值观念和对子女的期望、态度等心理因素。心理学把影响个体发展的家庭环境因素区分为客观性因素和主观性因素两类。客观性因素一般是不以人的意志为转移的，或是家长在一定时期内难以改变的，如家长的职业和文化水平、家庭的经济状况和自然结构、子女的出生次第、是否独生等；主观性因素是可以由家长及其他家庭成员人为加以调节的，如家庭气氛、家长的价值观念、生活方式和对子女的期望、态度等。

家庭教育学中研究的家庭环境，是相对于家庭教育而言的狭义的家庭环境，即家庭中父母及其他年长者教育活动以外自发影响未成年人个体发展的各种因素，这些因素可概括为物质环境、文化环境和心理环境三个层面。

二、家庭环境对未成年人个体发展的影响

家庭环境是人们最早的最直接的生活环境。人的社会化一般是从家庭环境中开始的，人的自

我意识首先也是在家庭环境中萌发和形成的,可以说,家庭环境对未成年人的身心健康、品德形成和智能发展,都有着特别重要的影响。

就对未成年人个体发展的影响而言,家庭环境具有以下几方面的功能:

(一)认知功能

家庭环境是未成年人认识活动的重要对象。虽然未成年人的认知发展有其自身的规律,但家庭环境对其发展起着至关重要的促进或延缓作用。有关研究表明,家庭环境中的因素,如家长的教育期望以及对未成年人的态度等,均与未成年人认知能力的发展密切相关。未成年人在家庭环境这个生活空间里,通过活动与交往,不但可以形成丰富、生动的感性认识,而且可以把感性认识升华到一定的理性高度。因此,有人把家庭环境比喻为未成年人"生活的教科书"。

(二)参照功能

儿童在理解、接受某种观念、行为方式时,需要一定的"参照对象",这些"参照对象"相当多地来自他们在家庭环境中积累的体验、感受和经验。有些教师抱怨"说一千,道一万,顶不上父母一句话",其缘故就在于教师的教育与学生在家庭获得的"参照对象"之间存在矛盾。

(三)熏陶功能

"熏陶",指长期接触的人或事物对生活习惯、思想行为所产生的影响。颜之推在《颜氏家训》中提道"人在少年,神情未定,所与款狎,熏渍陶染,言笑举动,无心于学,潜移暗化,自然似之",俗语"近朱者赤,近墨者黑"等说法,说的正是这一功能。

(四)强化功能

一方面,良好的家庭环境中包含许多能够激励未成年子女上进的因素,如赞赏、奖励、支持,而个体在家庭交往与活动中达到的某种预期目的,或满足了某种渴望,或从中体会到某种未来的希望时,这就会对原有动机和欲望起增强作用,并可能激发某种新的动力;另一方面,不良的家庭环境或家庭生活方式、教育方式,则不但可能使家庭成员养成不良的品性,还可能使这些不良品性受到强化而有碍于个体的健康成长。

(五)筛选功能

家庭环境影响和制约着未成年人个体的发展,而且先存的环境影响,对后来的多种影响具有一定的筛选作用。先存的优良环境,对个体可以形成一种身心健康的"保护层",对后来的不良影响起到抵御和消化作用,甚至可以化消极因素为积极因素。反之,若先存环境处于不良状况,后来的积极影响可能受到淡化处理,而消极影响却会得到强化。

(六)监督功能

未成年人几乎 2/3 的时间生活在家庭之中,家人尤其是家长的言行,随时随地给孩子以示范、影响,使家庭成了一种无形的"监督岗"。它具有时效快、有效时间长和经常不间断等特点。良好的家庭环境,随时随地对未成年人个体的言行起监督作用;而在不良的家庭环境中,连学校教育的多种监督措施,也往往会失去其应有的功效。

家庭环境对未成年人个体发展的影响，有正面和负面之分。要使家庭环境有利于个体的发展，必须按照教育原则加以优化，并通过教育活动进行调节。

三、家庭环境与家庭教育的关系

和家庭教育相比，家庭环境对于未成年人的发展具有较大的影响，尽管和家庭教育并不相同，但是二者相互联系，也相互制约。

家庭环境与家庭教育都具有育人功能，对于未成年人的发展而言具有重要的影响，家庭教育是孩子发展的基础，而家庭因素则占据了主导地位，家庭环境的影响尽管具有自发性，但是其影响效果却不容忽视，家庭环境对于孩子的影响，往往是潜移默化中影响孩子的未来发展，不同家庭环境下成长的孩子，心理倾向也会有显著的差别，心理特点存在较大的差异。有些孩子没有经过专门的训练，但是在家庭环境影响下，也会展现出一些特殊才能，例如父母都是教师，孩子的学习能力会明显提升，而父母从事一些音乐，美术等艺术行业，孩子在家庭环境的熏陶下，也会呈现出类似的才能。

家庭环境和家庭教育对孩子的发展具有积极影响和消极影响，二者不能相互抵消，家庭教育可以由家庭教育方式方法的不同产生不同的结果，家庭环境可能和家庭教育相互补充，促进孩子的良性发展，成为家庭教育的重要组成部分，也有可能和家庭教育相互矛盾，影响未成年人的未来发展。正是由于二者本身存在的两重性，家庭环境的优化便成了家庭教育学中必须研究解决的一个重要课题。

家庭环境和家庭教育对于孩子的影响是在家庭中多种因素的综合，而不是某一因素的单独影响，或者是简单的相加，家庭环境的影响是受多种因素的作用。它们作用下的中间环节最为重要的因素就是家长的言传和身教。家长本身的职业文化水平、家庭经营状况以及家庭结构等这些客观因素，都会转化成为家长对于孩子的要求，或者是反映到家长日常的思想、行为、态度等主观因素中，进而对孩子有潜移默化的影响与感染。父母教育和一些长辈教育之间往往也存在较大的差异，家庭环境的不同对于孩子的影响有较大的差别，良好的家庭环境使得教育效果明显提升，而家庭环境中存在的不良因素则会导致事倍功半，甚至使家庭教育无法发挥作用。成功的家庭教育需要家长的言传和身教，以及家庭成员彼此之间在教育上相互配合。

正是由于家庭环境和家庭教育之间存在既对立又统一的关系，我们会问：为什么同样的教育措施在不同的家庭会有不同的效果，为什么生活在类似家庭条件的孩子会有不同的成长道路之类的问题；对一些说来令人惊奇但却屡见不鲜的现象，如在一些条件十分优越的家庭竟然出现了没有教养甚至走上犯罪道路的青少年，而一些优秀学生、杰出人物，却出生在条件比较恶劣的家庭，等等，也就不难理解了。因此，要充分发挥家庭的教育功能，将改善家庭教育和优化家庭环境有机结合起来是必要的。只有以良好的教育为主导，家庭环境才可能优化；只有优化家庭环境才会出现真正良好的教育。优化家庭环境，发挥家庭环境的教育功能，以促进未成年人健康成长，也可理解为是实施境教。

第二节 家庭物质环境的优化

一、家庭物质环境概述

家庭物质环境在很大程度上体现为家庭物质生活条件，包括家庭的经济状况和与此密切联系的居住条件、生活设施等。家庭的物质生活条件是家庭生活的物质基础，是未成年人生存和发展必不可少的前提。人们为了生活，首先就需要衣、食、住以及其他东西；他们要接受教育，也有赖于一定的经济条件和物质条件。

二、家庭居住环境

居住环境作为家庭成员的生活空间，既直接影响子女和其他家庭成员的生活、学习、工作和身心健康，也像一面镜子反映了这个家庭人们的精神世界。古人说："一室不治，何以天下国家为？"这恰好说明优化居住环境的重要性。但优化并不要求华丽。尽管每个家庭因经济水平、住房条件各有不同，其布置标准不可强求，"室雅何须大，花香不在多"，使住房布置得体，并保持整齐清洁、空气流通，这是一般家庭都可以做到的。它有利于家庭成员养成良好的生活方式，提高生活质量。优化家居环境的基本要求是：

（一）布置得体

布置得体，指的是室内家具及其他陈设与家居面积协调、恰到好处。如房间面积小，家具就要相对地小一些、少一些、实用一些，最好采用组合式或折叠多用的，橱、椅子、桌子相应地集中在一个范围，尽量留出一些空间和活动余地；家具的摆设既要考虑实用，方便生活、学习，还得井然有序，给人以美感，起到陶冶性情的作用；此外，还要考虑盆景花卉如何放置，室内整体色彩如何设计等问题。科学研究表明，颜色对人的"开智"与"抑智"有相当重要的作用。红色使人激动，绿色使人柔和，蓝色使人沉思，米色使人轻松，黄色使人幻想，灰色使人消沉，黑色使人压抑，白色使人神往。如用科学配比的方法，形成最佳颜色氛围，并根据需要定期刺激，将对发展儿童的智力大有好处。

（二）整齐清洁

整齐清洁的居住环境，既可保障家人身体健康，还能给人舒适、亲切之感，造成和谐、美观的气氛。相反，污浊杂乱的居住环境，不仅不利于家庭成员的身体健康，而且还使人心情烦躁、抑郁，容易养成松懈、懒散的不良习惯。有人做过实验研究，结果表明，结构与形式相同的住房，物品放置杂乱无章、垃圾积存时间长、灰尘较多的家庭，室内空气中的细菌数比整洁的家庭要高2~5倍。室内整洁的家庭，家庭成员传染性疾病的发病率比不整洁的家庭要低12%~30%。由此看来，朱柏庐的《治家格言》把"黎明即起，洒扫庭除，要内外整洁"作为开宗明义第一句，是有其道理的。

（三）空气流通

布置得体、整齐清洁是有形的，而空气流通是无形的，同样需要注意。美国环境保护署的一位工作人员曾做过一次试验，结果使人感到意外：环境污染程度最严重的地方既不是街道，也不是工厂区，而是自己家里。据分析，不但煤气、煤油炉的燃烧，而且吸烟等，都会给空气中增添多种对人体有害的物质。如果室内有一个人不停地抽烟，那么室内空气的污染程度将超过一个工厂在24小时允许排出的总污染量。空气污染对人的情绪和健康的不良影响是众所周知的，为了孩子和其他家人的健康，一定要注意保持室内空气清新，尽量防止有害气体进入居室。

此外，室内采光、照明、湿度等也值得注意。

三、孩子的"自由领地"

让孩子拥有一块可以自己支配的空间，有助于他们从小形成自主意识，逐步培养自理能力、劳动习惯和创造能力。

居住条件良好的家庭，应该为孩子提供一个安静、独立的房间。孩子的房间，除遵循优化居住环境的一般要求外，还应注意孩子健康成长的一些特殊要求。如卫生，白天光线充足，晚上照明适当，桌椅高度与孩子身高比例合理；安全，消除可能导致电、烫、磕、绊、挂等一切隐患；益智，注意思想性、知识性、新奇性统一，能引起孩子的学习动机；富于童趣，既适应儿童、少年的年龄特点，又切合他们的气质、性格、爱好等个性特点。可考虑给孩子设三柜和一个小园地。三柜，一是书柜（或书架），孩子的书都要整整齐齐地立起来，便于取用和存放，从这里培养爱书的习惯；二是玩具柜，把新、旧玩具整齐地摆入柜内，玩厌了的旧玩具，过段时间再玩，又会感到亲切、新鲜；三是工具柜（工具箱），存放适合孩子用的小剪刀、硬纸片、电池、电珠等等，让孩子制作、试验感到方便。小园地就是在墙上挂一块小黑板或设一个表扬栏，小黑板供孩子画画、认图形、认字、学词句；表扬栏可记载孩子的进步。

如果缺乏上述条件，也应设法让孩子有一点可以自己支配的地方，如提供小睡床、小书桌、小书架、小玩具箱等，并尽可能使这些"自由领地"不受别人干扰。孩子有了自己活动的小天地，他的精神生活经常处于最佳状态，就会玩得有意义，学得有兴趣。

四、家庭经济管理

家庭物质环境的优化，有赖于一定的经济条件和正确的教育观念，还有赖于对家庭经济的科学管理。同样的经济收入，有的家庭日子过得美美满满，有的家庭却缺这缺那，而且因为经济问题造成人际关系上的矛盾。现实生活中这类司空见惯的现象，足以说明家庭经济管理的重要。

家庭经济管理包括经济收入和经济支出两方面的管理。家庭经济收入的管理大致有以下几种形式：一是各家庭成员把收入放在一起使用，称为合作式；二是家庭中有一代人或几个成员没有经济收入，要靠另一个或几个家庭成员尽义务供养，称为赡养（抚养）式；三是两代家庭成员都有经济收入，在一起生活，家用以一方经济为主，另一方以一部分经济收入补贴，称为贴补式；四是虽是一家人，但经济核算各管各，称为独立式。对家庭经济支出的管理，从管理形式上说，有自由式、协商式、独断式等几种类型；从消费结构上说，一般包括生活资料（指维持和延续人们生命的基本生活资料），发展资料（指能发展人们体力、智力的生活资料）、享受资料（通常指家庭成员用于物质享受和精神享受的生活资料）。家庭经济收入和支出的管理形式不同，家庭关系、家庭气氛会有所不同，对未成年人的心理发展也会有不同的影响。而家庭消费有无计划，消费结构是否合理，发展资料消费所占的比重多大，对他们的影响更为直接。

在一般的家庭中，管理好家庭经济，要求做到：

（一）勤俭持家

勤俭持家，是我国劳动人民的优良传统。继承和发扬这一传统，一方面是要勤，通过辛勤劳动、工作聚财；另一方面是要俭，理财、购物精打细算。当然，不同的家庭，经济条件不同，具体要求也不同，但量入为出，消费水平不超过经济收入水平，是共同的基本原则。勤以防惰，俭以养德；由俭入奢易，由奢返俭难。这些古训，既是兴家之道，也是家教的重要内容。形成勤俭持家的家风，对未成年人从小养成良好的品德，学会安排家庭生活，其影响将是极其深远的。

（二）合理消费

家庭的消费，应该提倡在勤俭持家的原则下，把重点放在满足正常的物质生活和精神生活的需要，尤其是父母和子女发展的需要上，力求消费结构、消费比例合理。对孩子的教育投资，要把握投入的度与量，既不因投入不足影响孩子正常成长，又不因盲目跟风学这学那，徒增孩子精神负担，浪费父母钱财；更不能无止境地满足孩子的消费欲望，让孩子沾染盲目消费、超前消费、高档消费、炫耀消费等不良习气。

（三）计划开支

既要勤俭持家，又要满足正常的物质生活和精神生活需要，这就要求计划开支，并掌握最佳的购物时机，采取正确的购物态度。一般来说，家中每月经济收入有多少，必要的固定开支要多少，用于子女智力投资的开支占多少，有哪些是弹性系数较大的可紧可松的非固定开支，理财者心中应该有数。购物时要懂一点供求关系和价值规律的常识，力求买到质量保证、价格便宜的商品，提高家庭消费的经济效益；还要考虑不同商品的消费功能，对低值易耗的日常消费品，不必多花时间、精力去挑选，而对那些价格较高，规格、性能有所不同，又不是急需的耐用消费品，必须慎重，不妨"货比三家"，以免造成不必要的浪费。

（四）民主管理

在现代家庭生活中，为了管理好家庭经济，父母要发扬民主作风，还可以适当地引导孩子参与管理。父母可以定期让孩子发表关于家庭经济管理的建议，话题如购物计划、如何省钱、如何花钱、菜单内容、礼物选择、房间摆设等。让孩子参与家庭经济管理，既有助于使他们从小养成勤俭务实的作风，更能培育他们对建设美好家庭环境的积极性和责任感。

第三节 家庭文化环境的优化

一、家庭文化环境概述

广义的文化，一般是指人类改造客观世界和主观世界的活动及其成果的总和。家庭文化作为社会文化的组成部分，是家庭和家庭成员在长期共同生活中形成的各种文化形态的综合体。它包括物质形态的文化、行为形态的文化和观念形态的文化三个层面。广义的家庭文化包括家庭教育，而相对于家庭教育的狭义的家庭文化环境，主要是指家庭文化设施、家庭生活方式、家庭成员对家庭生活、社会生活中各种事物、现象的评价和家庭观念等。在家庭生活中，人们的衣食住行用等方面，都存在家庭文化现象，每一个家庭成员都参与其中，受其制约。家庭文化活动具有时间可自由支配、内容可以自由挑选、形式可以多种多样等特点。家庭文化集文化传承、生活实用、凝聚协调、社会交往等多种功能于一体。家庭文化环境各层面之间，家庭文化环境与家庭物质环境、家庭心理环境之间相互联系、相互渗透，深刻地影响家庭和未成年人个体的生存与发展。如果说，家庭物质生活贫困可能导致家庭和孩子的生存危机，那么，家庭文化生活贫困则会给家庭的幸福和孩子的发展带来严重影响。

家庭文化是从属于社会文化的亚文化。家庭文化从内容到形式，都受到社会制度文化、民族文化、阶层文化和区域文化等的制约。家长是家庭文化的创造者和传播者，优化家庭文化环境，建设健康、文明、积极的家庭文化环境，是家长的重要责任。家长应重视提供有利于未成年人发展的家庭文化设施，建立健康文明的家庭生活方式，形成与时代精神融合的家庭舆论，树立积极的家庭观念，努力营造一个与现代社会生活合拍的家庭文化环境。

二、家庭文化设施

随着物质生活条件的改善，家庭文化设施将逐步增加，而且档次随之提高；家庭文化消费在整个家庭消费中所占的比重将逐步增大，甚至可能超过物质生活的消费。这是现代社会和家庭文明进步的一个标志。不同的家庭，由于经济条件和文化素养不同，文化设施会有很大的区别。一般来说，家庭的文化设施，既要考虑家人在家里休息、娱乐的需求，以发挥家庭的休息、娱乐功能，也要着眼于成年人的继续学习和未成年人的全面发展，以发挥家庭的教育功能。

家庭文化设施包括报刊、书籍、计算机、音像设备和乐器、游戏器具、体育器械等。其中，书刊、电视机和计算机的使用特别值得重视。

（一）丰富书刊

书籍、报刊等精神食粮在家中是必不可少的。俄国著名作家高尔基曾经告诫人们："要热爱书，它会使你的生活轻松；它会友爱地来帮助你了解纷繁复杂的思想、情感和事件；它会教导你想着别人和你自己；它以热爱世界、热爱人类的情感来鼓舞智慧和心灵。"家庭若建立小"图书馆"或图书架、图书角,逐渐增加其藏书量,吸引孩子在课外时间和假日把注意力集中到课外阅读上来,这不仅对孩子丰富知识、开阔视野、陶冶情操、净化心灵大有好处,而且有助于推动成年人的继续学习和提高家庭文化生活的品位。家长要针对不同年龄阶段孩子的特点,为孩子选购类别多样、内容健康的书刊,并成为孩子读书看报的楷模。某些富有的家庭,室内装修富丽堂皇,高档次的摆设和娱乐设施应有尽有,而高品位和适合未成年人的精神食粮却贫乏得很。这种家庭文化,对未成年人的发展带来的益处是有限的。

（二）控制电视

目前,电视已成为孩子课余生活不可或缺的媒体。好的电视节目,可以给孩子带来欢乐,提供知识,还能引导孩子产生好的行为,是家庭教育活动的重要一环。但孩子如果沉迷于电视,却会给身心造成损害。有关专业人士认为,"电视病"的症状包括:电视荧屏上的静电会使皮肤产生变化甚至受到伤害；一边吃东西一边看电视会使胃肠紊乱；每天看电视3小时以上者有可能患胃下垂或消化性溃疡和视力减退；长期看电视不运动则容易患上肥胖症,还会使人被动、懒惰、不爱动脑筋,变成"坐巢蜘蛛"和"沙发上的傻瓜"；至于许多电视节目误人子弟,更是贻害无穷。教育专家曾发出警告:"如果电视不改变今天的现状,那么它会造成整整一代人成就不佳。"

孩子看电视时,家长也要注意引导,主要是:①注意孩子看电视的卫生,如多吃含维生素A的食物。②调整好电视的位置,电视机的亮度、音量适当,看电视后洗脸、做广播操。③帮助孩子选择适合其收看的节目,避免不良节目对孩子的影响。④定期抽时间和孩子一起收看,注意孩子看电视的表情、感受,利用电视节目和孩子展开讨论,以培养孩子的辨析和表达能力。

三、家庭生活方式

家庭生活方式是指家庭成员在家庭生活方面的追求倾向和行为方式,具体表现在饮食、起居、行为举止、人际交往、闲暇利用等方面。家庭生活方式受一定社会的经济、政治、文化的影响,又取决于家庭结构和家庭观念,家庭结构属客观因素,家庭观念属主观因素,二者相辅相成,作为家庭自身最基本的因素决定家庭生活方式。因此,不同的时代,不同的家庭,不同的家庭成员,有着不同的家庭生活方式。形成健康文明的生活方式,是优化家庭文化环境的最重要一环。

（一）良好的饮食习惯

良好的饮食习惯,主要做到四点:

1. 保障饮食卫生

吃饭定时定量,不准孩子抽烟、喝酒,大人力戒抽烟、酗酒等不良嗜好。

2. 注意食物营养

如保证家庭成员身体生长发育、增强对疾病抵抗力所需要的各种营养素,注意各种食品的合理搭配,防止孩子偏食和盲目推崇各种高级补品。

3. 改善烹调方法

既要达到消毒灭菌,还要增进食欲,尤其要注意保持营养,避免营养大量流失。

4.形成和谐的饮食氛围

吃饭时,不说不愉快的事,不责骂孩子,不让孩子边吃边玩,等等。

(二)合理的作息制度

家庭生活起居,要做到爱清洁,有规律,力求秩序化、制度化,这一点对未成年人来说尤其重要。正如马卡连柯所说:"如果没有合理的、得到彻底实行的制度,没有行为范围的合法界限,任何高明的语言都弥补不了这种缺陷。"因此,孩子在一天里,什么时候起床?起床后干什么?上学前、放学后应当怎么样?饭前、饭后怎样讲究卫生和尽点义务?什么时间学习、游戏、看电视、玩计算机?学习、休息、玩耍、准备睡眠时注意些什么?如何自理?等等,都要有明确的要求,并使之逐渐养成习惯。

(三)文明的言行举止

文明的言行举止主要表现为:一是语言文明得体,即使用礼貌用语,并注意说话的态度、方式,做到和气、文静、谦逊,不讲粗言、脏话,不强词夺理,不恶语伤人;二是举止动作优雅合适,坐有坐相,站有站样,爽直而不粗鲁,活泼而不轻佻,恭敬而不迂腐,轻松而不懒散,不出现让人家感到不舒服的举动。文明的行为举止,常常表达人们美丽、高尚的心灵,有助于人们之间关系融洽、和睦、协调,有助于形成良好的家风,更有助于未成年人从小养成良好的品德和行为习惯。

(四)积极的人际交往

人际交往是人类所特有的需要,即使是婴孩也不例外。人们之间往来,不仅是为了寻求帮助,而且也是为了满足精神上的需要。家庭成员之间,主要通过饭桌交谈、影视讨论、远足旅游、购物参观、家庭应酬、文体活动等形式进行人际交往。家庭人际交往的范围很广,除了家庭成员,还有亲戚、朋友、师长、同学,等等。积极的人际交往,基点在于互相尊重,具体表现为:礼貌待人,尊重别人的权利,尊重别人的人格,尊重别人的意见,尊重别人的劳动,尊重别人的兴趣爱好,等等。

(五)丰富的闲暇文化生活

所谓闲暇,在广义上可以理解为业余时间、课余时间;而狭义上的闲暇,指的是业余时间、课余时间中除了家务、教育子女、课业等时间以外真正能按照个人意愿休息、娱乐和满足多种需要的时间。闲暇既是为了"休息",松弛紧张的身心,更是为了"发展",以满足个人爱好,发展个人特长。随着社会经济发展、科学技术进步、工作时间缩短、劳动制度灵活、生活条件改善以及人们价值观念变化,闲暇时间的占有和利用,日益引起人们的关注。在一些发达国家,还形成了"闲暇文化""闲暇教育"等概念。

现代家庭闲暇文化生活丰富多彩。从内容的角度,可概括为十个方面:广播、电视、录音;电影、戏剧、音乐、舞蹈、曲艺;图书、报刊、网络;体育活动;旅游、逛公园、摄影;书法、绘画、写作;乐器、歌唱;棋类、扑克;集邮、收藏;种花、喂鸟、养金鱼等。当然,各个家庭的具体情况不尽相同，有的家庭充满了文学气氛，有的家庭却是医学世家、艺术世家或体育世家，而农艺、园林、花、鸟又成为另一些家庭业余生活的主要内容。

影响家庭闲暇文化生活的因素很多，如经济因素、时间因素、文化因素、居住条件等。随着社会文化事业尤其网络文化的发展，人们闲暇生活的空间将愈来愈广阔，活动的选择将愈来愈个性化。但时下社会文化场所包括一些面向未成年人的文化场所市场化，大多趋向重经济效益，轻社会效益；而有效的管理、监督缺失，不良的诱惑难免。家庭闲暇文化生活的具体安排，要从实际出发，尽可能以活泼、自由的形式，达到提高自我、完善自我和激励自我的目的；通过提高家庭闲暇文化生活的层次与质量，加大家庭文化中的知识含量和高雅的精神文化含量。具体来说，要符合以下基本要求：

1. 健康

即有利于家庭成员身心健康。在社会文化良莠并存的情况下，要特别注意吸纳社会积极文化，抵制低级、腐朽的消极文化。

2. 益智

即有益于成年人继续学习和未成年人心智、品德发展。

3. 适中

即适可而止，以免影响家人尤其是未成年人的学习和休息。

家庭是儿童青少年的第一休闲场所，家长是儿童青少年闲暇教育的第一责任人。家长要重新认识课余生活的价值，增强闲暇教育观念。国外学者布洛南的研究表明，学生参与正当的休闲活动具有以下功能：①使学生有机会体验成就与能力；②促进创造力与自我表达；③使学生自我成长与自我界定；④使学生自我实现与发现个人的人生意义；⑤发展个人特质与人格；⑥发展人际与社会技巧；⑦达到或维持心理健康；⑧促进学业进步。

四、家庭舆论

家庭舆论指的是家庭成员在家中对家庭生活、社会生活中各种事物和现象做出的评价及所形成的社会心理氛围。家庭舆论对每个家庭成员具有熏陶、感染作用和一定的约束作用，它是维护家庭这个群体的一种"凝聚剂"，同时也是衡量家庭文化层次的重要尺度。家庭舆论体现着家庭成员的理想信念、价值取向、道德准则和心理状态等内在品质，因而有正确与错误、积极与消极、健康与不健康之分。正确、积极、健康的家庭舆论，能增进家庭幸福，推动孩子积极向上，成为对社会有用的人；而错误、消极、不健康的家庭舆论，则可能导致因分不清是非、善恶、美丑而迷失方向，甚至可能把家庭推向不幸的深渊。

营造正确、积极、健康的家庭舆论，家长要解决好羡慕什么，鄙视什么，什么看得重，什么看得轻等问题，要站得高一些，看得远一些，不能太世俗化；在家里要多讲社会上的正面新闻，少讲负面新闻，多聊聊那些既让人长知识，又让人开阔心胸、提升思想境界的话题，让孩子的心灵充满阳光；当着孩子的面，不说别人"不好"之类的话，要多讲别人的优点、长处、恩德，使孩子学会与人相处。受各种因素的影响，人的情绪有喜怒哀乐，但不管什么时候，家长在孩子面前，都要抑制悲观消极情绪的流露，要说乐观向上的话，成为孩子的主心骨，培养孩子积极进取的精神状态。

社会的急剧变革，必然给人们的理想、信念、价值取向和道德准则带来深刻的变化，因而也影响着家庭舆论。处在社会转型时期的中国家庭，对家庭生活、社会生活中各种事物和现象的评价，对与教育观念有直接联系的人才、儿童、亲职等的看法，祖辈、父母辈、子女辈之间往往存在世代差异，甚至出现矛盾、冲突，即使同辈之间也不尽一致，这是社会文化急速转变中出现的必然现象。长辈的责任，不在于居高临下地强制晚辈顺从权威，而是以民主平等的态度，坦诚地与晚辈交往、沟通，力求彼此间的评价、看法合乎时代精神，与社会进步趋向相一致，使家庭舆论纳入正确、积极、健康的轨道。

五、家庭观念

这里所谓的家庭观念，是指关于家庭如何生活的观念以及有关家庭结构、家庭成员行为、家庭成员之间关系的看法、观点和信念。时代不同，社会文化背景不同，人们的家庭观念也有所不同。日本有些学者把从根本上决定家庭生活各个方面的一般性家庭观念区分为扩大家庭主义、核心家庭主义和非家庭主义（个人主义）三种类型。扩大家庭主义把家庭整体利益放在第一位，家庭成员个人利益放在第二位，家庭整体利益优先于家庭成员个人利益。这类家庭观念，过去在东方文化传统的国家一直占有优势地位。核心家庭主义漠视家产、门第、祖业等观念，只以一代核心家庭成员的幸福为目标。许多资料表明，美国和西欧、北欧是核心家庭主义社会。非家庭主义完全否定家庭，不承认家庭存在的意义。具有这种家庭观念的，目前在任何社会里都是少数人，但今后将会有所发展。

中国社会长期占优势的传统家庭观念，是扩大家庭主义观念。随着社会变迁，这类家庭观念正在淡化，并逐渐为核心家庭主义所取代，比较明显的表现，如家长权力衰退，成员民主扩大，子女交往、择偶自由，男女平等，等等。这是社会文明进步的必然趋势。然而，这并不意味着对传统家庭观念的彻底否定。许多调查结果表明，现代人外在生活方式与传统社会已有差异，但是深层次的家庭观念、家人关系等传统的价值观仍受到相当的肯定。传统家庭观念中孝敬父母、尊老爱幼、赡养老人等观念和行为规范，还是得到继承和发扬。至于非家庭主义的家庭观念，其发展趋势如何，有待进一步研究。但对已经建立家庭的成年人而言，接受这种非家庭主义的家庭观念，将会给家庭幸福和子女发展带来不可估量的负面影响，这是毋庸置疑的。

处在社会转型期的今天，家庭这个社会的"细胞"不断充满新的活力，其出路首先在于转变家庭观念。改革开放的社会环境，使家庭的结构、功能、活动内容和形式发生急剧变化。对此，许多家长未能从观念上主动适应，许多家庭仍是家长"一言堂"，子女没有多少说话的权利，变成实现父母理想的"工具"和"机器"。这些错误的传统观念，禁锢了人们的自我意识，扼杀了人们的个性，阻碍了新一代的自由成长和进步，从而也给社会发展带来不良后果。有中国特色的现代化家庭，应当冲破落后、保守的传统观念束缚，让现代的、民主的、自由的清新气息吹进家庭，多点民主，少些专制，夫妻之间、长幼之间、亲子之间相互看成是具有独立人格的平等的个体，建立民主、平等、相互尊重、团结向上的积极关系，这是现代社会所彰显的积极的家庭观念。

第四节 家庭心理环境的优化

一、家庭心理环境概述

家庭对于家庭成员而言，不仅是一个生活场所和文化实体，还是心理归属的群体。家庭成员个体在心理上对家庭具有终身依赖性，而家庭心理环境则是个体心理的"减震器"。

家庭心理环境也叫家庭心理氛围，它是指在一定的家庭物质环境和文化环境下，家庭成员在家庭生活中逐渐形成的感受、情绪和态度等心理状态的总和。它由家庭的人际关系所决定，洋溢在家庭这一特定的环境中，具有一定的相对稳定性。

家庭中亲子之间的互动及影响，始终是在一定的家庭心理氛围下发生的，因而它既是家庭幸福或不幸的一个重要标志，又直接影响未成年人个体的发展和家庭教育的效果。民主的、平等的、和谐的家庭关系、家庭气氛，有利于孩子形成热情、活泼、乐观、善良、有礼貌、情绪稳定、善于交往等特点；专断的、紧张的、经常有冲突的家庭关系、家庭气氛，不但难以保证孩子正常的生活和教育条件，而且会使孩子感受不到家庭生活的愉快和温暖，导致严重的心灵创伤，使他们变得冷漠、自私、性情暴躁、缺乏同情心。由于家庭心理环境比物质环境和文化环境具有更为浓烈的感情色彩，因而对家庭成员尤其是对未成年人有更强的影响。

美国一位心理学家曾对4000名儿童做了调查，结果表明，生活在常有笑声的家庭中的孩子，智商都比父母不和的孩子要高。究其原因，一是孩子可以在不受清规戒律束缚的环境中，毫无顾虑地提出自己的见解，这对儿童思想的成熟、智力的发展、认知的巩固有深远的影响；二是儿童性格开朗，求知欲旺盛，从而促进脑细胞发育；三是父母有充沛的精力来培养孩子的兴趣，对提高孩子语言能力和社会活动能力起到早期教育的先导作用。

家庭心理环境有好坏之分。良好的家庭心理环境的主要标志是：家庭主要成员在家庭这个群体中有安全感、幸福感；乐于与家人一起；能为家庭承担一定的义务、责任；彼此互相关心、爱护、理解和尊重。这种良好的心理环境的教育价值在于：有利于亲子之间的沟通；有利于儿童获得安全感；有利于儿童发展独立性、求知欲和探索精神；有利于儿童的情绪调节与情绪成熟；有利于儿童社会交往与社会适应能力的发展；也有利于父母教育影响的发挥。

良好心理环境的形成，需要有一定的条件，而最重要的条件是家庭关系正常化。为了优化家庭心理环境，必须建立团结、合作的家庭关系，营造和谐、温馨的家庭气氛，保持合理、适中的教育期望，正确处理、解决家庭冲突。

二、家庭关系

家庭关系是家庭中各成员之间的关系，即家庭人际关系，包括夫妻关系、亲子关系、兄弟姐妹关系、祖孙关系、婆媳翁婿关系、叔嫂妯娌关系等。其中夫妻关系、亲子关系是最基本的关系。

家庭关系具有自然的和社会的两种属性。自然属性指的是性别和生物学上的血缘关系，社会属性是指决定家庭的性质、特点、作用及其发展变化的物质关系和道德关系。这种由婚姻血缘带来的自然的人际安排，在一定社会文化背景下，赋予每个人特有的地位、权利、责任和义务；而这种社会角色的不同，又导致了每个家庭成员的认识、情感、个性等心理特点的不一致性。这些，在家庭成员互动过程中，不可能不对个体产生影响。

现代社会家庭关系的类型形形色色。从法定的关系看，家庭关系包括婚姻关系和血缘关系。夫妻关系是法定的婚姻关系；亲子关系、兄弟姐妹关系是由婚姻关系派生出来的法定的血缘关系。家庭关系中可能还有一些其他关系，如收养关系，这是血缘关系的变种；至于祖孙关系、婆媳翁婿关系、叔嫂妯娌关系等，归根到底离不开婚姻关系和血缘关系。家庭成员之间这种法定的婚姻关系和血缘关系，可以称为静态的家庭关系。如果按家庭成员在一定时期内的实际关系来划分，可以称为动态的家庭关系。我们研究家庭关系的优化，就是在静态的家庭关系范围内，着重研究动态的家庭关系，以促进理想的家庭关系的形成，使家庭和谐幸福，孩子健康成长。

社会学研究表明，在静态的家庭关系中，夫妻关系是核心。保持良好的夫妻关系，是保持良好的家庭关系，使家庭生活正常发展的先决条件。夫妻关系处理得好，其他关系问题都容易解决；如果夫妻不和，就会引发一连串的矛盾冲突。

正常的夫妻关系，具体体现在以下几个方面：一是爱情关系。夫妻结合的基础应该是爱情而不是其他，只有建立在志同道合基础上的爱情，才是真正的、充分的、牢固的爱情。二是经济关系。夫妻共同负起经济上的责任，参与经济上的管理，以维持家庭生存和发展的需要。三是法律关系。为保持夫妻关系相对稳定，法律规定了夫妻关系不得轻易解除，并且规定了夫妻双方必须承担一定的义务，这是夫妻共同遵守的带强制性的社会行为规范。四是互助关系。夫妻是终身伴侣，他们在思想上、生活上、工作上、学习上互相帮助，共同走过人生漫长的道路。爱情关系是夫妻关系的基础。

为了孩子健康成长，也为了自身生活幸福，父母和未来父母都应珍惜婚姻，经营好婚姻，建立和保持良好的夫妻关系。这主要从以下几方面着手：

（一）建立良好的婚姻关系

建立良好的婚姻关系是建立良好夫妻关系的前提。而做到这一点，关键在于婚前相互了解和择偶标准合理。每个准备结婚的人婚前必须思考回答以下问题：你究竟爱他（她）什么？他（她）是不是一个正直的可以完全信赖的人？你和他（她）是否志同道合？你是否确切地了解他（她）的过去情况和家庭情况？你和他（她）有没有相同的价值观？结婚以后在工作上能否互相帮助，经济上能否互相合作，发生矛盾时能否互相谅解，遇到困难时能否互相扶持？对这些问题，只有真正在思想深处有了明确的回答,才算有了一定的爱情基础,才有可能建立和保持良好的夫妻关系,也就是古人所说:"慎其始,才能善其终。"

(二)遵循夫妻关系的道德准则

保持良好的夫妻关系,有赖于法律保障,更有赖于道德支持。国内曾倡导夫妻之间要"互敬、互爱、互信、互勉、互帮、互让、互谅、互慰"。这"八互",继承了中华民族有关家庭道德的优良传统,又符合现代化家庭生活的实际情况,核心是平等相处、互相尊重。

现代社会的夫妻关系不是主从关系,而是平等关系。夫妻之间,"大男子主义"固然不对,"气管炎"(妻管严),"夫人专政"同样不正常。夫妻之间还应当互相尊重,包括:尊重对方的人格,遇事共同商量,共同负责,不随意责骂、伤害对方;尊重对方的工作、劳动,承认对方工作、劳动的社会价值和为家庭做出的贡献,不因为自己的"工作好""地位高"就傲视、贬低甚至埋怨对方;尊重对方的兴趣、爱好,双方兴趣相投固然好,若有不同,只要有益无害,就应受到尊重,不要单从自己的好恶出发干涉、限制对方,甚至强制对方服从自己;尊重对方的人际交往,双方都有自己的朋友和工作上的往来,只要正常,就要互相信任,不能因对方与异性接触就"吃醋",胡乱猜疑;尊重对方之隐私,夫妻间需要互相了解,同时又要承认对方有隐私的权利,不要强求对方任何事情都得和盘托出,毫无隐瞒;尤其要尊重对方的感情,恪守婚姻誓言,遵守婚姻关系规范,不说伤害对方感情的话,不做伤害对方感情的事,更不能有背叛对方的行为。

三、家庭气氛

家庭气氛也称家庭心理氛围,指的是家庭环境中,在家庭关系基础上形成的某些给人强烈感觉的情调与精神表现,如情绪、秩序、互动等状态。一般来说,良好的家庭气氛应该表现为:家庭成员和睦相处、平等相待、互相关心、互相信任、互相支持、互相体谅。国外有些学者认为,良好的家庭气氛,包含这样一些因素:团结性与相互责任感;家庭成员互通关于各自计划的信息;家庭的组织性、集体主义情感,或者称为"感受我们"的情感。这种家庭气氛以团结合作的家庭关系为基础,既是家庭成员相互作用的结果,又是他们协调活动的调节器。有了和睦、温馨的气氛,家庭便真正成了可以停泊心灵之舟的"避风港",家庭幸福也就有了可靠的支柱。置身于这种心理氛围,心理无须设防,即使外界风雨交加,电闪雷鸣,屋子里仍然是温存的、平安的、亲切的、惬意的。

(一)让家庭充满爱

家庭和睦、温馨的基础在于爱。家庭因爱而缔结、组成,因爱而维系、发展。夫妻间的爱,是爱情;亲子间的爱,是亲情。爱是家庭的轴心。只有爱,才能联络家人感情,沟通思想、信息,从而达到互相理解、体贴,使家业兴旺发达;只有爱,孩子置身于家中才会感到温暖、幸福、愉快,感到被爱、被尊重,从中也学会如何爱他人,尊重他人,从而增强自尊和自信,更好地健康成长。

(二)营造和睦温馨的家庭氛围

构建和谐社会,首先要从和谐家庭开始。而家庭是否和谐,取决于每个家庭成员对家庭的归属程度和幸福感受。为了密切家庭成员之间的感情，营造和睦、温馨的家庭气氛，国外研究者提出如下建议：①爱每一位成员，使家庭生活能给每一位成员留下最美好的记忆。②努力互相了解，相互询问彼此感兴趣的问题。③分担家里的忧愁，增强对家庭的责任感。④晚餐桌上聚会，即使是最忙碌的家庭也要尽量做出安排。⑤制订挑战性计划，共同参与大家都喜欢的活动。⑥大人小孩同游戏，为家人提供欢聚一堂的机会。⑦常讲有关亲人的故事，给孩子一种归属感。⑧关心对方的工作和学习，让孩子理解大人离开他时在哪里，干些什么。⑨别让时空把大家分开，家庭成员离开家时采用多种办法保持感情联系。

营造和睦、温馨的家庭气氛，还必须在家庭生活中，无论从夫妻的角度，还是从父母的角度，避免步入误区，及时改善可能出现的各种不良的家庭气氛。

四、家庭教育期望

期望是个人基于过去经验和目前情况而对未来的预料或预想。父母对子女的教育期望，是直接影响个体发展的家庭心理环境因素。心理学上的"罗森塔尔效应"，同样适用于父母对子女的期望。

父母对子女有各种各样的教育期望，如品德期望、学习期望、身心期望、职业期望等。父母对子女的教育期望，是一种与子女学习志向、努力程度和学习成就构成正反馈的因素。这是因为，父母对子女的期望带有一种"隐蔽的强化作用"，它给予子女更多的关心、指导、鼓励、监督、评价，而子女则通过知觉和投射两种心理机制，有意识或无意识地受到良好的激励。之后又通过父母与子女之间循环往复的反馈作用，子女就能更深刻地感受父母的关怀和对父母的感激之情，于是，就产生较为持久的向上奋进的动力。同时，子女也不时地把自己与父母所期望的形象相比较，以此来调整自己的学习和生活目标，从而朝着父母所期望的方向发展。母亲的期望成就了伟大的科学家爱因斯坦，就是很有说服力的例证。

但是，不能因此就认为，父母对于子女的期望水平越高，则子女对自己的成就愿望就越强烈，其学业成绩、品德水平就越高，其他方面的发展也越好。在家庭教育中，必须区分期望水平与期望值这两个既有联系又相互区别的概念。期望水平是指父母所预料或预想的子女未来发展目标的高低，而期望值是指父母对子女愿望的目标达到的可能性，即成功概率。成功的可能性与目标的高低有关，但成功的可能性并不等同于目标的高低。因此，父母较高的期望，只有在子女经过努力可以达到的情况下，才会促使子女向着父母期望的方向发展。当今，面对激烈的人才竞争，有些父母"望子成龙"心切，单凭个人的主观意愿，想当然地设计自己的子女的未来，期望水平远远高于社会和家庭所能提供的教育条件，也远远高于子女发展的可能性。父母的期望水平与社会条件、子女条件、自身条件的反差，势必带来一系列难以解决的矛盾。父母力不从心，难免采用某些不当的教育手段，导致孩子发展受损，出现心理问题，走向父母期望的反面；严重的还可能引发孩子用极端的方式表示反抗，如弃学、出走、自残、使用暴力，酿成家庭悲剧。

要使父母的殷切期望转化为子女奋发向上的动力，父母应把握好对子女的期望。

（一）父母的期望适宜

1. 期望目标适宜

对子女期望的目标，既适应社会要求，又符合子女的年龄、个性等特点。如对正在上小学的孩子来说，中小学施行的是基础教育，而小学教育又是基础的基础。任何孩子，以后接受任何方面、任何层次的教育，都离不开这个基础。父母理应按学校要求，把学好各门课程、德智体和谐发展作为基本目标，全面地给子女打好基础，而不应以学习成绩或某方面智能作为衡量子女的唯一标准，更不应以自己的兴趣、意愿作为出发点，过早地为子女定向，设计一条自以为可让子女走向成功的路，逼子女去走。

2. 期望水平适宜

父母的期望水平必须以子女的实际水平为依据。期望水平不能太高，如果子女的实际水平总是远远低于父母的期望水平，父母就会对子女做出持续的否定评价，给子女带来心灵的伤害；而子女也会因无论怎样努力都达不到父母期望的要求而对自己产生否定的评价，甚至可能放弃努力，自暴自弃。当然，期望水平如果太低，子女伸手可及，潜能没有充分发挥而影响发展速度。适宜的期望水平应是略高于子女的实际水平，使子女在大多数的情况下经过努力可以达到。这样，对子女的实际水平便具备了挑战性的意义。

3. 期望强度适宜

期望的强度可以理解为对某一水平的期望的迫切程度。一般来说，它与期望水平是相对应的。影响期望强度的因素很多，如父母对期望的认识程度，父母的性格特点、文化水平，等等。在期望的水平适宜但期望的目标与子女的愿望不一致时，父母的期望强度应遵循最小足量原则，即在可以推动子女发展的强度范围内，取最小的量。这个强度既可能给子女的发展以足够的支持，又可能在最大限度上避免过强的期望给子女带来的不利影响，使子女容易接受父母的期望，不易产生逆反心理。

（二）将父母的期望转化为子女的意愿

父母的期望必须通过子女的努力去实现。父母的期望既可能给子女带来奋勇前进的动力，也可能带来不堪忍受的心理压力。只有当父母的期望转化为子女对自己生存和发展内在的需求，期望才有积极意义，并有可能变为现实。因此，父母要注意：

1. 激发子女动机

父母应当在充分认识子女的特点、兴趣和潜能的基础上有所期望，并在适当的时间和场合，与子女探讨实现期望的重要意义、必要条件和途径方法，以提高子女的认识，激发其主动性和积极性，有决心去实现父母提出的目标。

2. 鼓励子女自信自强

在探讨期望的过程中，父母以鼓励为主，让子女认识自己的长处和有利条件，接受父母的教育目标，增强实现目标的信心；同时也看到自己的短处和不利条件，下决心克服困难，实现父母的期望。

3. 引导子女自主选择

在父母期望与子女意愿发生矛盾冲突的情况下,同子女商量,一起分析子女的意愿和实际条件,充分肯定和尊重其判断和选择中的合理部分,并以子女的愿望为基础修正自己的期望,亲子间达成共识。

(三)引导子女把期望落到实处

为增强子女的信心,父母还要从实际出发,有实际行动,帮助子女一步一个脚印地把期望变成现实。如:

1. 把目标具体化

把实现目标的过程划分成若干阶段,并定下每个阶段要达到的具体目标。既有长远目标,又有中期的、近期的目标,父母心中有数,子女对自己该做些什么也明明白白,以免流于空谈。

2. 有达到目标的具体措施

如通过什么途径?时间如何安排?找什么人指导?家庭条件如何改善?经济投入问题如何解决?等等。

3. 定期给予评价

对已达成的给予肯定和鼓励;未达成的,帮子女找出原因,有针对性地给予具体帮助。

总之,父母实现教育期望的关键,在于让期望转化为子女自己的意愿,使其变成内在的动力;其内核是子女的自信、自爱、自尊、自强和自立。

第六章 家庭教育与儿童身心健康

身心健康是个体发展的重要方面，也是个体其他各方面发展和个体服务社会、造福社会的基础。家庭教育首先应保障儿童青少年的身心健康。

第一节 身心健康概述

一、现代健康的含义

健康，是父母养育未成年子女的首要目标。人类任何一个种族，不论宗教和政治信仰如何，经济和社会条件怎么样，都希望下一代尽可能享有高水准的健康。但什么是健康？什么样的人才是健康的？人们可能会有不同的回答。在传统观念中，身体健壮，没有疾病，就是健康。随着现代科学技术的发展，尤其是医学的进步，人们的观念正在发生变化。联合国世界卫生组织对人类的健康下了一个历史性的定义："健康不仅是没有疾病和虚弱，而且是有健全的身体素质和精神面貌，有良好的社会活动能力。"这一定义告诉我们，现代健康包含躯体无病、心理正常和社会适应良好三层含义。所谓躯体无病，就是身体发育正常，身强力壮，各器官如脑、心、肺、肝、胃、生殖器官等无缺陷和病变，生理功能完整，这是生物基础；心理正常，是指人的知、情、意和个性等心理特征协调而统一的、持续的心理状态，没有人格障碍；社会适应良好，是指能面对现实和适应环境，积极向上，有与别人建立和睦协调关系的能力。其中，后两者都属心理的范畴。

身体（或生理）与心理紧密相关、互为因果。身体健康是心理健康的基础和前提。心理健康是身体健康的动力，是智力发展和脑功能健全的标志。大量的科学研究成果和医学临床经验都表明，心理方面的错乱或生理上的失序，都会给另一方面带来负面影响。因此，儿童青少年只有身体（或生理）和心理两方面都健康，才能称得上真正的健康。

儿童青少年的身心健康是可以测量的，但测量的标准不能绝对化。身心健康并不是一种固定不变的状态，而是一个不断发展的过程。儿童青少年正处在身体旺盛生长、心理不断成熟的时期，婴幼儿期、童年期、少年期，有不同的发展速度和特点；同一时期，不同的人的情况也不尽相同。因此，很难确定一个很具体的普遍适用的健康指标。

就身体健康而言，现在已经有了比较客观的标准，但并不是绝对的。"体格健壮，精力充沛"

曾被作为一项重要指标，但怎样的体格、状态才算健壮和充沛？要把它具体化就不容易。因为它不仅是客观的状态，还有其主观的要求。如服兵役的体格检查标准和招生入学的体检检查标准不一样，飞行员与舞蹈演员这方面的要求也不尽相同。可见，身体健康的标准有一般和特殊之分。一般来说，儿童青少年能达到其年龄的平均发展水平，如身高、体重、各器官发育达正常指标，身体无疾病或缺陷，心跳、脉搏、肺活量、血压、血球数等正常，可谓之健康。

　　心理健康的判别标准问题更为复杂。因为这一问题同社会文化背景、人们对心理健康的理解有着密切的联系，至今在心理学界尚缺乏统一的认识，但一般都把心理健康的人所具有的特征作为标准。当代西方较有代表性的，是人本主义心理学家马斯洛和密特尔曼提出的心理健康的十条标准：①充分的安全感；②充分了解自己，并对自己的能力做适当的估价；③生活的目标能切合实际；④与现实环境保持接触；⑤能保持人格的完整与和谐；⑥具有从经验中学习的能力；⑦能保持良好的人际关系；⑧适度的情绪表达及控制；⑨在不违背团体的要求下，能做有限度的个性发挥；⑩在不违背社会成规之下，对个人的基本要求能做恰如其分的满足。

二、儿童青少年心理健康问题的普遍性

　　随着社会和医学科学的进步，儿童青少年躯体性疾病发病率逐年降低，一些威胁儿童青少年生命和健康的传染病、地方病以及营养不良等病症得到较有效的控制。但是，工业化和城市化趋势，人口向城市集中，造成住房、交通、就业、儿童入托入学等诸多困难；人们的传统观念与新观念的冲突、生活方式改变和生活节奏加快以及竞争加剧等一系列变化，给人群中最为脆弱部分的儿童青少年发育成长带来紧张因素，因此，儿童青少年心理卫生问题显得日益突出。

　　儿童青少年的心理健康问题，常以各种行为方式表现出来。一般来说，有心理健康问题的，男孩子多于女孩子，青春期多于童年、婴儿期，城市多于城镇、农村。心理健康问题有轻有重，较轻的，一般叫非精神性心理异常或心理偏差；严重的叫精神性心理异常或心理变态。

　　儿童青少年常见的心理问题有：

　　（一）学习方面的心理问题

　　主要表现为学习困难，注意力异常不集中，课堂上活动过度，控制自己的能力特别差。这方面的问题多见于学龄期孩子。

　　（二）情绪方面的心理问题

　　主要表现为情绪极为不稳定，常常大起大落，恐惧、紧张焦虑、孤僻忧郁、过分任性或冲动，暴躁易怒。

　　（三）品行方面的心理问题

　　主要表现为偷窃，经常打架斗殴，骂人，经常性说谎，逃学，家庭暴力，离家出走，攻击行为，恶作剧，破坏行为，等等。这方面的问题往往男孩多于女孩。

　　（四）不良习惯方面的心理问题

　　如习惯性抽搐、吸吮手指、咬手指甲、反复洗手、眨眼、皱眉、努嘴、挖鼻孔、耸肩等。

（五）神经功能障碍

包括排泄机能障碍（遗尿、不自主排便），言语障碍（口吃），进食障碍（抢食、贪食、厌食、异嗜、反复呕吐），睡眠障碍（梦游、梦魇、夜惊、失眠）和经常性头昏。

（六）青春期心理问题

主要表现为药物和酒精滥用，吸烟，早恋，性敏感和过度手淫，离家出走，冒险，自卑，嫉妒，孤独，苦闷，焦虑，自杀等。

三、家庭教育对增进儿童青少年身心健康的作用

儿童青少年的身心健康，受生理因素、家庭因素、学校因素、社会因素等诸多因素的制约。生长在不同家庭的儿童青少年，由于家庭物质环境、文化环境、心理环境和家长职业、道德素质、文化程度、个性特点、教育期望、教养方式等的差异，身心健康状况会有所不同。导致儿童青少年出现心理问题有多方面的原因。国内有的专家通过个案分析，得出小学生的问题主要来自家庭，中学生的问题主要来自学校的结论。国外心理学界则有这样的说法：青少年的问题，并非仅仅是青少年本身的问题，更多的是家庭的问题，或者是家长的问题。还有一些研究发现，儿童青少年的精神障碍问题有50%来自家庭，甚至成人的精神问题都可追溯到儿童期的家庭问题。这些论断的科学性有待进一步检验，毋庸置疑，家庭问题、家长问题实乃儿童青少年心理问题的主要成因。在国内最常见、最普遍的问题儿童、问题少年的家长，主要有这样几种：一是对孩子的期望过高，施压过大；二是平时溺爱孩子，使其形成唯我至上的心理，孩子出现了问题，又恨铁不成钢，对其表现急躁、愤怒甚至厌烦；三是缺乏应有的修养，忽视了"望子成人"的重要性，甚至自身给孩子一些负面影响。此外，父母关系不和，父母离异，家庭气氛不和睦，家长过分保护或过分严厉，与孩子缺少感情交流等，都会对孩子的心理造成伤害。而良好的家庭教育，可以避免或减少对孩子心理的伤害，满足或适应孩子认知、情感等心理上的需要，对增进儿童青少年身心健康尤其是心理健康起着极其重要的作用。

（一）有助于良好身体素质和心理素质的培养

家庭教育对儿童青少年个体发展包括身心健康起着奠基作用。身心健康的基础在于良好的身体素质和心理素质，即个体身心所具有的比较稳定的决定身心发展水平的基本要素。它既包括先天的自然生理要素，又包括在先天生理要素基础上经后天学习而形成的身心发展的各种基本品质。作为个体起始教育的家庭教育，对于个体身体素质和心理素质的形成，无疑是极其重要的。良好的家庭教育有助于良好身体素质、心理素质的形成；而家庭教育不良，将会在这些方面产生负面的影响。

（二）有助于身体疾病和心理健康问题的预防

对于疾病，我们历来提倡"预防为主"，对于儿童青少年心理健康问题也不例外。在制约儿童青少年身心健康的诸多因素中，家庭因素是极为重要的因素。父母的遗传素质，家庭的物质生活条件、卫生保健、生活方式等等，直接决定着孩子身体的生长发育；而家庭的自然结构、人际

关系、教养方式和父母的思想文化素质，则对孩子的心理健康有着深刻的影响。其他各种因素，也同家庭教育有一定的联系，有的还可以通过家庭教育给予一定的控制。良好的家庭教育，使孩子养成良好的生活习惯和行为习惯，学会必要的生理卫生、心理卫生知识，获得一定的"免疫"能力，这对于孩子生理、心理正常发展和掌握同各种致病因素做斗争的主动权，其作用是很明显的。

（三）有助于身体疾病和心理健康问题的治疗

对身体疾病和心理健康问题的诊断、治疗，一般需要由受过专门训练的医生、心理医疗工作者进行，但家庭在这方面并非无所作为。只要父母和其他年长者掌握有关的知识、技能，采取有效的教育手段，有些疾病和问题的治疗完全可以在家庭中进行；有些疾病和问题即使由专业人员负责治疗，也必须有家庭的密切配合，这样可以使之更加有效，心理健康问题的治疗尤其如此。近年来，国外提倡家庭疗法，强调从家长的角度来治疗儿童青少年的心理健康问题。因为，家庭是社会群体的基本单位，家庭成员之间的关系如何，不仅影响着各成员的身心健康，而且也影响着他们的工作、学习或生活。家庭中的一个成员出了问题，发生心理障碍，往往需要从整个家庭的角度来了解问题的根源和性质，才能做出有效的处理和治疗。儿童青少年要成长为一个社会人，具有什么样的个性特征和人际行为，更是深刻地打上了家庭的烙印。他们出现心理行为上的障碍，问题往往不在于其本人，而在于包括家庭关系在内的各种社会因素，它需要得到父母和家庭其他成员的配合才能妥善地解决。如果家庭情况包括家庭教育方式不发生显著变化，其心理健康问题是难以解决的。

第二节 家庭健康教育的起点

健康教育是家庭教育的重要内容。有效地进行健康教育，保障儿童身心健康，其重要前提是生育先天素质优秀的孩子，也就是我们常常所说的"优生"。优生是指运用遗传原理和一系列措施，消除人类中的遗传疾病及其他有害因素，生育先天素质优秀的孩子。

具体地讲，就是要实行优婚、优孕、胎教。

一、优婚

优婚，即慎重选择配偶。它指的并非恋人之间就品行、长相、风度、学历甚至地位、财产而做出的选择，而是围绕优生这个主题，对配偶进行以医学遗传为基础的选择。

（一）禁止近亲婚配

我国《婚姻法》明文规定，禁止直系血亲和三代以内的旁系血亲结婚。近亲结婚的危害，在于所生子女发生遗传病和遗传缺陷的机会明显增多，发病率高，不利于优生。遗传学研究表明，每个人的基因都可能有某种缺陷，甚至有隐性遗传病，在通常的随机婚配下，两个带同一疾病的携带者相遇的机会很少，后代发生遗传疾病的机会也很少。但近亲结婚的夫妇，由于有共同的祖先，从先辈继承某种病态基因的可能性、子女发生遗传病的机会便会大大增加，本来双方都不外显的遗传病，在其后代身上就可能"爆发"出来，成为外显的遗传病。因此，为了优生，必须避免近亲结婚。已经结了婚的有近亲关系的夫妇，必须冷静而严肃地听从医生的劝告，首先应做双方家族史的调查，如果家族中曾有患遗传病或先天畸形，本人也有染色体不正常或发育畸形的症状，应该避免生育。

（二）进行婚前检查

婚前检查是指结婚前对男女双方进行常规体格检查和生殖器检查，以便发现疾病，保证婚后的婚姻幸福。婚前检查和咨询在一些发达国家已经成为一条法律规定，双方结婚前要交换健康诊断书。在我国，也曾有过规定，但现在已由强制改为自愿。婚前检查包括由医生向男女双方进行详细的健康询问及家族遗传病史追询，并进行全身体检、生殖器检查及其他特殊检查。

婚前检查对于男女双方都有着重大意义：

1. 有利于双方和下一代的健康

通过婚前全面的体检，可以发现有对结婚或生育会产生暂时或永久影响的疾病，在医生指导下做出对双方和下一代健康都有利的决定和安排，从而达到及早诊断、积极矫治的目的。如发现有医学上认为不应当结婚的生理缺陷、麻风病等则不适宜结婚；如患急性传染病、结核病、精神病、血液病，严重心、肝、肾等病，也应暂缓婚期，待疾病治愈后再结婚。否则带病结婚，对夫妻双方以及其后代健康都极为不利。

2. 有利于优生，提高民族素质

通过婚前家族史的咨询和调查，结合体检所得，医生可对某些遗传缺陷做出明确诊断，并根据其传递规律，推算出"影响下一代优生"的风险程度，从而帮助结婚双方制定婚育决策，以减少或避免不适当的婚配和遗传病儿的出生。如先天性聋哑、失明、白化病、精神分裂症等疾病都有遗传的可能，如果夫妇双方或双方近亲中有患相同遗传病者，其后代的发病率相当高。基于婚前检查的结果，医生就可以给出受检双方是否适宜结婚、是否适宜生育的建议。

3. 有利于未来的家庭幸福、夫妻生活的和谐

婚前检查是对身体各部分包括生殖器官进行检查，这样就可以了解男女双方的生殖器官是否有先天畸形或异常。如果事先不检查、不治疗，会给夫妻双方带来痛苦。另外，在婚前检查和咨询中，医生还会对即将结婚的男女青年进行必要的性生活指导，讲一些性方面的知识，以便新婚夫妻健康、愉悦地享受两性生活。

4. 有利于主动有效地掌握好受孕的时机和避孕方法

医生根据双方的健康状况、生理条件和生育计划，指导他们实行有效的措施，掌握科学的技巧，为他们选择最佳受孕时机或避孕方法。对要求生育者，可帮助其提高计划受孕的成功率。对准备避孕者，可使之减少计划外怀孕和人工流产，为妇女儿童健康提供保证。

二、优孕

优孕包括孕前准备和孕期卫生保健。从优生的角度上说，孕前准备主要是选择一个最佳生育年龄和最佳分娩月份。

我国实行计划生育政策，提倡青年晚婚、晚育。据妇产资料证明，女子20岁前生孩子，由于盆腔组织及子宫尚未发育健全，分娩时易发生产道损伤和难产，合并妊娠高血压综合征的发病率较高，而且母龄越小则婴儿死亡率越高。提倡晚婚、晚育，并不意味着越晚结婚生育越好，而是指在最佳年龄结婚、生育。从医学的角度看，最佳生育年龄为24～29岁之间，这是生育旺盛的时期，妊娠分娩过程，一般都比较好。推迟生育年龄要适当，一般不要超过30岁，最晚也不要超过35岁。超过35岁以后的妊娠和分娩并发症会多些，骨盆底肌肉的张力也下降，这将会影响顺利分娩；而且妇女年龄过大，卵细胞发生畸变的可能性增加，畸形儿发生率也会上升。

最佳分娩月份决定于最佳受孕时间，一般以夫妻双方的精力、智力和体力达到最高点时受孕最好。从优生观点看，过度疲劳和酒后受孕都会给胎儿发育和健康带来不利。在受孕季节的选择上，首先要避开冬末春初，即11～12月及来年的1～2月，因为这段时间是病毒性疾病易发生的季节，同时受孕后产期正处在炎热的夏伏天，产妇易发生中暑，婴儿护理及喂养也会十分困难。而在3～4月受孕，使整个妊娠期处于春末及夏秋季节，能够为孕妇提供足够的新鲜蔬菜和水果，使胎儿发育所需要的矿物质和维生素等都能得到保证。

母体是胎儿生长发育唯一的环境。为了保证胎儿健康生长发育，母体在怀孕时期，除了保证足够的睡眠与休息，适度的运动和社交活动，保持良好的心境外，还应遵照医嘱，采取一些妇产医学的措施。

（一）充足的营养

孕期营养是优生的基础，妇女怀孕后，不仅本身需要足够的营养，而且还要满足胎儿生长发育需要的营养。由于孕期是胎儿脑细胞、神经细胞、骨骼生长的重要时期，因此，在妇女怀孕期间加强营养非常重要。应增加蛋白质和维生素的供给，孕期除食用足够的蔬菜和水果外，还应多吃鱼、肉、禽及豆制品等。要特别注意在孕期3个月以后，由于胎儿发育增长迅速，所需的营养素就会更多。如孕期营养不良，也容易发生流产、早产、死胎或胎儿畸形，或因先天不足，造成智力偏低。与此同时，孕妇还要适量地晒晒太阳，以利于钙的吸收，促进胎儿骨骼的发育。

（二）防止病毒感染

病毒感染不仅会损害母体健康，病毒还可进入胚胎血液循环，抑制胚胎细胞分裂，尤其是风疹病毒对胎儿危害最大，会导致胎儿严重畸形，如头小、双眼白内障、聋哑或先天性心脏病及发育障碍等。

（三）不可滥用药物

孕期还应注意不要随意用药，尤其是在怀孕5～8周时。各种镇静、抗过敏、抗癫痫、激素类药物及抗癌药，均有导致胎儿畸形的作用，过量的维生素A、维生素D，某些抗菌药物对胎儿均有影响。但孕妇有病也不能拒绝用药，应及时到医院诊治，在医生指导下用药。

（四）避免接触有毒物质

磷、铅、苯、砷、亚硝酸盐等化学物质都能导致畸形或致病；环境中的一些化学物质也应避免接触，如油漆、农药、杀虫剂等，都可影响胎儿正常发育，尤其是接触时间越长、量越大，对胎儿危害性就越大。

（五）严禁射线辐射

X射线、放射线同位素，可造成流产、死胎，存活下来的也会造成畸形。研究表明，受孕2周内下腹部接受X线照射，加剂量过多可导致受精卵死亡，6周内可致胎儿小头畸形、眼畸形、痴呆、脑水肿、脊柱裂、腭裂、骨盆及内脏异常等，故妊娠早期应禁X线照射。

（六）严禁吸烟、饮酒

烟对胎儿是毒品，其有害成分可以使染色体和基因发生变化，遗患后代。父亲吸烟时间越长、量越大，精子数量越少且畸形率越高；母亲吸进烟雾越多，越有可能造成胎儿的先天畸形，使死亡率上升。孕妇吸烟则胎儿受直接损害，烟草的有害物质通过胎盘达到胎儿体内，易引起流产、早产和胎儿死亡。酒精对生殖细胞和胚胎、胎儿的危害同样大。酒后受孕所生的小孩，往往智力不佳，身体孱弱。

三、胎教

胎教即对胎儿进行的教育，是优生的一项重要内容。所谓"胎教"，就其广义上说，指给予胎儿提供良好的生长发育的环境，一方面是合理的保健，以保证丰富的营养、适宜的温度；另一方面是给予良好的刺激，以促进胎儿生理、心理更好地发育。狭义上的"胎教"，是指后者，即对胎儿施行超早期教育。

胎教的实质是用各种方法，刺激胎儿身体脑皮层细胞的生长。胎儿在母腹4~5个月后逐渐成形，大脑迅速发育，并且有了听觉、触觉、味觉、运动觉等感知觉能力。这时如果让胎儿接受更多的外界刺激，能促进胎儿各种感知觉能力的发展，从而促进大脑发育、身体发育、智力发展。我们平时所说的胎教，就是要通过给胎儿适当的刺激，来达到这一目的。孕妇应不失时机地调整情绪，经常欣赏名画、美好的事物与大自然中美丽的山水花草鸟鱼等，从胎龄5个月开始对胎儿实施定期定时的声音和触摸刺激。声音包括经常聆听一些欢快、优美动听的音乐或活泼有趣的儿歌、童谣，用和畅的音调给胎儿唱歌、朗诵诗歌散文，父亲的语言、爱抚讲话；触摸包括孕妇本人或丈夫用于轻轻抚摸胎儿或拍打胎儿。这些刺激被胎儿感受后，可促进其感觉神经和大脑皮层中枢更快发育。

第三节 家庭生理保健与教育

胎儿从离开母体到长大成人，都要经历生育、养育、教育的过程。在三者相互联系、相辅相成的过程中，进行生理保健及这方面的教育训练，以确保子女身体健康，是为人父母者首要的也是常规的任务。尽管在不同年龄阶段这一任务的侧重点和具体内容有所不同，但注意身体保护与疾病防治，重视饮食、营养与生活节律，养成良好的卫生习惯和体育锻炼等，是最基本的。

一、身体保护与疾病防治

随着婴儿渐渐长大，有些危险会随之增加。如婴孩戴的帽子，不要有带子附在颈上，如果让他用手把带子抓下来，就可能会把头部勒住以致发生危险；衣服上的饰物和纽扣上如果钉得不牢，婴儿用口去咬，万一吞下肚里，也会酿成悲剧；甚至玩具若选择和使用不当，都潜藏着给婴儿造成伤害的危险。又如：孩子居住的房间里，家具是有方角的，窗户离地面不高，墙脚的插座不用时没用胶布盖上；在家里随便放着火柴、汽油、药物、杀虫剂等，这些都是潜在的危险因素。专家指出，为避免或减少意外事故的发生，家长应经常盘点家里存在哪些安全隐患，并积极采取措施，防患于未然。如家具尽可能靠墙摆放，确保牢固，以免孩子攀爬、推摇时弄倒家具被砸伤；桌角、茶几等家具边缘、尖角要加装防护设施，或者装修的时候选择边角圆滑的家具；菜刀、水果刀、火柴及打火机等用具，用后要妥为收藏；让孩子远离炉子、熨斗、热水瓶、热茶杯等；电视机等比较重的电器，要远离桌边，并且把电线隐蔽好，在平时不使用的插座上安上安全电插防护套；要注意藏好成人用的尖头用具，纽扣、电池、笔帽等小物件要放在上了锁的抽屉、箱子里；随时把塑料袋和小物件，比如针、坚果、硬糖和硬币等收好；不要把酒精、汽油、清洁剂、农药等装在饮料瓶中，并放在孩子拿不到的地方；不要把玩具拴在儿童床或护栏上，避免孩子有可能被绳子勒住而窒息；不要把幼童单独留在家中，或独自留在婴儿换尿布桌、浴缸、沙发、床、婴儿就餐椅、地板或汽车上；窗户上要安装一定高度的栏杆或加防盗网，且窗前不要摆放椅子、梯子等可供攀爬的物品。至于孩子走出家门，可能遇上的危险就更多，更难以预料了。为了避免意外事故，家长还要针对孩子在不同时期的年龄特点和生活实际，进行安全教育，使他们学会保护自己的身体。

孩子在不同年龄阶段易患的疾病有所不同。婴幼儿期，儿童肌体娇嫩，生理功能不完善，抵抗力低，对外界环境的适应能力比较弱，易受病菌侵害，感冒、急性支气管炎、肺炎、呕吐、腹泻、肠道寄生虫病、麻疹、水痘、佝偻病、传染性肝炎等，是这时期常见的疾病。父母对孩子必须精心护理和照顾，积极防治。青春发育期是人的一生中身体最健康、精力最旺盛的阶段，但仍有它的特殊疾病问题。由于孩子此时处于生命周期中第二个发育最快的时期，活动量大，如果营养不足，就可能引起营养不良、贫血等病症，严重时还会延缓正常发育；由于这个阶段的免疫功能尚未健全，加上身体发育、代谢、内分泌等变化的影响，肺结核的发病率出现小高峰，风湿病、胃炎等一些免疫性疾病成了多发病；由于这时期是向成年的过渡，神经衰弱、自主神经功能紊乱、高血压、甲状腺功能亢进、溃疡病和内分泌功能失调等，也开始出现，甚至一些老年人的疾病，也可能在青春期种下病根。所有这些都值得父母加以重视，根据这时期的发病特点，采取必要措施，保障其身体健康，尤其要加强卫生教育，给予合理的引导。在美国，许多家庭都参加"儿童健康年计划"，即不管孩子生病与否，每年带他们去儿科诊所进行一次体格检查。定期给儿童进行体格检查，可以确保孩子身体的正常发育，使孩子健康成长；可以记录孩子成长的轨迹及其病史，及时发现一些身体疾病；还可以学到使孩子保持健康的有关知识。

二、重视饮食与营养

孩子出生后，身体不断生长发育，肌体中的细胞和组织时刻在更新。儿童青少年正处在发育的旺盛时期，他们需要各种营养素，尤其是对蛋白质、热能、钙、碘、铁以及各种维生素的需求量最为突出。这些营养素主要靠日常饮食来提供，家庭应根据孩子不同发育期对各种营养素的需求合理搭配谷类、豆类、干果类、蔬菜类、水果类、肉类、蛋类、乳类、油脂类、糖类等食品，注意做到：①膳食要平衡，每天吃的主食、副食的品种和数量要适当，以满足孩子对各种营养素的需要。②膳食制度要合理，每天进餐的次数和分量，要与儿童、青少年的生活和学习规律相符，定时定量用餐，尤其是坚持让孩子吃早餐。③膳食的烹调要合理，应尽量减少食物中营养成分的损失。④膳食要色、香、味俱佳，以增加孩子的食欲。⑤食物新鲜、清洁、没有毒害，不会引起食物中毒、寄生虫病和传染病。

家长在重视饮食和营养的同时，还要结合孩子实际，在日常生活中对孩子进行良好饮食习惯的培养。如教育孩子进食时要细嚼慢咽；要吃各种食品，不挑食，等等。

三、建立正常的生活节律

神经系统是人体生命活动的重要调节机构，在它的统一调节下，各器官系统进行着井然有序的生理活动，因此在人体各系统中居于主导地位。而大脑皮层是神经系统调节人体活动的最高中枢，其活动是有规律的。让孩子生活作息有规律，能保证大脑皮层兴奋和抑制有规律地轮换，劳逸结合，保持较长时间的工作能力，保证神经系统的正常活动。所以，建立正常的生活节律，是关系孩子神经系统发育和健康的大事。

婴儿的生活内容，不外乎吃、玩、睡。父母若能合理地安排好这三件事，让孩子吃得合适，玩耍得当，睡眠足够，从小生活有规律，就能使孩子正常地发育成长。

孩子上学后，生活发生根本性变化，学习成了他生活的主要内容；此外，还有劳动、课外活动等。家长要根据学校学习时间和孩子生活内容，帮助孩子制定合理的作息制度，督促孩子按时学习、锻炼、进餐、休息和睡眠，使孩子在学习时精力充沛，劳动时干劲十足，玩耍时愉快投入，进餐时食欲旺盛，睡眠时香甜舒适。当然，孩子的生活节律也是随着年龄的增长而不断变化的。其中，最突出的变化是学习，它随着年龄的增长而增多，而睡眠和体育、课外活动则相应地有所减少。这就更需要建立科学的作息制度，处理好学习和休息、睡眠的关系，保证有规律的生活。

四、养成良好的卫生习惯

讲究卫生，养成良好的卫生习惯，以预防常见病和多发病，促进身体健康发育，保证精力充沛地投入学习与生活，是家庭健康教育的重要内容。

良好的卫生习惯，主要是讲个人卫生、家庭卫生和公共卫生的习惯。个人卫生习惯包括身体各器官、部位和皮肤的卫生。从小要养成良好的卫生习惯，早晚刷牙，饭后漱口，吃饭前和大小便后要洗手，勤洗澡，勤换衣裤，勤剪指甲，及时小便，定时大便，以至注意用眼卫生，青春期女孩子注意经期卫生等，这对于预防疾病具有积极意义，是儿童青少年最重要的卫生习惯。

家庭卫生主要是家里的居室卫生，包括环境整洁、空气流通等。养成家庭卫生习惯，与个人健康密切相关。当然，这需要家庭全体成员共同配合。

公共卫生是指公共场合的卫生。它要求每个社会成员不随地吐痰、不乱扔垃圾等等，这不但对预防传染病，而且对提高整个社会的环境质量都是很有必要的。所以，家长有责任教育孩子从小养成注重公共卫生的好习惯。

五、加强体育锻炼

体育锻炼对于增强体质，促进人体生长发育和形体健美，加强肌体免疫力，提高机体对外界环境适应能力，防御各种疾病具有重要意义。同时，体育对人的心理健康也有着积极的作用：经常参加体育活动能使人的神经系统的兴奋和抑制的交替转换过程得到加强，从而改善大脑皮层神经系统的均衡性和准确性，促进人体感知能力的发展，使思维更加灵活、协调；参加体育活动必须克服困难，遵守竞赛规则，这可以培养良好的个性心理；体育运动还能调节情绪，使人愉悦。因此，体育锻炼应成为家庭健康教育的重要内容。

体育锻炼可以从小开始，但应考虑孩子的实际，在不同年龄有不同的要求。如婴儿期，家长可为婴儿划出一小块清洁、安全的"地盘"，让孩子在自己的小天地里移动身体、改变姿势和摆弄各种玩具；可通过游戏，与孩子同乐，使其做各种各样的动作；可帮助婴儿做婴儿体操，促进其全身动作的发展。幼儿期，家长可教孩子做幼童保健操，或做简单的跑、跳、抓、握、拉活动；多让孩子到户外活动和游戏；还可利用日光、空气和水，进行"三浴"锻炼。孩子入学后，家长可利用零散的时间，见缝插针地引导孩子进行身体锻炼，如孩子早晨起床后，用3～5分钟时间伸伸懒腰，做做徒手扩胸、伸展、转体、踢腿等基本体操，既能快速消除睡意，又起到健身的作用；尽可能地让孩子徒步上学，能起到良好的健身效果，但前提是要保证孩子路上的安全；放学回家后，利用晚饭前的时间，引导孩子进行球类活动、跑跳游戏、踢毽子、跳绳、俯卧撑、仰卧起坐、拉力器、哑铃，等等；节假日，陪同孩子一起爬山、划船、打球、游泳、骑车、跑步等。此外，还要鼓励孩子积极参加学校组织的各种体育活动。

当然，家庭的体育锻炼要讲科学，要同卫生教育和护理相结合，才能收到预期效果。

第四节 家庭心理卫生与教育

心理卫生又称精神卫生，它是维护心理健康的措施和各种活动的总和。为了保障儿童青少年心理健康，家长必须重视心理卫生，对孩子进行心理健康教育。

一、教育部对中小学心理健康教育的要求

教育部提出，中小学心理健康教育的总目标是：提高全体学生的心理素质，充分开发他们的潜能，培养学生乐观、向上的心理品质，促进学生人格的健全发展。具体目标是：使学生不断正确认识自我，增强调控自我、承受挫折、适应环境的能力；培养学生健全的人格和良好的个性心理品质；对少数有心理困扰或心理障碍的学生，给予科学有效的心理咨询和辅导，使他们尽快摆脱障碍，调节自我，提高心理健康水平，增强自我教育能力。

心理健康教育的主要内容包括：普及心理健康基本知识，树立心理健康意识，了解简单的心理调节方法，认识心理异常现象，以及初步掌握心理保健常识，其重点是学会学习、人际交往、升学择业以及生活和社会适应等方面的常识。必须从不同地区的实际和学生身心发展特点出发，做到循序渐进，设置分阶段的具体教育内容。小学低年级主要包括：帮助学生适应新的环境、新的集体、新的学习生活与感受学习知识的乐趣；乐于与老师、同学交往，在谦让、友善的交往中体验友情。小学中、高年级主要包括：帮助学生在学习生活中品尝解决困难的快乐，调整学习心态，提高学习兴趣与自信心，正确对待自己的学习成绩，克服厌学心理，体验学习成功的乐趣，培养面临毕业升学的进取态度；培养集体意识，在班级活动中，善于与更多的同学交往，建立开朗、合群、乐学、自立的健康人格，培养自主自动参与活动的能力。初中年级主要包括：帮助学生适应中学的学习环境和学习要求，培养正确的学习观念，发展其学习能力，改善学习方法；把握升学选择的方向；了解自己，学会克服青春期的烦恼，逐步学会调节和控制自己的情绪，抑制自己的冲动行为；加强自我认识，客观地评价自己，积极与同学、老师和家长进行有效的沟通；逐步适应生活和社会的各种变化，培养对挫折的耐受能力。高中年级主要包括：帮助学生具有适应高中学习环境的能力，发展创造性思维，充分开发学习的潜能，在克服困难取得成绩的学习生活中获得情感体验；在了解自己的能力、特长、兴趣和社会就业条件的基础上，确立自己的职业志向，进行职业的选择和准备；正确认识自己的人际关系的状况，建立对他人的积极情感反应和体验和应对挫折的能力，形成良好的意志品质。

教育部还提出，学校要指导家长转变教子观念及健康教育的方法，注重自身良好心理素质的养成，健康教育的环境，用家长的理想、追求、品格和行为影响孩子。

二、家庭心理卫生与教育的要点

根据教育部的要求，结合目前一般家庭的实际，家庭心理卫生与教育可侧重于以下几点：

（一）提供心理营养

儿童青少年发育成长，既需要物质上的营养，还需要精神上的营养或者说心理营养。人所需要的心理营养与物质上的营养同样是多方面的。对于未成年人来说，最重要的心理营养是父母及其他家庭成员的爱和信任。每个孩子，哪怕是新生儿，都需要有人亲切地对其爱抚、微笑，愉快地同其说话、玩耍，真诚地相信其做好事情的能力，热情地鼓励其进步。这些对孩子而言就如同维生素和热量一样重要。而父母抚养孩子，无私地施与爱，孩子会做出满意的反应，这种反应又

给了父母一种幸福感，使父母进一步增强了信心，心中更充满了爱意。这就是亲子关系的良性循环。在良性循环的情况下，加上积极地教育引导，孩子具有充足的心理营养，就不但能爱父母、家庭，而且能渐渐地推而广之，爱老师、同学、学校、爱邻里、乡亲、家乡，以至热爱人民，热爱祖国，热爱人类，热爱生活，成为一个真正的心理健康、成熟的人。因此，无论子女是什么样子，有什么缺点甚至缺陷，父母都应该使他感受到爱和信任、快乐与幸福，用积极的态度面对学习和生活中的问题以及自己的缺点、缺陷，进而充满信心地面对人生，勇于抓住一切机遇，充分发挥自己的潜能。

然而，人生的历程不可能一帆风顺，难免遇到各种各样的困难与问题，失败和挫折，而这一代的孩子往往难以去面对。美国心理学家劳伦斯·史伯格在一项研究成果中指出，孩子不能面对挫折，表现为稍遇困难就退却，甚至发脾气，通过一些破坏行为发泄怨气。究其原因，大致有几种情况：一是生性懦弱。二是娇生惯养。父母一味赞扬孩子，在生活上包办一切，使孩子产生自我优越心理，养成坐享其成的习惯，且听不得批评。三是期望不当。成人给予孩子的压力大，要求高，使其遭受失败责备多，成功的体验少。这类挫折包括：①饥饿。即中国俗语所谓"欲求小儿安，三分饥与寒"的方法。②劳累。"饭来张口，衣来伸手"，不仅妨碍孩子身体发育，而且影响其品德发展，使其形成脆弱、自私、好逸恶劳等习性。③困难。给孩子一些难题，并教给他克服困难的勇气和办法，以便在逆境中培养其不屈不挠的精神。④批评。明确规定一些孩子不应做的事情，孩子错了，就给予批评、责备，甚至处罚。当然，给予这类挫折必须适度，方法对头，循序渐进，并对孩子的进步加以肯定。

关爱、信任和挫折等，对于儿童青少年来说，都是重要的心理营养。如果孩子从小得不到足够的心理营养，长大后就可能会变得冷漠、无责任感、缺乏自信心，不懂得如何利用自己的智力、技能和天赋的品质，在遇到困难、冲突和挫折时，心理就可能会出现障碍，甚至出现心理畸形。随着年龄的增长，这种障碍还可能会愈来愈严重。

（二）培养心理社会能力

针对儿童青少年的心理健康问题，世界卫生组织建议家长、教师及所有关心儿童青少年的人士，都要努力帮助他们学习和掌握生活技能。这里所谓的"生活技能"，指的不是"生存"能力，而是一个人的心理社会能力。具体可表述为以下几种：

1. 了解自身特点，培养自我认知能力

一些儿童青少年往往不明了自己的长处和短处，有的只是看到自己的缺点，产生自卑心理。要让他们懂得客观评价自己，发扬长处，不苛求自己去做做不到的事情。

2. 学会倾听和表达，培养良好的人际交往能力

认真倾听他人的谈话和意见，使用恰当的语言同他人交流和沟通思想，这种"听"和"说"的技能是人际交往的重要环节。如果儿童青少年听不进来、说不出去，就容易把自己封闭在一个小天地里，造成孤僻苦闷，或固执偏激。

3. 认识情绪，学会缓解压力的能力

儿童青少年在遇到困难时因不会调整、控制情绪形成烦恼，而长期的情绪压抑是精神疾病的基础。因此，要教育他们学会宣泄和放松，保持心理平衡。

4. 理解支持他人，培养换位思考能力

在独生子女的家庭，一些孩子往往只关心自己眼前的学习和生活，对他人漠不关心。应培养他们懂得什么叫理解和爱心，这既是交友必需的，更是培养健康心理素质的要求。

5. 有效解决问题，培养应对能力

即使在非常和睦的家庭，也会遇到一些矛盾和冲突。儿童青少年不知道从什么地方着手解决问题，容易产生苦闷、难过、恐慌等心理问题。因此，应该教育和训练他们解决问题的能力、应对技巧和方法。

6. 避免攻击性言行，培养自律能力

儿童青少年之间容易因一点小事产生摩擦和矛盾，轻者闹意见，重者就会一时冲动骂人、打人、讽刺、讥笑。因此，要培养他们严格的自律能力，这既是为人之道，也是健康心理素质养成的基本要求。

（三）发展兴趣爱好与探究精神

儿童从小就有"试探"的欲望。早在婴儿时期，他就会目不转睛地盯着一样东西，情不自禁地想拿到它或触摸它，摆弄它。到后来，他们会把东西翻过来倒过去，或放到嘴里尝尝，用鼻子嗅嗅，对什么都感到新鲜。在整个幼儿时期以至以后的童年期、少年期、青年期，好奇心一直都在驱使孩子去认识多种事物，只不过随着年龄的增长，其发展水平有所不同，兴趣爱好有所差异。

兴趣是力求认识某种事物或爱好某种活动的倾向。心理学研究表明，儿童青少年兴趣的发展可分为三级水平：一是有趣，即对新异事物马上表现出来的直接兴趣。这是低水平的兴趣；二是乐趣。这时的兴趣，已不只停留在事物的表面现象上，而是能探讨事物的发生、发展的原因、结果，探讨事物的内在联系的兴趣；三是志趣。它表现在对事物本质规律的探讨的兴趣上，这时，他们已在广泛兴趣的背景上形成以自己的个性特征为中心的兴趣，这种兴趣是和一个人的理想、信念紧紧联系在一起的。当然，人的兴趣是有倾向性的，追求不同的人其兴趣的倾向性有所不同。如有的针对物质方面，有的针对精神方面；有的偏重科学技术，有的偏重文学艺术；有的追求个性享受，有的追求社会贡献；有的表现出庸俗、低级，有的表现出健康、高尚。儿童自发的兴趣和由此而进行的各种活动，是学习的桥梁，也是心理健康的重要因素。家庭必须给予鼓励、尊重，使其生活愉快，情绪保持稳定；同时又要加以引导、帮助，使兴趣向积极的、有益于身心健康的方向发展。

心理学的研究还表明，伴随兴趣爱好的发展，孩子对一切事物会充满渴望和憧憬，他们好奇好问，尝试探究。家长要善于发现孩子感兴趣的事物和想要探究的问题，以积极的态度加强孩子探索的欲望，给孩子的探究活动创造条件、提供机会；要尊重孩子的发现和需要，理解他们的要求,尽可能参与他们的活动,感受他们探索难题时的困惑和紧张,分享他们成功的喜悦;培养孩子的探究精神还应更多地关注过程,而不只是最终结果。

(四)鼓励人际交往和参与团体生活

与人交往,被一个或几个团体承认并接受,是儿童青少年的普遍需要。个体在交往过程中,地位如何,能否处理好各种关系,能否用社会赞同的方式表现自己的情感和情绪,与心理健康密切相关。

孩子虽然在家里早已具有担任自己角色的经验,但到了幼儿园、学校或社会上,都必须在父母以外的成人以及年龄相仿的人群中树立新的地位,面对各种新问题。如果被同伴、同学、师长所接受,他会觉得有地位,对自己充满信心,学习能力也相应加强;否则,自卑、孤僻、怨恨等种种不良情绪与行为随之而来。一些独生子女有胆小、自私、不合群、缺乏社会意识等弱点,其重要原因之一就是缺乏同兄弟姐妹以及其他小朋友一起生活的锻炼。所以,家长应积极支持孩子们结伙进行各种游戏,尤其要支持孩子参与学校团体生活,关心其在团体中的地位,具体帮助处理好各种人际关系,使孩子有更多机会互助合作,各显其长,互矫其拙,交流学习经验,学会待人接物。

儿童青少年变换新的环境,如升班、转学、升学、分组等,原有的地位发生变化,原有的经验往往不够,以致产生彷徨、焦虑。家长若有预见性,与有关人员加强联系,及时给予帮助、指导,孩子就能比较顺利地克服环境变换带来的困难,不断提高社会适应能力。

(五)形成健康的性心理

性心理是指人对性生理变化、性别特征和性别差异以及两性交往关系的内心体验。孩子从2~3岁开始,就具有性意识,到了青春期尤为突出。如果教育引导得当,孩子将具有健康的性心理,形成健全的人格,长大以后成为一个健康的社会人;反之,如果放任自流,或者干涉过多,进行误导,孩子的性意识就可能变得畸形,并带来一些意想不到但却与此相关的严重后果,甚至成年后引发性心理障碍、性扭曲、性功能障碍等问题。

性既是生物的,又是社会的。一个人是否在性方面受过良好的教育,形成健康的性心理,可以从如下几方面进行考察:①有否丰富的科学的性知识;②对性有否由于恐惧、厌烦和无知造成的不当态度;③是否认为性行为是完全正当的;④在性的方面能否做到自我体现;⑤能否负责地做出有关性方面的决定;⑥能否较好地获得有关性方面的交流。上述标准的实现,当然要受社会道德规范和法律规范的严格制约。

良好的性教育,不仅对处在青春期的青少年是必需的,而且应当从小开始。不同年龄阶段,不同性别,教育的内容、方法有所不同。

三、家庭对儿童青少年心理健康问题的矫正

对孩子在日常生活中表现出来的心理健康问题的矫正,同样需要家庭、学校、社会密切配合,严重的还要由专门机构、专业人员诊治。家庭对孩子心理健康问题的矫正,一般通过心理辅导和

引导孩子自我疏导来进行，而前提是家长以积极的态度面对孩子的心理问题。

（一）以积极态度面对问题

青少年在成长过程中，出现这样或那样的心理问题，一般都属正常现象。面对孩子的问题，放任自流固然不对，过分紧张也没必要。正确的态度，应当是关心、爱护、信任、鼓励；并耐心地给予帮助。帮助过程中注意几点：①了解孩子近期的变化，包容其为追寻自我而表现出来的行为，并从中学会控制自己的情绪，不被孩子的问题行为所激怒；②愿意随着孩子的成长，调整自己对待对方的方式，进而谋求行为的改善和问题的解决。同时，逐步学会用有效的沟通，作为彼此的桥梁；③邀请孩子参与家庭决策，尊重其意见、建议，在合理的期望下，赋予其家庭责任感；④安排与孩子相处的时间，主动接触、关怀，并了解其需求与困扰，必要时予以支持、疏导；⑤给孩子成长的时间与空间，允许其犯错误和改正错误，让其得以在尝试错误之中学习与成长。

（二）加强家庭心理辅导

家庭心理辅导指的是父母或其他年长者运用心理学、教育学、社会学、生理卫生学等有关知识，帮助孩子了解自己，促进他们在生活、学习、人际关系、生理卫生等方面协调健康发展；同时解除心理障碍，取得心理平衡，以避免心身疾病的发生。心理辅导包括发展性辅导和矫正性辅导两个方面。这里侧重讨论矫正性辅导。

有关心理辅导的理论非常丰富，方法多种多样。但对家庭心理辅导的研究起步较晚，研究成果很少。根据目前一般家庭和条件，国内有些研究者提出以下几种方法，可供参考：

1. 教育疏导

孩子有些心理问题是因为对所见所闻不理解、看不惯而引起的。这需要及时给予教育，帮助分清是非。

2. 以身作则

孩子有些心理问题是由于家长行为不检点或情绪不健康造成的。这时，家长只有教育自己，以自己的心理健康带动孩子心理健康。

3. 精神支持

孩子有时会遇上"好心不得好报"甚至恶意的回报而处于委屈、痛苦之中。针对这种情况，要从精神上支持孩子，帮助他从痛苦中解脱出来。

4. 理智思考

在孩子感情冲动、不能冷静地思考问题时，要帮助孩子克制自己，及时反思，不做过激的举动或后悔莫及的事情。

5. 情绪激发

孩子常常会不明原因地出现情绪问题。遇到这种情况，只有调整情绪，以情制情。至于以什么情制什么情，要具体情况具体分析。

6. 回避转移

引导孩子把一些不愉快的念头、感情和冲动置于一边，或者把情绪转移到有意义的方面去，在不知不觉中保持心境的安宁。

7. 宣泄放松

帮助孩子将积压在心中的消极情绪和怨恨释放出来，以松弛紧张的肌肉、缓和焦虑的情绪。

8. 弥补过失

如果是孩子自己的过失而引起的烦恼，就要帮助其改正错误，使别人得到安慰，也使自己得到快乐。

在孩子中间，许多心理健康问题直接表现为行为上的适应不良。对此，国外、海外有人主张把行为改变的原理及方法运用于家庭，颇受推崇，对我国现阶段家庭心理辅导也有参考价值。行为改变原理主要包括：

（1）增强原理

强调行为的改变是依据行为的后果而定，后果若是愉快的、正价的，则其行为的出现频率就会增加；反之即会减少。其基本策略，一是积极增强，即以给予正增强物为手段，如予以奖赏等；二是消极增强，即以拿掉增强物或给予惩罚等厌恶刺激为手段。

（2）削弱原理

人的某一次行为，若其出现未能获得增强，则其出现率将趋于递减。根据这一原理，纠正孩子的某些不良行为，有时较为有效的方法是暂时不再对他的不良行为表示过分的"注意"。

（3）类化原理

人的行为是一个复杂的连锁反应，每一项反应均与其前后的反应以及周围的情境发生互动关系。根据这一原理，对孩子的不良行为，有时不用直接灌输方法去矫正，而是提供某事物使孩子产生类化反应。

（4）逐步养成原理

运用"逐渐接近法"，连续增强与终点行为有关的一连串反应，以塑造新行为。根据这一原理，要了解孩子的起点行为，即还没有改变时是什么行为，然后循序渐进一步一步地去提高他，改变他。

（5）相互抵制原理

一个人的行为方式在同一时间及同一空间上，只能有一种倾向，即在兴奋时不可能平静；在平静时，也不可能兴奋。这就要求引导孩子用好行为去与坏行为相抵制，以逐渐减少坏行为。

（6）模仿原理

以某一个人或某一团体的行为为榜样，使孩子经由观察、收听、阅读或摆弄等过程而改变自己的行为。

以不合作的儿童为例。父母可先做一段时期的观察，数一数合作的次数和拒绝合作的次数，然后进行辅导。在辅导过程中，父母首先必须设法减弱孩子的反抗行为。如果孩子喊叫"不要"，初步的对策是"不理他"。不理他这种喊叫，也能减弱儿童叫喊"不要"的次数。其次，父母须确实做到，孩子不合作时就把他隔离起来。这个处置或许较为严厉，而且所需要的时间也较长。再次，最上策还是致力于增强孩子的"合作行为"。父母宜安排训练情境，选择几种孩子容易表现"合作"的差事，刻意请他做，如果他能够服从，就给予适当的增强，这可以加速收到训练效果。父母也可以混合运用社会性增强物（前者如赞许，后者如点数），当儿童表现合作的行为时，马上给他这些增强物，如未收到预期效果，就得降低训练标准，或增强分量。有时候，父母可以事先和孩子商量，共同决定增强的方式，日积月累下来，孩子就习得合作的态度了。

（三）帮助子女自我疏导

在家庭心理辅导过程中，家长还可以和孩子一起学习心理学知识，共同提高自我疏导、自我教育的能力，适当地把排除心理障碍的一些有效方法直接告诉孩子，让他学会自己"心理减负"。自我疏导的方法很多，比较容易掌握的方法有：

1. 控制呼吸法

当自己感觉情绪激动、就要大发脾气时，能做的一种最简单、最有效的努力就是控制呼吸，通过控制呼吸来缓解焦虑。可以先进行几次深呼吸，先用鼻子慢慢地吸足一口气，大约数4个节拍，然后慢慢吐气，也用4个节拍，每次连续做4~10分钟即可。也可以闭上眼睛做，边做深呼吸边想象一些美好的情境，效果会更好。

2. 静心松弛法

让自己静心坐在椅子上，闭目养神，把双手自然放在膝盖上，采用自我暗示、自我命令的方式使自己处于一种空无的境界，或者口中默念"放松、放松……"或者慢慢数数。

3. 宣泄解脱法

当理想不能实现时，可用象征性的事情和行为来抵消不愉快的事，使情绪平稳。也可以把一腔愤怒、忧愁倾注于日记、绘画中，等情绪平息后，撕毁它；也可把怒气发泄到物品上去，如拳击枕头、沙袋等，等"疯狂"一阵后，气消了，情绪也就缓解了。

4. 注意力转移法

遇到不愉快的事情时，要转移自己的注意力，学会退后一步思考问题，将消极的情绪转移到其他事情中去，解除烦闷和苦恼。例如，听音乐、看电影电视和报刊或小说、投身大自然怀抱、参加体育活动、找朋友聊天、说笑话、逛商店、玩电子游戏等。

5. 知足常乐法

一个人不可没有进取心和奋斗精神，但把目标定得过高，往往会得不偿失。对自己不苛求，放松心情，力求使自己的心境保持平衡，微笑面对生活，这样就会感到快乐。

6. 自我剖析法

为了减轻学习压力或人际关系带来的紧张感，可以用自问自答的方式和自己交谈："究竟是什么问题在困扰着我？""出现这些问题的原因何在？""有哪些可行的方法能帮助我解决这个问题？""什么是解决这个问题的最好方法？"等。通过这种简单而理智的分析，会更容易也更快地摆脱紧张的情绪。

第七章 家庭教育与儿童品德发展

对儿童青少年进行思想品德教育，促进其良好品德的形成与发展，是家庭教育的重要目标。为了实现这一目标，家长必须树立德育为先的教育观念，掌握个体品德发展的规律、特点，探索家庭品德教育的策略和方法。

第一节 家庭教育在儿童品德发展中的作用

品德亦即道德品质，是一个人长期的道德行为所表现出的比较稳定的、一贯的心理特征或倾向。通常地，它通过一个人在某种社会规范、准则或价值观念指引下所表现出的态度、发表的言论、选择的行为而得以体现。一个人的品德并非与生俱来，亦非后天自然生成，而是个体在与环境首先是家庭环境接着是社会环境相互作用的过程中，随着个体身心发展而逐渐萌生、形成和发展的。由于个体心理和社会环境的复杂性，人的品德具有多侧面、多层次的特点，而且有好坏之分。家庭品德教育的目标，不仅是预防、阻止和矫正不良行为，更重要的是使子女能自爱、自尊、自重，表现出社会所期望的言行，促进其良好品德的形成和发展。

一、家庭教育对儿童青少年品德发展的奠基作用

家庭教育对个体发展，对个体社会化、个性发展和人才成长的奠基作用，在品德发展方面尤为突出。人的品德发展是学校、家庭、社区、大众传播媒体等诸多因素综合影响的结果。家庭作为子女最早接触的群体，父母作为子女的第一任教师，其教育影响的深刻性，是其他各种因素无法比拟的。

（一）家庭教育具有浓郁的亲和性

家庭教育是建立在亲情基础之上的教育。在一个健康的家庭里，亲情之爱在孩子心理上所产生的认同感、依恋感和归属感，既会使孩子体验到家庭伦理的重要意义，也能为他们的品德发展创设良好的心理条件。孩子自然而然地依附亲情，依附由亲情而产生的和谐的人际关系，从父母、亲人那里体验爱抚之情，也在体验亲情过程中逐渐学习爱他人，由于受父母亲爱，由此爱父母亲，推及爱其他人、爱家乡、爱祖国、爱世界。父母及亲人与孩子之间形成的和谐、美满的家庭气氛，又使孩子对亲情产生认同感，对家庭产生归属感，对父母及亲人产生依恋感和信任感。这些都为孩子接受来自家庭成员的影响，包括习得一定的是非观、善恶观和日常行为准则、规范，模仿或接受家庭成员的言行、品格等，创设了良好的心理条件。

（二）家庭教育与家庭日常生活密切结合

家庭教育并不是意味着所有的教育活动都在家庭展开，而是从家庭生活的日常角度出发，以生活作为原点来展开家庭教育对于孩子的教育只是其中一部分内容，家庭教育较为发散，融合家庭日常的生活，可以在家庭生活的各个方面加以渗透，例如在家庭中和其他亲戚朋友的交往、出行购物、娱乐、聊天、整理房间等，每一个活动中都会存在教育因素。这种需要细心观察家庭生活中的各项教育因素，根据不同的事物，选择教育的时机，培养孩子的良好品德。在家庭日常生活中，家长对于自身、社会以及其他事物的客观评价，都会呈现出自己独特的方式，而这一方式也会影响孩子未来的发展。

（三）家庭教育彰显父母的示范作用

家庭教育除了语言教育之外，还包括以身作则和环境教育，父母本身的言谈举止、品德修养，对于家庭环境因素而言，具有较大的影响，也会影响孩子未来的品德发展。幼儿本身的认知水平还处于发展阶段，对于事物缺乏辨别是非的能力，只能从自身主观地认识事物，并不能客观地认识事物的差异，而在思维方式上，往往是根据经验来思考，并不能按照抽象逻辑思维来考虑内容，而父母则是孩子在家庭中接触最多的人员，父母的道德水平直接影响孩子的道德认知，父母如果拥有较高水平的道德信仰，那么对于孩子潜移默化则起到良好的示范作用，孩子在日常为人处世时，会将父母作为自己的模仿对象，将父母的道德观念转化成为自身的道德观念，形成自己的道德评判，并且在实践中加以应用。孩子本身处于人生发展的基础阶段，在多种因素的影响下，道德品质在不断地完善，孩子会逐渐按照家长的道德认知，接受一些认识，并转化成为自己的习惯，进而呈现出不同类型的道德行为。家庭教育既是对孩子的教育，也是家长的自我教育，提高自身的道德素养，能正确地面对孩子，对孩子道德的形成起到正面的影响作用，使得孩子的品德朝着积极健康的方向发展。

二、家庭教育对儿童青少年品德发展的"后作用"

儿童时期是一个人最易于接受各种影响的时期。家庭给予儿童的教育影响，不但为其品德发展打下基础，而且有着长期的"后作用"，即对一个人以后品德的发展起着某种先入为主的定式作用。这种"后作用"主要表现在：

（一）家庭教育给儿童以后的发展打下不易改变的印记

儿童在家庭中接受教育影响而形成的生活习惯、道德观念、性格态度等方面的品质特征，孩子在之后接受教育发展的过程中，往往会产生较大的影响，在幼儿园和小学，孩子适应新环境较快，可以展开高效的校园生活，促进自身的健康成长，又有一些孩子却无法适应这一环境，甚至是需要再教育，这也是由于早期家庭教育的差异而导致了这一情况的出现。

（二）家庭教育使儿童以后接受其他影响时形成一种"准备状态"

家庭教育具有先主性的特点。儿童在家庭中接受的教育影响，形成了他们最初的早期经验和最初的主观能动性，这些往往成为他们日后接受其他影响时的主观基础和出发点，使他们在学校、社会教育过程中既是教育的客体，又是教育的主体，在接受来自外界教育影响的同时自己教育自己。

（三）家庭教育使儿童对各种社会信息具有强有力的选择性

家庭对儿童的教育影响，在其一生发展中都会有所表露，并成为他们接触其他现实影响的"过滤器"。儿童入学后，学校教育在多种教育影响中起着主导作用，社会教育的作用也愈来愈重要。儿童青少年虽然不再把家庭作为他们主要的影响源，但在很多情况下，他们仍然把家庭作为自己接受教育影响的主要参照体，不断地依据家庭灌输给他们的价值观修正自己的经验。因而，儿童青少年可能很好地接受来自学校、教师以及社会的其他方面教育影响，也可能抵制这种教育影响。正如苏联教育学者所说，家庭的教育影响可以为以后的社会教育的土壤"施肥"，或者相反，使土壤"贫瘠"。

家庭教育对儿童青少年品德的形成和发展，在发挥奠基作用和"后作用"的同时，对其可能出现的不良品行，还具有预防和矫正作用。由于父母与子女朝夕相处，无微不至地关爱和了解子女，对其品行问题会有一定的预见性，这就有可能使教育引导走在前头，把预防工作做得深入细致；有可能及时发现问题，见微知著，及时采取有力措施，把问题解决在萌芽状态之中；即使问题已经比较严重地存在，也有可能知道问题的症结所在，采取有力措施有效地加以矫正。这也是其他方面教育所不能比拟的。

三、家庭的品德教育潜力

家庭作为社会的一个初级群体，虽然具有巨大的教育作用，但并不是每一个具体的家庭都有足够的力量和条件，能按社会要求培养孩子良好的品德。也就是说，家庭教育对儿童青少年品德发展的作用只是提供了可能性，而可能性能否变成现实，还取决于一定条件。苏联社会心理学界把为家庭提供这些可能性的综合条件，称为家庭的"品德教育潜力"或"家庭教育潜力"。

决定家庭品德教育潜力的因素很多，其中最基本的因素，即保证家庭有可能使孩子良好品德顺利形成的综合条件，大致包括四个方面：

1. 体现家庭教育方向的因素

如父母的教育目标、德育价值取向以及这些价值取向和社会所公认的价值取向相一致程度等。

2. 与父母教育活动直接联系的因素

如父母参与教育子女的积极性、对子女教育影响的一致性以及与子女之间交往的特殊性等。

3. 决定家长威信的因素

如父母在工作、生产和日常生活中的活动特点、社会积极性、个性特征等。

4. 与形成家庭气氛和组织家庭生活有联系的因素

如父母之间的关系、家庭的生活方式等。

上述各种因素是相互联系的。不同家庭的品德教育潜力，不仅在水平上彼此不同，而且在结构上也不同。在一些情况下，家庭的心理气氛可能是潜力的最重要的组成部分；在另一些情况下，则可能是父母或父母某一方威信及其对孩子的影响。而目前较多的情况是，父母对品德教育有不同的认识和态度。这些，使每个家庭在品德教育的实施过程中呈现出各自不同的特殊性。

四、德育为先的教育观

发挥家庭教育潜力，促进儿童青少年良好品德的形成与发展，关键在于家长树立正确的教育观。德育为先，是中华民族的优良教育传统，也是解决家庭教育诸多现实问题的重要策略。

当今人类社会科技和经济发展日新月异，突飞猛进，人才竞争十分激烈，因而引起人们对教育中智育的极端重视。但这并不意味着就可以忽视德育。根据联合国教科文组织决议成立的国际21世纪教育委员会提出的报告《教育——财富蕴藏其中》指出：在"本报告准备之时，正是人类面临着由战争、犯罪、贫困所造成的种种不幸，而在过去的老路和另择新路之间彷徨的时候，让我们向人们提供另一条路。这条路将重新强调道德文化层面"。报告在指出人类社会正向知识社会过渡，科学发现、技术革新、知识应用变得日益重要的同时，强调"在这个过程中的伦理问题也同样不应忽视"。

家长树立以德育为先的教育观，首先要认识到为人之道，立德为本。"德"是一个人的灵魂，是决定一个人好或坏以及好坏程度的根本因素。社会对人才要求的标准，历来是德才兼备；而德与才两方面，又总是以德为本。我国古代"立德、立业、立言"的格言，当今"有德无才是次品；有才无德是危险品"的警句，都很明确地指出了品德在人才成长中的重要作用。基于这样的认识，我们家庭教育的首要目标，应当是教会孩子做人，做好人，做有道德的人。

为了促进孩子全面发展，家庭教育必须全面实施，品德教育、健康教育、智能教育、审美教育等都不可忽视。但在实施过程中，应把品德教育放在优先的位置上，并把它贯穿于家庭生活和家庭教育的全过程。父母对孩子有什么期望，提什么要求，关注些什么？对孩子的表现如何评价，如何督促，如何教育引导？孩子身上如果出现了问题，又如何分析原因，用什么办法去解决？这些，都应体现德育为先的观念，而不能只关心学习成绩。

第二节 家庭品德教育的侧重点

一、现代社会对家庭品德教育的要求

由于构成家庭品德教育潜力诸因素，尤其是家庭经济、政治、文化、宗教背景和家长道德素质、价值观念、思维方式、行为方式等存在差异，不同的家庭，教育价值取向不同，教育的侧重点也有所不同，不可能同社会教育、学校教育那样，按一定的法规、纲要有计划地实施。在社会急速变化的转型期尤其如此。然而，尽管时代在变，某些传统习俗也在变，有些教育是永远不可缺少的。

第七章 家庭教育与儿童品德发展

我们的家庭品德教育，既要继承和发扬中华民族的优良道德传统，适应现代社会的要求，又要切合家庭生活实际和儿童品德发展的年龄特点。伦理学告诉我们：中华民族的传统道德，是在漫长历史发展过程中，逐步提炼建构出来的包括个人伦理、家庭伦理、国家伦理乃至宇宙伦理的道德价值体系。其中，"仁义礼智"是主体，"仁"是核心。所谓"仁"，核心是爱人，根本是孝悌；其他诸德，如谦和好礼、诚信知报、克己奉公、修己慎独、见利思义、勤俭廉政、诚实宽厚等美德，都是"仁"的扩展和体现。由此，我国传统的家庭品德教育，其主要内容大致有三个方面：一是以"孝悌"为中心的伦理教育，要求晚辈孝敬长辈，弟妹尊重兄长，目的在于求得家庭的和谐；二是以勤俭为主的个人品德教育，提倡以勤养德，以俭养廉，目的在于求得孩子的健康成长；三是以勤读为主的处世方式的教育，将读书与各自的业务以及做人相联系，目的在于求得家庭的稳固、持久。

中国进入社会主义现代化建设新时期以来，政府一直重视在建设社会主义物质文明的同时，建设社会主义精神文明，特别是重视未成年人的思想道德建设；并反复强调家庭教育在未成年人思想道德建设中具有特别重要的作用，要求把家庭教育与社会教育、学校教育紧密结合起来。其共同的主要任务是：

第一，从增强爱国情感做起，弘扬和培育以爱国主义为核心的伟大民族精神。深入进行中华民族优良传统教育和中国革命传统教育、中国历史特别是近现代史教育，引导广大未成年人认识中华民族的历史和传统，了解近代以来中华民族的深重灾难和中国人民进行的英勇斗争，从小树立民族自尊心、自信心和自豪感。

第二，从确立远大志向做起，树立和培育正确的理想信念。进行中国革命、建设和改革开放的历史教育与国情教育，引导广大未成年人正确认识社会发展规律，正确认识国家的前途和命运，把个人的成长进步同中国特色社会主义伟大事业、祖国的繁荣富强紧密联系在一起，为担负起建设祖国、振兴中华的光荣使命做好准备。

第三，从规范行为习惯做起，培养良好道德品质和文明行为。大力普及"爱国守法、明礼诚信、团结友善、勤俭自强、敬业奉献"的基本道德规范，积极倡导集体主义精神和社会主义人道主义精神，引导广大未成年人牢固树立心中有祖国、心中有集体、心中有他人的意识，懂得为人做事的基本道理，具备文明生活的基本素养，学会处理人与人、人与社会、人与自然等基本关系。

第四，从提高基本素质做起，促进未成年人的全面发展。努力培育未成年人的劳动意识、创造意识、效率意识、环境意识和进取精神、科学精神以及民主法制观念，增强他们的动手能力、自主能力和自我保护能力，引导未成年人保持蓬勃朝气、旺盛活力和昂扬向上的精神状态，激励他们勤奋学习、大胆实践、勇于创造，使他们的思想道德素质、科学文化素质和健康素质得到全面提高。

家庭品德教育有其特殊性，在内容上常常同家庭生活、子女前途以及父母对子女的期望和担心相联系，一般侧重于伦理道德、理想志向、日常行为规范和劳动等方面。在孩子不同年龄阶段，也有不同的教育侧重点。

心理学家林崇德的研究表明，儿童青少年的品德发展，每个年龄阶段都会表现出一定质的特点；2.5~3岁、5.5~6岁、小学三年级、初中二年级是儿童青少年个性发展，特别是品德发展变化的关键期。家庭的品德教育，要适应未成年人品德发展的这种年龄特征，尤其是关键期的质变特征，采用适当措施，做到有的放矢。

二、婴儿期家庭品德教育

林崇德认为0~1岁主要是适应期。这个时期的儿童还不可能有道德认识，也不可能有意地做出什么道德行为，他们需要的是有规律的满足和舒适的照料，缺乏社会性，因而品德发展的主要任务是适应社会现实。1~3岁为品德萌芽期，这个时期儿童的道德动机以"好"与"坏"（或"对"与"错"）两义性为标准，并由此引出合乎"好"与"坏"的需求的行动，不可能掌握抽象的道德原则，其道德行为是极不稳定的，因而品德发展的主要任务是理解"好"与"坏"两类简单的规范，并做出一些合乎成人要求的道德行为。与此相适应，婴儿期家庭品德教育的侧重点是：

（一）经常调节行为

婴儿的生活经验极为有限，其道德判断主要依成人的行为、评价而定，行为上极不稳定。在很短时间内，他可以做出完全相反的行为。父母要经常调节孩子的行为，控制不良行为的出现频率，尤其是在"碰不得的要碰，动不得的要动"的情况下，要特别注意孩子及其他小孩子的安全。

（二）建立基本的信任感

建立基本的信任感尤其是对亲近的人的信任感，是婴儿期最主要的发展任务。而这种信任感，主要来自婴儿与父母的互动。实际上，每一次给孩子喂食，拥抱孩子，爱抚孩子，都是在增进婴儿与父母之间的联系。父母的良好习惯会使婴儿感受到环境的某些可预测和前后一致性，培养其信任感。而信任感则是创造良好人际关系的基础。

（三）发展自我认识

婴儿从爬到直立行走，是在其人生道路上迈出的重要一步。活动空间的扩大，接触事物的增多，使他们愈来愈能够区别自己与他人、与事物的不同。家庭成员尤其是父亲的参与，使婴儿在对家庭成员产生信任感的同时，能够将自我与他人区别开来，并为争取别人相信自己做准备。帮助婴儿认识自我，在婴儿适应家庭外的人和事之前，是非常重要的。

三、幼儿期家庭品德教育

3~6岁，主要是情境性品德发展时期。这时，道德行为的动机往往受当前的刺激（即情境）所制约，道德认识还带有很大的具体性、情绪性和情境暗示性。接受系统而具体的道德影响（包括道德教育），是这个时期品德发展的主要任务。相应地，家庭品德教育的侧重点是：

（一）养成良好的生活习惯

生活习惯本身并不是品德，但生活习惯及其相应行为的形成、发生，却与品德培养密切相关。如生活上习惯于"饭来张口，衣来伸手"的孩子，要养成热爱劳动、勤劳俭朴、乐于助人等美德，是难以想象的。父母要让幼儿学习料理自己的生活，包括刷牙、洗脸、进食、睡眠、收拾自己的床铺及玩具等，还可以学习做一些简单的家务事，并使之变为常规、责任，逐渐养成习惯。

（二）学习社会角色和与人相处

孩子已开始知道自己在家中的角色以及和其他家庭成员的关系，也开始与亲友和邻居儿童接触。这时，父母应及时教育孩子懂得在家中尊敬老人、孝顺父母，与兄弟姐妹友爱相处，还要让孩子懂得待人有礼貌，与小伙伴团结协作。对于独生子女来说，针对"独"的特点进行这方面教育尤其重要。游戏是幼儿期的重要活动，在游戏中扮演不同角色，可以习得或了解不同角色的一些不同规范，可以学会与同龄伙伴相处。

（三）帮助分辨是非、善恶

在现代社会，幼儿有大量机会接触到各种大众传播媒体如书刊、电视等，从中既可以学到很多有益的东西，也可能受到一些不良的影响。父母要帮助幼儿分清什么是"对"，什么是"错"，什么是"好"，什么是"坏"，逐步培养其分辨是非、善恶的能力。

四、童年期家庭品德教育

到了6~7岁，正规学习成了儿童的主导活动，与同学交往，在班级中行动，改变了他们在家庭中的角色地位。尤其重要的是，学校有计划、有系统的思想品德教育，使儿童逐步地学会自觉运用道德认识来评价和调节行为。此时是品德发展协调性时期，其主要特点是：出现比较协调的外部的和内部的动作，道德知识系统化，并形成相应的行为习惯；言行比较一致，动机与行为也比较一致。但随着年龄的递增和道德动机的发展，言行一致和不一致的分化逐渐增大。因而，发展道德信念，以提高道德行为的思想境界，成了这一时期品德发展的主要任务。为此，家庭品德教育的侧重点也需发生相应变化：

（一）配合学校增强道德观念，养成道德行为习惯

为实现品德发展的目标，学校从学生入学之日起，即按国家和教育行政部门制定的德育纲要、学生守则、学生日常行为规范和德育课程标准等，有系统、有计划地进行教育、训练，要求学生"在家里做个好孩子""在学校做个好学生""在社会做个好公民"。低年级侧重常规教育、训练和"心中有他人"品质的培养；中年级侧重爱劳动、爱科学、守纪律教育和"心中有集体"品质的培养；高年级侧重理想志向、社会公德教育和"心中有祖国有人民"品质的培养。父母要主动配合学校，要求孩子做到在校、在家、在社会一个样，想的、说的、做的一个样，尤其要在培养道德行为习惯上多花工夫，并在此基础上发展道德信念，提高道德行为的思想境界。

让孩子习得正确的行为，习惯于遵守社会公认的行为标准和规范，是家庭品德教育成功的关键。按照俄国教育家乌申斯基的说法，习惯就是把信念变为习性，把思想化为行为的过程。教育把自己的大厦建立在习惯之上，它将是巩固的。中国教育家叶圣陶也明确指出："什么是教育，简单一句话，就是养成良好的习惯。""凡是好的态度与好的方法，都要使它化为习惯，只有熟练得成了习惯，好的态度才能随时随地表现，好的方法才能随时随地应用，好像出于本能，一辈

子受用不尽。"

（二）把家务劳动作为必修课

学生除了学习以外，还要适当参加力所能及的体力劳动，在家里主要是家务劳动。让孩子参加家务劳动，不但可以使孩子在和父母共同承担家务劳动的过程中，真正了解父母的辛劳和为养育子女而付出的心血，从而更加尊重、关心和体贴父母，而且有助于他们懂得尊重别人的劳动，锻炼克服困难的意志，养成劳动习惯和提高生活自理能力。所以，即使是一些发达国家的学校和家庭，也要求小学生参加一定时间的家务劳动。引导孩子参加家务劳动，必须使孩子感到这是自己作为家庭的一员应尽的义务，而不仅仅是为了听从父母的使唤；必须向孩子提出具体明确的要求，使之有经常的职责；父母还要为孩子树立榜样，一家大小既有分工又密切合作，使孩子更乐于去做各种家务。

（三）帮助建立良好的同伴关系

与幼儿期不同，这时期的儿童开始根据自己的兴趣喜欢结交朋友，友谊时间较过去相对长久些；但他们的友谊主要建立在外部生活环境和偶然兴趣的共同性上，在交往过程中因一些小事而发生摩擦，或为了同伴"明知错误而为"的现象时有发生。父母特别是独生子女的父母要关心孩子与同伴的交往，引导孩子在交往中分清是非，学习同伴行为中的优点，取长补短；同时帮助孩子建立良好的同伴关系，学会在交往中为他人着想，尊重他人的意见，树立服从团体的价值观，培养合作能力。

（四）培养适应现代社会需要的道德意识和个性品质

家庭的品德教育大多是按照传统文化模式进行的，在继承和发扬本民族的优良传统方面有着特殊的作用。但在社会变迁急剧的情形下，古老的法则、旧有的标准、传统的方式，往往不合时宜。学校与家庭之间，父母与子女之间，矛盾是难以避免的；个人也可能因同时受着两种文化的影响而在价值取向、行为方式等选择上产生困惑。这就要求家长在弘扬民族传统美德的同时，要面向现代化，面向世界，面向未来，力求用适应现代社会需要的道德意识和个性品质培养孩子，用当代杰出人物作为榜样来激励孩子，引导他们树立远大的理想，坚持义利统一，个人利益和集体利益、国家利益结合的原则，培养合作、负责、诚信、自主、自立、自信、自强、坚毅等品质。对独生子女来说，尤其要注意这一点。

五、少年期家庭品德教育

少年期是动荡性品德发展时期。这个时期，一方面是道德信念和道德理想形成并以此指导自己行为的时期，是世界观的萌芽期；另一方面又是心理的发展落后于生理迅速发育、成熟的时期，是逆反心理、对抗心理出现的时期，是幼稚与成熟、冲动与控制、独立与依赖错综并存的时期，这一时期两极分化严重是必然的。少年期品德发展的动荡性特点，决定了这一阶段品德发展的主要任务是处理好品德发展过程中的各种矛盾，使少年品德日渐趋向成熟。为此，初中阶段学校的德育以集体主义教育和较系统的道德、民主法制教育以及与爱国主义、职业指导相结合的理想教育为重点，以便通过教育把学生培养成为合格的公民。家庭除了配合学校进行这些方面的教育之外，还应把品德教育和心理健康教育紧密结合起来。这一阶段，家庭品德教育的侧重点是：

（一）帮助树立积极的人生态度

少年期是人生观形成的关键期。孩子站在人生的十字路口，面对纷繁复杂的现实世界，常常感到困惑，容易产生逆反心理。如何根据家庭生活实际和孩子内心世界，帮助他们分清是非曲直、善恶邪正、良莠美丑，形成积极进取的人生态度，有选择地捕捉外界信息，是当今家长面临的严峻课题。家长可以指导孩子阅读一些有关青少年修养的书籍，深入浅出地讲一些道理，为他们逐步形成科学的人生观奠定坚实的基础；结合孩子的日常生活向他们提出各种问题，引导他们寻求正确的答案，积累人生经验，学会正确对待和处理日常生活中的情境和问题。家境困难的父母，要激励孩子"穷则思变""人穷志不穷"，把贫困变成前进的动力；富裕家庭的父母，应让孩子正确地看待财富，谨记"玩物丧志"等教训，懂得理想比财富更加重要。毕业班学生的家长，要配合学校做好升学和就业指导，指导子女注意把个人理想和现实的社会需要结合起来，确立合乎实际的职业理想。

（二）加强遵纪守法教育

由于少年生理、心理发展的特殊性，他们很容易受社会不良思想、个人的影响，他们中的一些人往往会做出违反校规校纪甚至违法犯罪的事情。在改革开放和发展社会主义市场经济阶段中，问题尤其突出。家长要配合学校、社会对处于少年期的孩子进行遵纪守法的教育，使孩子懂得，纪律是一定社会或集体为了维持正常秩序而对其成员提出必须遵守的行为规则和要求，使其养成遵守学校纪律及社会各种规章制度的习惯；指导、帮助孩子学习有关法律常识，督促其逐渐养成依法办事的习惯，防患于未然；引导孩子分清真善美、假恶丑，抵制各种腐朽没落的思想观念及行为的腐蚀，使孩子成为遵纪守法的好少年。

（三）进行性道德教育

教育家马卡连柯早就指出："现代化社会造成了这样一大批孩子，他们在生理发育上接近成人，但他们还不会用正确的道德观念约束自己。因此，道德教育包括两性教育，应该走在生理成熟前面至少应该保持同步。"当今，社会上各种"有色"环境侵染性道德，色情的影视、书刊、网络等影响现实生活。少年们较过去要"早熟得多"，性观念、性行为也越来越开放。特别要注重性生理、性心理教育，在性观念、性道德上加强对子女的正确引导，是少年期家庭品德教育的重要内容。

为了适应青春期孩子身心的发展变化，帮助孩子由童年向成年过渡，父母要运用适当的方式，对少年期孩子进行性道德教育，包括：让他们正确理解两性相互关系上的道德观念、道德规范；知道什么是真正的爱情，应该树立怎样的恋爱观，提高他们对两性关系的社会责任感和法制义务；认识男女之间过早发生性关系的危害，教育他们切不可把两性关系视为儿戏，以增强孩子的性心理控制能力和性生理抵抗能力，避免性失误；学会辨别在两性关系问题上的是非、善恶、美丑，珍惜自己和别人的名誉与健康等。其目的在于：使孩子在与异性交往过程中自尊自爱、互尊互助、端庄稳重。

第三节 家庭品德教育的方法

德育方法是实现德育目标而采取的方式和手段。在家庭品德教育目标和内容确定以后，德育方法的运用成为影响家庭品德教育成败的重要因素。正如美国家庭教育专家吉诺特所指出：在批评中长大的孩子，学会谴责；在敌对中长大的孩子，常怀敌意；在嘲笑中长大的孩子，畏首畏尾；在羞辱中长大的孩子，总觉有罪；在忍耐中长大的孩子，富有耐心；在鼓励中长大的孩子，满怀信心；在赞美中长大的孩子，懂得感激；在正直中长大的孩子，有正义感；在安全中长大的孩子，有依赖感；在赞许中长大的孩子，懂得自爱；在接纳和友谊中长大的孩子，寻得了世界的爱。因此，要使家庭品德教育收到事半功倍的效果，家长必须讲究方式方法。

一、家庭品德教育方法上的不同观点

对未成年人的品德教育，在实施层面上，既从正面积极引导受教者提高认识，陶冶情感，锻炼意志，养成行为习惯，以促进其良好品德的形成发展；还会给予一定的限制、约束，以阻止其不良行为。所以，在日常生活中，人们有时候也把家庭品德教育称为"管教"。

家庭品德教育的方法，与学校、社会的品德教育有一致性。德育理论中概括的说服教育、情感陶冶、实践锻炼、榜样示范、修养指导、品德评价等几类方法，既适用于学校、社会，也适用于家庭。只是由于环境和条件尤其是家长的素质不同，具体方式方法的选择和实际运用有所不同。

教无定法，贵在得法。在一般家庭中，父母管教子女的方法是多种多样的。就其客观效果而言，有积极的方法，也有消极的方法。积极的方法包括说服、讨论、澄清事实、称赞、行为训练、积极的惩罚、教子女自我克制和自我分辨等；消极的方法包括体罚、伤害身体、引发罪恶感、导致自卑感、挫败自信心、无理喊叫、呵斥责骂、言词侮辱、威胁等。一般来说，前者有助于儿童青少年的品德发展，而后者则相反。

西方国家在20世纪末期发展起来的各种家庭教育理论，在教育方法上大致可分为三派：一是主张以鼓励和民主的方式，结合自然和逻辑导行的方法，来解决孩子成长期间的种种问题；二是相信唯有以沟通的方式，了解孩子内心的感受，才是管教的正确方法，他们排斥处罚；三是采取行为修正法或赏罚并用的方法，奖励良好表现，言行不当时则加以处罚。此外，还有人提出"无言之行"或"不为而治"的策略。前者"乃是一种不干涉孩子的教育方式"；而后者认为"听从自己的本能，发挥儿女的天性，才是最好的家教良方"。

每个孩子、每个家庭都有其独特性，是独一无二的；而且孩子的个性随着年龄的增长、环境的变化，必然会发生变化；家庭也常常会有新的情况出现，所以教育方法应因人、因时、因事弹性地调整，绝不可墨守成规，一成不变。家长应当树立一个观念：只有你自己才知道什么样的管

教方式最适合你的孩子。而必须遵循的一个最重要的原则，就是要坚持正面启发、表扬、鼓励为主。家长应着重激发孩子内在的道德需要，培养他们自我教育的能力，在宽松、和谐、平等的气氛中，运用说服教育、榜样示范、品德评价等方法进行引导，并创造机会让孩子表现自己的能力和价值。与此同时，还需要积极引导子女逐步学会自我调节：学会自己做出选择，并根据选择调节自己的行为；学会以负责的态度，行使自己分内的自由。至于部分家长中常见的一些方式方法，则应被视为家庭教育中的恶行，需要引以为戒。这些恶行包括：

1. 体罚

痛打、重击、打耳光、猛摇及其他各种肢体攻击，既没有任何教育效果，反而造成孩子心理上产生怨恨、敌意、气愤。

2. 恐吓

这跟体罚息息相关。施暴父母常常抱怨孩子爱撒谎和鬼鬼祟祟的表现，实际上恰恰是其心不甘情不愿又必须顺从时的自然反应。

3. 吼叫

在一般情况下，父母一吼，孩子会显得紧张不安，但如果他们知道这是父母无计可施时的办法，便会懒得再理会父母。

4. 要求孩子立即听令行事

这与吼叫常常相辅相成，但肯就范的孩子不多。当一个人被使唤得团团转或唯命是从时，他往往丧失了自尊自重的能力。

5. 唠叨

通常是由于想不出别的办法而为之，其结果通常以吼叫和动粗收场。

6. 说教和忠告

多数孩子听到说教根本无动于衷。孩子明知自己犯了错，但宁可自己领会犯错的滋味，而不要旁人频频指出来。

7. 迁怒

迁怒于孩子，在气头上说的一些话，会严重伤害孩子的自尊心。这种伤害甚至可能终其一生。

8. 羞辱和嘲笑

拿孩子的自尊开玩笑，冷嘲热讽，只是徒然让孩子对自己产生怀疑而已。

9. 圈套

孩子犯了错误，家长明知故问，等孩子为脱困撒谎后，当面戳穿，严加惩罚。这必然造成严重的沟通问题，使亲子关系恶化。

10. 加重罪恶感

有罪恶感不见得是坏事，但过度施加罪恶感，令孩子过分不安、紧张，产生依赖心理，无法建立独立的人格。

二、不同年龄阶段教育方法的选择和运用

教育方法的选择和运用，既要考虑各种方式方法的特性及可能的结果，还要适应孩子的年龄特征、品德发展水平、个性特点，切合教育内容及当时的教育情境。对不同年龄阶段的孩子应采用不同的教育方法；即使是同一方法，具体运用起来，也应有所区别。

日本有些学者曾对家庭教育的内容、手段和儿童发展年龄阶段之间的关系进行过研究。他们把家庭教育的手段概括为：

（一）"灌输"的手段（即外部约束）

这种手段具有外在强制性。受教育的人之所以服从这种强制，是因为他们害怕教育者凭借权威予以制裁。在采取这种手段进行教育时，教育者的权威性越强就越富有成效。

（二）"发展的同一化"手段

即由于孩子对父母的热爱而使之自发地内化父母的价值观念和仿效父母的行为方式，因此这种手段也可以说是"模仿"的手段。模仿的作用方向不是父母对孩子灌输，而是孩子向父母接近。古语所说"严父慈母"，实际上就是认为父母分担着灌输和发展同一化教育的角色。

（三）"合作"的手段

前两种手段都是以父母与子女的那种上下关系为基础的，由父母传递已有文化，而"合作"的手段则是基于平等关系而进行的。用"全家一起考虑问题"的方式来尊重孩子的意见，就是这一手段的运用。

（四）"升华"的手段

这里的"升华"指的是把个人欲望转化为社会所承认的形式。孩子进入青春期后，开始显露出性要求，各种本能的冲动旺盛起来。是把这种冲动耗散到体育运动和其他健康的兴趣、爱好之中，还是指向直接的性行为或"暴徒"行为，其差别就在于前者将欲望升华到文化上，后者则任由其自由发泄。

日本学者把上述各种手段及教育内容同儿童发展上的各个时期联系起来，指出：进行欲望控制的有效手段是灌输，它适用于婴幼儿期；感情上的同一化是从幼儿期到童年期培养基本性格和生活习惯的手段；形成社会性的手段主要是在童年期通过父母与子女的合作来进行；进入青春期后，最有效的教育手段是与形成价值观密切联系的"升华"。

父母与孩子朝夕相处，却往往觉察不到孩子身上发生的变化，在教育方法上也没有随之做相应的调整，其结果不但使教育难以奏效，而且往往导致孩子反感。因此，有些研究者建议，当父母濒临教育危机无计可施时，不妨结合孩子的成长过程，冷静地问问自己：各种方法我都试过了吗？我的教育方式妥当吗？我的孩子真的如此难以驾驭吗？孩子的问题是在几岁开始出现的？孩子的问题持续了多久？孩子问题的严重性如何？孩子问题发生的原因是什么？我应如何根据孩子的年龄特征，尝试解决问题？经过反省、分析，家长也许会有所发现，找到摆脱困境的方法。

三、父母的教育艺术

家庭中的品德教育，主要是父母在与子女的互动过程中，对处于某种具体教育情境下的子女进行的教育影响活动。它相对于有目的、有计划、有组织、有系统的学校德育而言，明显地具有个别性、情境性和情感性等特点。不同儿童，由于生长环境、年龄特征和个性品质不同，品德发展存在差异；同一儿童，处在不同的年龄阶段、不同的教育情境和家庭氛围之中，其品德发展的状态、水平和对人对事的认识、态度以及言行举止等也有所不同。因此，父母的教育活动是复杂而富有创造性的活动，既要尊重科学，又要讲究艺术。

教育艺术指的是在具体的教育情境中对教育原则、教育方法娴熟、灵活、有效的运用。"熟能生巧"，教育原则、方法运用上的"巧"，也就是教育艺术。其主要特点：一是情感性，有积极的情感交流，能引起孩子的共鸣；二是形象性，具体、生动、形象，对孩子具有感染力；三是创造性，灵巧，不落俗套，使孩子有新鲜感。

教育艺术是教育实践经验的升华。我国在这方面的历史遗产非常丰富，当代国内外许多学者也对这方面进行了大量的研究。有些研究结果表明，在一定教育情境中，父母有效地进行品德教育的过程，一般都包括了解、沟通和教养三个步骤。了解，是父母对子女的思想品德发展状况、水平及其具体情境中的态度、言行举止的认识和辨析；沟通，是父母与子女坦诚、认真的交流，子女在其中体会到父母的关心和爱，父母从中了解到子女产生某种态度或行为的影响因素；教养，即父母有针对性地运用一定的教育方法和技巧影响子女。这三个步骤的实施，都离不开教育艺术。基于这样的认识，学者们提出了各种各样的教育策略，如民主的策略、行为改变技术、沟通分析、父母效能训练等等，各种教育策略都体现一定的教育艺术性。

在这里，根据父母在子女品德教育中的情感、态度、言行举止和教育策略、方法的运用，我们将着重从以下几个方面阐述父母的教育艺术。

（一）说理的艺术

说理是家庭品德教育常用的方法。其作用在于提高认识，影响思想行为。正如古人所说："行之，明也，明之为圣人。"孩子只有明白了道理，才会产生相应的行动，成为品德高尚的人。但要使父母说的道理入耳入脑，为孩子所接受，内化为认识、情感、信念，并转化为行为，并非易事，需要随机应变，讲究艺术。

1. 情理交融

说理不等于说教，必须把理与情有机地结合起来，使孩子在情感上引起共鸣，在认知上对某一问题产生共识。在说理中做到情理交融，一是要心理换位，即角色心理位置的互换，也就是俗语所说的"设身处地""将心比心"。许多问题，讲大道理不一定讲得清，即使讲得清，孩子也不一定听得进。但只要父母和孩子的位置互换一下，将心比心，道理就比较容易说明白，再让孩子设身处地地想一想，孩子就会豁然开朗。二是真情实感，从关心孩子出发，推心置腹，使孩子感到亲切、实在；父母称赞什么，厌恶什么，爱憎分明，使说话富有感染力。

2. 语言幽默

有些父母对孩子说话喜欢用教训的口吻，令孩子听而生厌。其实换一种方式，用有趣或好笑但意味深长的话，或通过影射、讽刺、双关等修辞手法，往往能收到意想不到的效果。正如法国著名演说家海茵兹·雷曼麦所说："用幽默的方式说出严肃的真理，比直截了当地提出更能为人接受。"幽默还可以使教育富于活力，亲子关系融洽；使孩子在轻松、欢乐中受到鼓励。因此，父母教育孩子，不妨多一点幽默。

3. 寓教于喻

根据儿童的心理特点，恰当地运用比喻，可以使孩子受到启迪，从中悟到一定的道理。脍炙人口的孟母"断织教子"的故事，便是运用这一教育艺术的范例。寓教于喻，可以在说理中通俗地运用比喻；也可以在一定的情境中，结合情境的某些类似特点，比拟说明一定道理；还可以针对孩子的某一问题，精心创设情境，并结合情境给孩子说理。

（二）育情的艺术

孩子良好品德的形成，就其最基本的心理过程来说，是一个从知到行的过程，而道德情感在这其中则起着中介和桥梁的作用。因为孩子的道德情感在道德认识的基础上产生，其道德行为在很大程度上由他的情感所支配。要培养孩子良好的品行，父母必须注意情感的渗透性和激励性。

1. 以情育情

这是指发挥人的情感互相传导作用，进行情感教育。情感具有感染性的特点，这种感染性最明显的表现是情感的共鸣和同情心。父母的情感一旦引起孩子的共鸣，就会成为情感陶冶教育中的主导因素。以情育情，一要尊重孩子。每个孩子都希望受到别人的尊重，但他们对父母是否能给予足够的尊重也应该引起他们的重视。父母应端正对孩子的态度，保护其自尊心，并把孩子的自尊自强之心引向积极健康的方向。二要信任孩子。信任是建立感情的基础，只有信任，才能消除孩子的戒备心理，使他们乐意敞开心灵大门，向父母倾吐心中奥秘。三要关心孩子。关心他们的思想、学习和生活，帮助他们解决实际问题，使孩子从中感到温暖，受到鼓舞。

2. 以境育情

这是指利用周围环境或创设相应的教育环境对孩子进行情感教育。情境性是情感的又一特点。孩子的情感总是在一定的情境中产生的，环境中的各种因素，对孩子情感的激发起着催化作用。在欢快愉悦的气氛中，孩子就容易产生良好的情感体验；在悲伤的气氛中，孩子就容易产生痛苦的情感体验。父母的职责就是要尽量利用优美、欢乐的环境陶冶孩子，当孩子遇到不利的境况悲观消极时，善于鼓励他们可通过奋斗变逆境为顺境；还要有目的地从家庭物质、家庭文化、家庭心理几个层面优化家庭环境，以唤起、培养和强化孩子的积极情感。

3. 艺术陶冶

这是指通过运用音乐、美术、文学和自然等艺术手段或魅力，使孩子的情感受到陶冶和感染，以培养他们良好的思想品德。因为就音乐、美术、文学作品来说，它所反映的社会生活内容极其丰富，所塑造的艺术形象生动具体，能把孩子带入一个感人的情境之中，为孩子喜闻乐见。父母应适应当代孩子求美、求乐的特点，有目的地指导孩子欣赏健康、优美的美术作品和动听的音乐，阅读具有教育意义的文学作品，观看有益的影视、戏剧，这样既能使孩子得到美的享受，又能激发他们的道德情感。

（三）导行的艺术

习惯的养成，不只是孩子对某些行为和动作的机械的多次重复，而且是他们自觉的、创造性的活动过程。培养孩子良好的行为习惯，父母要讲究导行的艺术。

1. 活动中练习

这类练习的实质，是为孩子创造按照相应的行为标准和规则行动的条件。家庭生活本身总是有许多机会可以进行这类练习。父母应当让孩子从小进行这类练习，并随着年龄增长，逐步扩大这类练习的范围。如用餐时，教孩子请爷爷、奶奶吃饭，把好菜放在爷爷、奶奶面前，以养成敬老的观念和习惯；家里来了客人，让孩子参与接待，以养成以礼待人的观念和习惯等。

2. 制度中巩固

如建立作息制度，让孩子按时进行各种活动。制度能使孩子重复与巩固良好的行为，控制自己的欲望，还能帮助孩子做到举止端正，培养起一套好的习惯。马卡连柯说过，如果没有合理的得到彻底实行的制度，没有行为范围合法界限，任何高明的语言都弥补不了这种缺陷。制度越严格、越明确，它就越能形成人体内部的动力定型，这是形成习惯的基础。

3. 委托中激励

把家庭生活中一些孩子力所能及的事情，如洗碗、扫地、等等，委托给孩子去办，这对孩子某一方面习惯的养成具有激励作用。如果这种委托成了孩子必须按时完成的一份责任，那就不但有利于某一方面习惯的培养，而且还可以增强其家庭责任感，培养其"心中有他人"等好品德。

（四）激励的艺术

激励是为了强化某种因素对孩子的影响，激发其积极性，引导其价值取向，使其主动按正确的行为准则去行动。对孩子的激励，应以表扬、奖励为主，正如陈鹤琴所说："无论什么人，受激励而改过，是很容易的，受责罚而改过是比较难的。"也即古人所提倡的"数子十过，不如奖子一长"。

要使表扬、奖励真正起到激励作用，必须注意：

1. 明确目的

对父母来说，表扬、奖励是手段而不是目的，其主要目的在于教育；对孩子来说，受表扬、奖励是行动的结果而不是追求的目标，其主要目标应该是自我完善。为此，父母在表扬、激励时，应努力使外在激励转化为孩子内在激励，即孩子在自己体验、认识基础上自我选择目标，自我激发、鼓励。

2. 实事求是

孩子的确有了进步和成绩，才能给予表扬、鼓励；而且其进步、成绩是什么就肯定什么，是多少就肯定多少。当然，对其进步、成绩的判断，应纵向比较，而不应把标准固定化、绝对化。

3. 讲求时效

孩子的好行为一出现，应尽快给予表扬、奖励；对年幼的孩子，表扬、奖励可以在好行为发生过程中进行，而不一定要等到行为完成以后。及时表扬、鼓励，可以强化孩子积极向上的意向，如果时间过久，孩子淡忘，这种强化作用就会不明显，甚至消失。

4. 方式多样

表扬、奖励的方式有无声的赞许（微笑、眼神、点头、竖拇指），口头的表扬（"对""做得好""了不起""你很努力"），发给适用的小礼物，奖给喜爱的食品，带其外出活动，等等。从教育的目的出发，对孩子的奖励应以精神奖励为主，采用的方式要与年龄、性别和兴趣、爱好等个性特点相适应，而且不要多次重复使用，以免因缺乏新鲜感而失去其刺激性和吸引力。

5. 分寸适当

心理学研究表明，人们对待表扬、奖励存在一个"期望价"，即认为应该得到的表扬、奖励的程度。如果表扬量、奖励程度与期望价相当，效果一般；表扬量、奖励程度低于期望价，效果差；表扬量、奖励程度略高于期望价，效果最好。父母对孩子的表扬、奖励要掌握好分寸。不够分量，或者过多、过分，都会减弱其激励作用。

（五）惩罚的艺术

每个孩子都会犯错，都有受父母批评惩罚的时候，如何使孩子在批评惩罚中进步、提高，不致因惩罚而使孩子心头积聚孤僻、怨恨情绪，进而造成亲子双方对立，这其中很有学问。惩罚也是一种教育手段和教育艺术。高明的惩罚，同样会产生意想不到的奇迹。当孩子出现错误、不得不给予惩罚时，要特别注意以下几点：

①对事不对人。孩子必须获得的第一个观念，应当是分辨好与坏。对父母来说，不应把好与听话或不乱动，坏与好动或自作主张混为一谈；而应当让孩子清楚地知道他做错了什么才受惩罚，并告诉他正确的行为。②选择合适的惩罚方式。如借助寓言、故事、童话，适当加以引申发挥，旁敲侧击，含蓄委婉地批评教育；用幽默作为批评教育的手段，消除孩子的逆反心理，使之在笑声中认识、改正错误，以提升教育效果。③惩罚孩子要审慎，不能造成身心伤害，切忌在盛怒之下惩罚孩子。④对一些好胜或者倔强的孩子，有时不妨故意冷淡一下，使之感到无声的惩罚，从而反省自己的过失。⑤惩罚孩子不可采取杀鸡吓猴、报复、翻旧账、连带（一人犯错，其他人也跟着受罚）等方式。⑥照顾孩子的自尊心，不在公开场合惩罚孩子。⑦惩罚后要适当安抚，告诉孩子父母真心爱他，希望他能学好。⑧如果孩子能改过，应该立即赞美。

总之，让孩子感受到父母之爱的惩罚，才有教育意义并产生实际效果。

（六）捕捉教育时机的艺术

教育时机指的是能使教育收到良好效果的时间、机会。家庭教育的效果，不但取决于动机、目的、内容，还取决于教育的时机。选择教育的时机，要考虑教育内容、外界环境和孩子心理状态等因素。就教育内容而言，如勤奋节俭教育，可以在做饭、就餐和进行其他家务劳动时进行；文明礼貌教育，可以结合在自己家待客和到亲朋好友家做客时进行。就外界环境而论，郊游，可进行热爱家乡、热爱大自然教育；参观博物馆、图书展览等，是进行热爱科学教育、激励孩子立志成才的时机。

孩子的心理状态，包括需要、情绪、心理矛盾冲突等状态，是选择教育时机的最关键的因素。孩子处在成长道路的转折点，如进幼儿园、上小学、上中学，需要父母给予指点、引导；孩子生活发生重大事件，如个人生病、转学、父母伤亡、离异等，需要亲人给予安慰、开导；孩子完成计划遇到困难、受到挫折，需要有人给予帮助、鼓励；孩子取得好成绩，有了进步，需要有人给予赞许，共享欢乐；当孩子情绪处于良好状态时，一般比较容易接受教育、帮助，而情绪不佳，则教育往往难以奏效，甚至可能出现负效果；孩子出现问题，有时需要"热处理"，及时给予解决，有时则用"冷处理"的方法才能奏效。如果父母能找到教育内容、客观环境和孩子心理状态的最佳结合点，使教育收到事半功倍的效果，便是捕捉到最佳的教育时机。

第四节 儿童品德不良的预防和矫正

一、品德不良的心理特征

品德不良是指经常违反道德准则或犯有严重道德过错。据我国心理学界的研究，品德不良的儿童青少年一般具有以下心理特征：

（一）道德认知缺乏

道德认识是指对道德规范和道德范畴及其意义的认知，它是形成道德品质的基础。品德不良的儿童青少年自制能力弱，辨别是非能力不强，导致在道德认知上的错误，如把违反纪律视为"英雄行为"，把敢打群架等同于"勇敢"等，他们的某些不道德行为，常常是由于"道德上的无知"所造成的。这些儿童青少年往往具有强烈的个人欲望，而没有形成符合社会要求的道德观念，他们虽然知道什么能做、什么不能做，却没有把这种认知内化，一旦在富有诱惑力的不良环境影响下，就会犯错误，甚至可能走上邪路。

（二）道德情感缺陷

道德情感是指依据一定的道德规范、道德准则，对现实的道德关系和自己或他人的道德行为等所产生的爱憎好恶等体验。当人的思想意图和行为举止符合一定社会准则的需要时，就会感到道德上的满足，否则就感到悔恨。品德不良的儿童青少年，由于受到来自家庭、社会甚至学校各方面的不良道德观念的影响，常常会出现道德情感上的缺陷，主要表现为：缺乏正义感、责任义务感、集体荣誉感、爱国主义情操等；情感的不稳定性和强烈的冲动性；爱憎颠倒、好恶颠倒，喜结伙、重"义气"，缺乏理智感；行为怪异，不讲仪表，没有道德审美感；被他人所冷落，受歧视，自尊心受到损伤，而引起消极的情绪体验，等等。由于这些情感缺陷，加上儿童青少年身心发展阶段所具有的情感强烈、易冲动、自控力弱等特点，便极易导致过错行为、品德不良行为的产生。

（三）道德意志薄弱

道德意志是一个人自觉地克服困难去完成预定的道德目的、任务，以实现一定道德动机的活动。品德不良的儿童青少年，他们的品德形成只停留在顺从、认同的初级阶段，由于缺乏自制力，当个人欲求在外界诱导下占优势的情况下，会做出违背社会道德规范和侵犯他人或集体利益的不良行为。也有儿童青少年犯错后，愿意痛改前非，但终因缺乏意志的自觉性和坚持性，而经受不住外界的诱惑，最终在歧途上一错再错，愈陷愈深。

（四）行为习惯不良

道德行为习惯是指在一定道德意识支配下，表现出来的符合道德规范和原则要求的习以为常的行为倾向。

儿童青少年不良行为习惯，是在用不合道德要求的行动方式满足个人欲望，并多次侥幸得逞的情况下形成的。事实表明，许多不良行为在开始时只是偶然发生，若未能得到及时的矫正，一而再、再而三地重复，这些不良行为就会同个人私欲的满足进一步联系起来，经过多次重复，建立动力定型，继而形成不良习惯，进而成为产生品德不良行为的直接原因。

二、导致品德不良的家庭因素

导致一些儿童青少年品德不良的因素是多方面的。有由社会、学校和子女自身造成的原因，也有来自家庭方面的因素。

家庭导致孩子品德不良的因素，除了家庭的自然结构、经济状况、心理气氛和父母的职业、文化程度等环境因素外，家庭教育失当和父母、家人品行不良，往往是更直接、更重要的原因。

家庭教育失当，主要有以下一些类型：

（一）粗暴专制型

家长对孩子的教育简单粗暴，急于求成。孩子不听话，斥之；闯祸，刑之；成绩下降，罚之。结果，造成亲子关系疏远、感情隔阂，或是孩子不明是非、陷入泥潭，自欺欺人、人格畸形。

（二）溺爱型

孩子成了家庭的中心和主角，家长对孩子的要求一概满足，生活上过分照顾，感情上过度依恋，导致孩子娇气十足，四肢不勤，人格缺损，性格偏异。

（三）袒护型

家长过分溺爱孩子，把孩子的缺点当优点赞扬，对其过错隐瞒、纵容、庇护。家长不正确的态度和评价，使孩子的不良品质和习惯难以克服和纠正。

（四）放任型

家长以"树大自然直"的观念看问题，对孩子的行为不加约束，放任自流。孩子难免接受不良影响，行为不端，甚至走上违法犯罪的道路。

（五）物质型

家长偏重物质刺激，滥施奖励，使孩子逐渐滋长物质方面的欲望，或热衷于挥霍性消费，或养成贪婪的品性。孩子一旦满足不了自己的欲望，就可能走上歧途。

当然，以上分类是相对的。家长的教育态度，往往是几种类型兼而有之，而且不断有所变化，如溺爱孩子的家长一旦发现孩子品行不良，容易走向另一极端，粗暴地打骂、斥责甚至放任不管。有研究者指出，由于家庭教育失当，造成家长与孩子在感情上的距离和裂痕，失去了家长应有的权威和教育作用，孩子对家庭的向心力就会变成离心力，一旦在社会上找到新的寄托，遇上不良伙伴，就容易失足，走上犯罪道路。

父母及家人的价值观念、人生态度、道德品质、生活方式等等，都会对孩子产生潜移默化的影响。父母行为不端乃至犯罪，对子女的危害不可估量。有的研究表明，母亲贪求富贵、爱慕虚荣或者作风不正、举止轻浮、放荡等品行，对女孩影响较大；而父亲粗暴、冷酷以及酗酒、斗殴、盗窃、低级趣味等品行，则对男孩影响较大。

三、预防和矫正品德不良的教育策略

预防和矫正品德不良，根本的办法在于树立德育为先观念，加强日常品德教育。教育的策略主要有：

（一）蒙以养正

预防品德不良，一定要抓早、抓小。《易经·蒙卦》说："蒙以养正，圣功也。"对蒙而无知的孩童及时施教，使之不失其正，是圣人之功。《颜氏家训》也强调：品德教育应从婴儿时抓起，越早越好。"当及婴稚，识人颜色，知人喜怒，便加教诲，使止则止，使为则为。比及数岁，可省笞罚。"不然，"骄慢已习，方复制止，捶挞至死而无威，忿怒日隆而增怨，逮于成长，终为败德。"等到孩子的恶习已经养成再去纠正，就是打死他也不会奏效，而且还会加深子女和父母之间的对抗、怨恨情绪，恶习一辈子难以改正，最终只能成为无德无能的人。时下许多父母在子女教育问题上的困扰，就是源于忽略了早期的品德培养。

（二）防微杜渐

"冰冻三尺，非一日之寒。"儿童青少年潜在的不良状态或行为有其形成过程，并会出现一些征兆。在一般情况下，童年期的孩子在书包、文具、随身物件和零花钱方面的变化，可能是他们身心变化的开始，不良品行的萌芽；而处于少年期、青年初期的孩子，不良品行的前兆则比较多地表现在装束打扮、社会交往、日常行为等方面的变化。具体来说，儿童青少年的不良行为的产生往往有以下一些苗头：不爱学习，厌烦做作业，学习时走神、发呆，成绩下降；纪律散漫，上学迟到，放学后不按时回家，喜欢上街游荡、逛商店；常跟同年级或其他年级的差生来往；备

有小刀一类的凶器，逞能斗殴，拉帮结伙，注重"江湖义气"；带回来路不明的东西；与异性进行单独的非正常交往；偷看黄色网站、书刊、影碟；注重打扮，爱慕虚荣，爱穿奇装异服，留怪发型，涂脂抹粉，沾染吸烟、喝酒的不良习惯；言行、性格突变，或吹牛撒谎，大言不惭，或寡言少语，行踪诡秘；对信件、电话、教师的来访，或大人的谈话特别敏感，等等。随着新科学技术尤其是网络、手机等进一步普及，孩子品德不良的先兆，越来越带有隐蔽性。父母要提高教育意识，悉心观察、了解，正确地分析、判断，抓住苗头，做到防患于未然，及时进行教育，把问题解决在萌芽状态。

对于孩子品德不良的种种前兆，父母既要在思想上认真对待，又要在行为上小心谨慎；要让孩子相信自己，愿意接近自己，切忌粗暴、鲁莽。有些父母用监视、盘问等手段对待孩子，甚至随意翻看孩子的私人物件，动辄向老师报告孩子的"秘密"，其后果只能使孩子更加疏远父母，甚至产生对立情绪，品行越来越差。但如果不以为然，甚至包庇、袒护，则在客观上起到消极肯定的作用，会促使孩子继续犯错误。

（三）关爱信任

孩子难免有过失，犯错误，甚至犯严重的错误。面对孩子的过错，正确的态度应当是从关心爱护出发，让孩子知道虽然犯了错误，父母依然爱着自己、相信自己，从而保持正常的亲子关系；与此同时，要了解真相，看孩子是不是真的犯了错误，犯错误的经过怎么样，属于什么性质的问题。如之所以打架，可能只是出于自卫而还手；之所以私自拿父母的钱，可能是为了得到某件喜爱的玩具；之所以说谎，则可能出于自我保护心理；等等。情况明了，处理起来心中有数，恰如其分，这也体现了对孩子的关爱信任。

常言道："人非草木，孰能无情""精诚所至，金石为开。"实践证明，爱是一种最有效的教育手段。当孩子真正体会到父母的一片爱心和殷切期望时，内心将会发生变化，父母的教诲也就会有效果。否则，父母紧张、愤怒，乱加猜疑，是非不分，小题大做，甚至拳脚相加，屈打成招，必然导致孩子反感，与父母疏远，教育和矫正措施难以收到好的效果。

（四）对症下药

孩子的不良品德，是在某种客观条件影响下通过其一定的心理活动而形成的，有来自社会、学校、家庭的原因以及孩子自身的原因。对孩子不良品德的预防与矫正，必须追根溯源，对症下药。

孩子的问题，如果主要来自认识上的原因，父母要耐心教育。通过摆事实讲道理，告诉孩子什么是对的，什么是错的，为什么错，使孩子心目中被颠倒了的是非重新颠倒过来，形成正确的是非观念。在分清是非的基础上，一方面，帮助孩子认识错误，看到犯错误对本人、对家庭、对他人、对社会可能带来的后果以及各种心理的不当之处，以情感人，以理服人，使其受到震动，深感内疚，决心改正；另一方面，还要为孩子树立学习榜样，指出对待错误的正确态度、方法，鼓励其勇于认错、改错，积极向上。通过提高认识，影响和改变孩子的行为，使其沿着正确的方向发展。

如果孩子的问题是由于某些不良的外部诱因造成，父母要尽力消除诱因，如使孩子避免与同伙的哥儿们、迷恋的对象、犯错误的场所、作案工具等接触，尤其要严加控制与社会上不良团伙的接触，设法摆脱有害环境对孩子的干扰。同时，又要重视消除孩子不合理的欲念、嗜好、兴趣等内部因素。

孩子品德不良，大多与家庭教育不当、家庭环境不良有关。父母要深刻进行反省，从中吸取教训，提高自身素质，改进教育方式方法，努力营造一个有利于孩子改正错误、积极向上的家庭教育环境；并且坦诚地同孩子交谈，争取孩子理解、配合。

（五）形成合力

预防儿童青少年品德不良，必须从多方面着手。家庭、学校、社会分别担负起教育和保护未成年人的责任，还要紧密联系，相互配合，以形成合力。

父母在教育过程中，除了克尽己责，还要善于利用各方面的教育资源，增强合力。如父母双方还有祖辈、亲友，在教育问题上要共同探讨，取得共识，要求一致，取长补短，配合默契；同教师保持联系，交流情况，分析问题，研究对策，采取措施，相互支持；争取社区有关机构的帮助，根据教育需要和可能条件，参与公益活动；改善交友状况，排除不良诱惑，形成有利于孩子健康成长的社会环境。必要时，还可向专业机构、专业人士或有关社会团体、社会人士寻求帮助，使教育措施更具有针对性、科学性和实效性。

第八章 家庭教育开展的具体技术

第一节 家庭教育的地基——无条件接纳

一、无条件接纳的概念

网络盛传一个名为《给孩子打分》的视频。电视台征集了几组4~6岁孩子的母子和母女，孩子们都在室外玩耍，妈妈们集中在等候室和亲子专家沟通子女教育问题，妈妈们都谈到了宝宝让自己头疼的事情，如不好好吃饭，用袖子擦嘴巴，什么青菜都不喜欢吃，爱哭、一天内要哭五六次，不听话让妈妈很生气等。接着试问妈妈们："若是给自己家的宝宝打分，10分是满分，每一个妈妈会打几分？"妈妈的打分分布于五至八分之间，无一人对自己家的孩子打10分满分。镜头切到室外玩耍的孩子们，专家问天真无邪的孩子喜欢妈妈什么，回答也是多种多样。有的喜欢妈妈陪自己玩，还有喜欢放学就要妈妈抱，喜欢妈妈的口红，嘴巴亲自己，做饭给自己吃。孩子们还说就是喜欢妈妈，没有理由；想保护妈妈；妈妈变老了自己会很伤心；会画画想妈妈的。妈妈们透过大屏幕看到自家宝宝的回答，都泪流满面。接下来的打分环节，孩子们都给自己的妈妈打了满分，还有孩子兴奋地说要打一万分。感动于孩子对自己无条件的爱，妈妈们很是惭愧。

很多时候，家长都口口声声说爱孩子，但爱的是孩子这个人还是孩子的表现呢？其实答案不言自明。我们能不能在问成绩、学习之前，看一看孩子的闪光点；我们能不能在孩子表现不怎么样、状态最不好时，看到孩子身上的闪光点。有时不仅仅是对一个人闪光点的欣赏，更重要的是对他全人（存在）的接纳。

无条件接纳是指无条件的爱孩子这个人，而不论孩子的表现如何，即爱"如他（孩子）所是"，非"如你（家长）所愿"。这就意味着：向孩子表达父母的爱，让他们懂得，不论他们的行为如何或犯了多大的错误，多么的失败，父母的爱永不离开。就算世界上所有路都行不通，还有一条路可以畅行，那就是回家的路。对孩子无条件接纳的程度，就是对孩子爱的程度，这也是一个优秀父母的试金石。

与无条件接纳相对应的就是有条件地接纳，这种类型的接纳在家庭教育中比比皆是。"你必须做出成绩别人才瞧得起你，其潜台词是你的价值是由你的成绩决定的，你就等于你的成绩""再

第八章 家庭教育开展的具体技术

这样我就不喜欢你了",也就是说你被喜欢是有条件的;"考这个分数还有脸回来吃饭?"即考到好成绩才能回家吃饭;"你让我没脸见人"我的尊严比你重要。

什么在阻挠父母无条件接纳自己的孩子?往往是家长头脑中潜在的想法,如无视孩子的真实实力,对孩子寄予过高过多的期望,望子成龙、望女成凤;将孩子作为父母的延伸,模糊亲子间的界限,子承父业,后继有人让孩子完成自己未完成的事业,结果孩子失去了自我;父母自己缺乏健康的自我意识,自己没有人生,那就生人,将生的人的人生视为是自己的人生让儿女来证明父母自身的价值,要求孩子光宗耀祖,改换门庭。

这里有两个冥想镜头,第一个镜头是:在你小时候成长的环境里,父母经常争吵,无论你做什么,他们都会经常表达对你的不满,经常否定你,与别的孩子比较,会因为你出错而经常惩罚你。第二个镜头,当你是一个孩子的时候,在家庭里,不管你做什么,只要是你感兴趣的,父母都支持你,鼓励你,觉得你可以做到,你也可以表达自己负面的情绪。在这两种不同的接纳环境中,相信大家都愿意生活在第二种环境中。

那为什么我们要对孩子无条件地接纳呢?

二、无条件接纳的意义

1.有利于孩子建立安全感和存在感。心理学研究发现,作为一个个体,只身一人来到这个世界,茫茫大千世界如何安身,建立对这个世界基本的安全感和信任感,完全取决于早年经历中父母尤其是母亲是如何对待自己的。如果是母亲能对婴儿足够敏感,及时识别婴儿的喜怒哀乐所传达出来的内在需要,婴儿会感觉到"我饿了,就有人满足我;我渴了,妈妈看见并满足了我;我想让抱抱时,也能被积极回应"。这时,婴儿的全能自恋得到满足,若是持续得到回应和满足,他就会建立对这个世界基本的信任感和安全感,敢去相信世界是美好的,自己的生命是受到欢迎的,他人是可信的,慢慢生发出一种叫希望的心理品质。而希望给儿童的健康人格和未来人生奉送了第一缕朝阳,迎着朝阳,儿童的自我成长具有了最初的根基。试想一下,若一个全能自恋没有被在适时适当满足的孩子,心理能量一直固着在那里,形成一个"未完成的事件",在接下来的成长中,将会用更多时间和精力去试图改写历史,试图完成这个事件,试图去在内心上证明自己是有存在价值的,是受欢迎的。当一个人的内在能量都耗在和过去的某个自己较劲时,自然会错过生活在当下的很多美好,还将生活在怀疑和不安之中。所以,对孩子的无条件接纳,有益于孩子坚信自己生命的那份独一无二的存在性,自我接纳和建立安全感。可以说,孩子3岁前的被接纳程度决定孩子成年后自我接纳的程度和生命恐慌畏惧程度。

2.有利于孩子建立价值感。笔者原在工作坊中开展过一个活动。小组中两两一组,分别扮演妈妈和孩子,孩子问:妈妈你爱我吗?妈妈深情地说:"爱!"问答反复三次。当演练三遍之后,每个人都会痛哭流涕并当场失声痛哭。原来在光鲜的外表下,在每个人的内心深处,我们都只是一个希望得到父母认可的孩子。生活中,我们也会发现,孩子很多时候,提出父母看看自己的某个作品,倾听一下自己某种观点,这其实类似于父母是一面镜子,孩子需要借助父母这面镜子照见自己，若被投以无条件地接纳时，孩子从镜子中也看到了自己独一无二的那份价值。若父母对此毫无兴趣或吹毛求疵，长此以往，孩子将感觉不到自己做事的价值和意义，自我意象也慢慢扭曲，低自尊、低价值感的个体也会应运而生。从这个角度来说，父母的认可、接纳是孩子成长的最大动力，是孩子生命价值感的源泉。

3. 无条件地接纳是和孩子建立良好关系的基础。无条件地接纳要求父母，即使孩子调皮、哭闹，父母都应该不做任何负面的评价和要求，而是无条件的积极关注，给予孩子温暖。只有持这样的态度，才能真正地看见孩子，看见孩子的情绪和情绪背后的需要，理解孩子的感受。感受到被理解的孩子，才会敞开心扉与父母沟通。很多时候，亲子沟通不畅，就是因为父母对孩子是不接纳的，带着固有的评价去跟孩子沟通，无法接受来自孩子发出的信息，无法体会孩子真实的想法，孩子也感受不到被理解，就会自动关闭与父母沟通的大门。而被无条件接纳的孩子更愿意敞开自己，与父母沟通，亲子之间将建立更多的信任。

4. 有条件接纳的后果。无条件地接纳对孩子的健康人格成长具有重大意义，有条件接纳的后果和危害不容小觑，可以从以下的案例中窥见一二。

小华从小就非常喜欢小动物，尤其热衷探究小动物的生活习性，在上幼儿园及小学时常常因为观察小动物而弄得浑身是泥。父母对此非常生气，于是就想方设法阻止他去外面玩。父母希望他学钢琴，以便将来中考、高考时加分。开始，他总是趁着父母不注意偷偷地跑到附近的公园里做自己喜欢的事。

有一次，他把一个黑色的蜘蛛带回家后，父母大发雷霆，训斥他不应该把这么脏的东西带回家。爸爸还一脚踩死了蜘蛛，妈妈竟然摔烂了他积累了好几年的装着各种标本的"百宝箱"。那一刻，小华愣住了，回到自己的房间默默坐了一个下午。从那以后，他变得沉默寡言，对任何事都没兴趣，甚至还撒谎，学习成绩也一落千丈。父母为此非常发愁，甚至怀疑他是不是智力有问题。

请问：你认为小华有问题吗？如果您是小华的家长，你会怎么做？

我想每个读者心中自有答案。M·斯科特派克在《少有人走的路》中写道：

我们对现实的观念就像一张地图，凭借这张地图，我们同人生的地形、地貌不断妥协和谈判。地图准确无误，我们就能确定自己的位置，知道要去什么地方，怎样到达那里；地图漏洞百出，我们就会迷失方向。

大多数人到了中年，会认为地图已经绘制好，虽然有些许瑕疵，但不影响自己与自己、与他人、与世界的相处，于是他的观念就局限在那里，他的世界也局限在那里。只有极少数人能继续努力，他们不断探索、扩大和更新自己对于世界的认识，直至生命终结。

对孩子有条件接纳的家长往往是按照自己认为的心灵地图去看待孩子的人生，用自己有限的人生去限定孩子生命的无限可能，短期来看，影响到孩子情绪发展、行为改变，长远而言，会引发孩子的人格扭曲。

九点半读完书到了睡觉的时间，儿子摸着大脑袋，叽里咕噜说："我有点头疼！"我一听，心想你那点小心思你娘我还不是心知肚明啊！就单刀直入地说："你想干什么？直说！""呵呵，我就想吃东西！"他有点愧疚地答道。我的心情还算不错，就追问道："吃什么？""苹果"答案早就在那等着呢，看来是"蓄谋已久"。"好的，妈妈去拿，你等着啊！不过下次想吃东西能直接说吗？"我担心我的有条件的接纳（我不喜欢孩子临睡前吃零食），让他养成掩饰自我的真实需要（也许是真饿了，儿子很多时候睡觉前就喜欢吃点再睡）的习惯。"好的！"儿子也爽快地回应，"不过，我也真是有点头疼。"我还是半信半疑"真的？！""真的！""那好吧，中午没有睡觉，可能有点疼！"他今天中午没有午休，夜已晚，按照惯例有头疼的可能。后来等儿子吃完苹果后，我还和他谈到，每逢晚上他睡前吃东西尤其是时间较晚时，妈妈着实会有情绪，但都会满足他的，希望他知道妈妈是会"听"他的话，"斗"不过他的。他满脸洋溢着胜利的调皮的笑。

从中，我真切地感到，父母的有条件接纳是孩子说谎的源头。孩子说实话父母不接受，但是孩子的需要也亟待得到满足，在这份较量中，会有焦灼，这份情绪会放大需要的强大驱力，进而驱力推动孩子寻求满足，甚至不惜以编造谎言来伪装当作借口。长此以往，撒谎成性，父母更加愤怒，更加不接纳，亲子沟通陷入恶性循环。所以宽容接纳是治愈谎言的唯一良方。

当然生活中还会见到一些儿童专门捣蛋，做一些不恰当的行为"勾引"你去讨厌他。在本书的第二章中，我们讲到寻求安抚是人的本性，有胜于无，对人尊严最大的轻蔑是视他为空气和不存在。也就是人所有的行为都是以目的为导向的，一个孩子降临到这个世界，他的首要目的就是为了追求归属感和价值感。当他不被接纳或被视而不见时，会干一些招人讨厌的事情，吸引他人的眼球，不惜以损失他人对自己的尊重为代价。这类行为意味着孩子的内心在呼喊"请关注我，接纳我吧"。所以，每一个问题行为的背后都有一个看似合理的理由，越不可爱的孩子，往往是越需要爱的孩子，也越需要家长无条件的积极关注，越需要被看见和接纳。爱是治愈问题行为的良药。

当然我们在生活中，也会对孩子有些伤害，可以通过"空椅子技术"来感受自己对孩子的不接纳，以便事后的纠正。"空椅子技术"是完型疗法，著名而有影响、最为简便易行、常用的一种技术，是使来访者的内射外显的方式之一。其目的是帮助当事人全面觉察发生在自己周围的事情，分析体验自己和他人的情感，帮助他们朝着统整、坦诚以及更富生命力的存在迈进。这种技术有几种形式，其中一种是他人对话式。它用于自己与他人之间的对话，操作时可放两张椅子在来访者面前，坐到一张椅子上面时，就扮演自己；坐在另一张椅子上时，就扮演别人，两者展开对话，从而可以站在别人的角度考虑问题，然后去理解别人。此处的运用就是要求家长坐在其中的一空椅子上，扮演爸爸或妈妈，然后再换坐到另一张椅子上，扮演一个孩子，以此让家长所扮演的双方持续进行对话。目的是让家长站在孩子的角度感受父母的有条件的接纳给孩子造成的内心伤害，试着理解孩子，将从改变对待孩子的方式开始。

三、无条件接纳孩子的具体做法

（一）认识和尊重孩子

有人说，我天天看着我的孩子，我很认识他。其实父母所谓的认识孩子一般都是有条件看待孩子的，看到的更多的是孩子的缺点，因为父母内心有完美主义情结，希望孩子能改进。我们这里说的认识孩子是指每个孩子是独一无二的存在，要求家长真的能从心底深处把他视为一个独一无二的生命体，拥有优点同时也具有缺点。只有从心底深处接纳了孩子本身，包括缺点，才是真的做到尽可能地尊重孩子；而当孩子有情绪时，也更能设身处地感同身受，不加评判地去共情他。这样的孩子将收获自信和不断成为自我，父母的养育之路也将更加轻松。

九月份新学期（幼儿园大班）开学了，学校在大门口增加了一处假山水景，在哗哗的水声之上还有一处黄色的精致的小桥。开学的第一天，放学后小朋友都争先恐后地从小桥上走一走，儿子也很有兴致地迈着轻盈的脚步慢慢地走过小桥，很满足的样子。第二天放学，我们再去溜达时，学校已经安排老师值勤，以防拥挤发生意外。

开学的第三天，早晨送儿子时，我看时间还很宽松，走到这处水景时，我饶有兴趣地说："咱从小桥过吧？"谁知，儿子很坚定明确地说："我不想。"这是我没有想到的。我也没有刨根问底问什么原因，就顺势启发说："哦，妈妈本来想从小桥上过的，我还想儿子你也想从那里走，谁知道你这会儿不想，那咱就不去。你看妈妈也不是你肚子里的蛔虫，真不知道你的想法。所以呀，我们生活中如遇到问题，应该听谁的？""听我自己的。"儿子很老练地接过话说。一轮朝阳照在我俩过小桥去班级的路上。

生活中类似的情景还有很多，就在刚刚进入幼儿园大门时，别的孩子都很好奇地和米奇、跳跳鼠等（开学伊始，学校为了让孩子们打消对陌生环境的焦虑，由老师穿上孩子们熟悉的动画片里的人物角色的衣服，扮演成各种角色人物，分散在幼儿园进门的那条路上，而这条路是每个小朋友每天进出校门的必经之路）握手呀照相等，儿子看到这些造型，只是甜甜地笑笑，带着满意的笑容和我手拉手从那条路上走过，似乎只是在享受着那份被欢迎的荣耀。我也试图让他去握手，扮着各种角色造型的老师们也诱惑说"来照个相吧？"结果他都不去，而我很欣然地接受了儿子的选择。周日在家坚持要玩，不要午休，我也很是尊重。

在生活中，我把儿子看成是独立的生命体，以尊重平等的方式和他相处，虽然也有较量、摩擦，但是整体来说，我"听他的话"，让感觉在他的心中开花，日复一日，他的充沛丰富的感觉根系紧紧地深入大地，就算很猛烈的风也不能颠覆他的立场。随着儿子的成熟和独立，当我的这份浓浓的母爱需要得体的退出时，一如广告所言："妈妈，再也不用担心我了。"

（二）让孩子感受到家长是无条件地接纳他的

4岁的儿子，有一天晚上洗漱完，临睡觉前，走到床边瞥见了我床头柜上放着的一本书《无条件养育》，好奇地问："妈妈，什么是无条件养育？"我启发说："那你认为什么是无条件养育呢？妈妈特别想听听宝贝的想法。"他机智地转动着小眼睛，很快调皮地说："就是我笑，你喜欢我；我哭你也爱我；我耍赖你也爱我。"解释的多好呀！一语击中要害啊！"那你感觉妈妈是无条件接纳你的吗？"我追问到。"那是当然啦！"儿子边说边得意边送给我一个热情的拥抱。

在日常的养育过程中，父母要通过亲子的互动包括态度、语言和行为等，让孩子感受到父母是无条件地接纳他的。可以告诉孩子："做你的妈妈爸爸是我们做过的最有成就的事，没有什么能比做你的父母更好的了。""你是上天带给我们的最好的礼物""没有你我们的生活是一片灰暗，是你照亮了我们。"父母应该本着"不含诱惑的深情"（温尼科特语）的心态去对待孩子，也就是让孩子感受到"爸爸妈妈爱你，无需你的回报，你尽管去做自己就可以了"。不要让孩子感受到接受你的爱是有条件的，这样被养育的孩子一定是拥有强大的归属感和价值感。一如一个5岁的孩子形容："他是家里的太阳，爸是山，妈妈是水，没有他这个家就暗无天日，爸爸发火就是山落下了碎石。"

5岁的儿子，洗漱完躺在暖暖软软的被窝里，儿子还似乎没有睡意，还很兴奋："妈咪，给我出数学题吧。"我已是瞌睡得睁不开眼睛了，可不出题应付一下，儿子不会善罢甘休，就随口一说"56+56"，"112"很快答案出来了。为了开个玩笑搞个怪，我说："112+×××（儿子的名字）。"他失落中带着顽皮和满足答道："我算不出来。""为什么？"我很好奇。"我是无价之宝，它俩相加，数目大的我都算不出来了。"听听这逻辑听听这自信，我感叹他自我的强大，也羡慕他能拥有一个虽无法选择但能给予他满满的价值感的家庭教育环境的幸运。我对尽到给予孩子营造爱的家庭教育的父母责任而感到欣慰，同时也为未给孩子心灵造成负面影响而欣慰。儿子，妈妈会继续饱含深情地爱你，爱你的一切，放心地成长吧。

（三）鼓励孩子付出劳动，但不因成败论英雄

世界上有一种爱是指向分离的，那就是父母对子女的爱。父母的爱只能给予孩子心灵成长的营养，但不能代替孩子和包办孩子的人生，孩子的人生之路还是依赖他自己去走，去品尝人生的酸甜苦辣，经历人生的风云变幻。所以，父母应该鼓励孩子迈开脚步，付出劳动，但不因成败论英雄。孩子的根本价值不仅仅在于他的成就、资历或地位，也不仅局限于他拥有什么或做了什么、没做什么，其真正的价值在于他是谁，他是一个独立的生命体。这样，孩子拥有极大的自信和安全感，而不是处处生活在不能让父母满足怎么办的惶惶不可终日里。而在尝试的过程中，我们相信每一个生命都具有会成长成为被社会主流价值所接受的个体的倾向（罗杰斯语），他自会拥有他独一无二的人生。

第二节 家庭教育的关键——赞赏

若是说父母对孩子个体生命的存在要抱着接纳的态度，而对孩子做出的行为就要投以更多的赞赏和肯定，而对孩子的赞赏源于深深的接纳。

一、赞赏的内涵

顾名思义，赞赏就是针对孩子行为正面的称赞、欣赏和肯定。赞赏孩子意味着对孩子说：你不同凡响！

单元测验的成绩出来了，婷婷一脸喜悦地回到家。

"妈妈，我们今天考数学了。"

"是吗，这回得了多少分？"

"82分，比上次高了10分呢。"婷婷有几分骄傲地说。

"哦，这回是比上次进步了。唉，你知道隔壁的扬扬考了多少分吗？"

"好像是90分吧。"婷婷有点不高兴地回答道。

母亲似乎并没有察觉，接着问："怎么又比她考得差？你努点力行吗？"

"你凭什么说我没努力？比上次提高了10分，老师还表扬我进步了呢，就你总是不满意。"婷婷生气了，她提高嗓门喊了起来。

"你怎么这么不懂事，我这不是为你好吗。你看人家扬扬，每次都考得那么好，哪像你时好时差，也不知道争点气。"

"我怎么不争气啦？你嫌我丢你的脸是不是？人家扬扬好，那就让她做你的女儿好啦。"婷婷气冲冲地走进自己的房间，"砰"的一声把门关上了。

请思考：为什么母女的谈话陷入僵局呢？

形成鲜明对比的下文中的智慧的父母。

女儿一脸喜悦地说："妈妈，我们今天考数学了！"

母："是吗，妈妈相信你这次一定比上次考得好！"

女儿很自信回答说："82分，比上次高10分呢！"

母亲激动地说："都提高10分啦，真是太了不起了。我说了你很有潜力吧，妈妈相信你一定还会有提高！"

女儿听到母亲的鼓励后定会很兴奋，并会继续努力考好下一次。

面对孩子的每一次努力，家长应该给予更多的认可，尽管结果可能不尽如人意，但是孩子的行为总有值得肯定之处，父母应该聚焦优点、长处等闪光点加以赞赏，这是孩子建立自信的关键，孩子也会为了爱和被懂得而努力，但不会为了指责、否定而上进。父母恰似一面哈哈镜，要做孩子良性的哈哈镜。

二、赞赏儿童对儿童人格发展的价值

（一）有利于孩子增加价值感

赞赏是对孩子的所言所行给予的认可和正面反馈，有助于强化孩子对自己所做事情的意义的理解，形成良好的自我概念，增加后续类似正面行为的概率，形成良性循环。

第八章 家庭教育开展的具体技术

（二）有助于满足孩子内心的需要，尤其是被人肯定尊重的需要

著名的人本主义心理学家马斯洛，其影响深远的需要层次理论告诉我们，需要对于人类而言一如汽车的发动机，是人类行为的源动力。每一个个体都有不同层级的需要，包括生理需求、安全需求、爱与归属需求、尊重需求和自我实现需求。当一个人低层级的需要被满足之后，就会不断追求高层级的需要。当去赞赏孩子，其实是满足了其尊重的需要，即人人都希望自己有稳定的社会地位，要求个人的能力和成就得到社会的认可。尊重的需要又可分为内部尊重和外部尊重。内部尊重是指一个人希望在各种不同情境中有实力、能胜任、充满信心、能独立自主。总之，内部尊重就是人的自尊。外部尊重是指一个人希望有地位、有威信，受到别人的尊重、信赖和高度评价。马斯洛认为，尊重需要得到满足，能使人对自己充满信心，对社会满腔热情，体验到自己的价值。

（三）培养和强化自信心，避免习得性无助

赞赏对孩子健康发展的重要性，无数专家、学者达成一致共识。赏识教育专家周弘有言："哪怕天下所有人最后看不起我们的孩子，做父母的都应该眼含热泪地欣赏他、拥抱他、称颂他、赞美他，为他们感到自豪，这才是每个孩子的成才之本。"情绪管理专家李中莹也说："孩子的自信来自5000次的肯定。一天一次，13年；一周一次，96年。"赞赏有利于培养和强化孩子的自信心，避免习得性无助。习得性无助是美国心理学家塞利格曼1967年提出的，他是指出让人们自设樊篱，把失败的原因归结为自身不可改变的因素，从而放弃继续尝试的勇气和信心。

故事：狮子与标签

一天早上，狮子醒来，愤怒地团团转，吼声打破宁静，凶猛威严。原来有个野兽和它开了个玩笑：在它的尾巴上挂上了标签。上面写着"驴"，有编号，有日期，有圆圆的鲜红的象征权力的公章，旁边还有个龙飞凤舞的领导认证签名……

狮子很恼火。怎么办？从何做起？这号码，这公章，肯定有些来历。撕去标签免不了要把责任承担。狮子决定合法地摘去标签，它满怀气愤地来到野兽中间。

"我是不是狮子？"它激动地质问大家。

"你是狮子，"狼慢条斯理地回答，"但依照法律，我看你是一头驴！"

"会是驴？我从来不吃干草！我是不是狮子，问问袋鼠就知道。"

"你的外表，无疑有狮子的特征，"袋鼠说，"可具体是不是狮子我也说不清！"

"蠢驴！你怎么不吭声？"狮子心慌意乱，开始吼叫，"难道我会像你？畜生！我从来不在牲口棚里睡觉！"

驴子想了片刻，说出了它的见解："你倒不是驴，可也不再是狮子！"

狮子徒劳地追问，低三下四，它求狼作证，又向豺豹解释。同情狮子的，当然不是没有，可谁也不敢把那张标签撕去。

憔悴的狮子变了样子：为这个让路，给那个闪道。

一天早晨，从狮子洞里忽然传出了"呃啊"的驴叫声……

在挑剔中成长的孩子，学会谴责；

在讥笑中成长的孩子，学会羞怯；

在敌意中成长的孩子，学会争斗；

在耻辱中成长的孩子，学会局促；

在过分袒护中成长的孩子，学会依赖；

可是

在鼓励中成长的孩子，学会自信；

在尊重中成长的孩子，学会尊重；

在宽容中成长的孩子，学会忍让；

在赞扬中成长的孩子，学会自爱；

在接纳别人和友谊中成长的孩子，学会慷慨的爱。

（四）如何赞赏孩子

1. 正向聚焦

一个小学一年级的孩子回到家告诉妈妈，自己的语文考试得了98分，妈妈迅速地反应道："那两分跑哪里去了？"如果孩子把语文98分，数学95分，英语80分的成绩单给家长看，很多家长第一反应是："英语怎么考得这么少？"一个漫画中，一位家长问："请问你的孩子的缺点是什么？"另一个家长叽里呱啦地说了一大堆，这位家长又问："请问你的孩子有什么优点？"被问及的家长却半天答不出来。

类似的例子数不胜数，这说明生活中家长对孩子的行为持一种负性偏好。即更多关注其不尽如人意的地方，其背后有试图补救、能更完美更好的人之本性的追求。其实，也透漏出中国父母最大的问题是来自对孩子的深深地不认同，对孩子的爱、夸奖说不出口。我们没有学会把自己当个主体，也没有把孩子当个独立的个体来尊重善待。

在养育孩子的过程，我们倡导正向聚焦，即不是逮住孩子的不足、错事、退步等不放，让他们改正，而是努力去捕捉孩子的亮点、贡献和进步给予肯定、放大！还拿上面的例子来说，当看到孩子语文考了98分，我们应该说："宝贝，你真不错，都考了98分的高分，可见你很努力，真为你高兴！"当孩子给我展示他的语文98分，数学95分，英语80分时，父母也应该看到孩子各科成绩都在80分以上，语文和数学还考到了95分以上！这就是各科的相对均衡发展且有较突出学科的学业现实。秉持人本主义的人性观，相信孩子都有积极向上的天性，以积极和建设性的眼光去发现孩子的内在力量，在家庭教育中，家长需要做的是积极的引导，助力孩子的成长，而不是去纠正改变孩子的错误行为。相信你现在嘴里孩子的样子就是他未来的样子，他会不断发展成为你期望的样子，即预言的自动实现效应的发生。正如下面的故事带给我们的启发一样。

故事：一位母亲的三次家长会

第一次，幼儿园的老师说："你的孩子可能有多动症，在板凳上连三分钟也坐不了。你最好带他上医院看看。"回家的路上，孩子问老师说了些什么，她告诉儿子："老师表扬你了，说宝宝原来在板凳上坐不了一分钟，现在能坐三分钟了。其他的妈妈都非常羡慕妈妈，因为全班只有宝宝进步了。"

那天晚上，儿子破天荒吃了两碗饭，而且没有要妈妈喂。

第二次，小学家长会上，老师说："全班50名同学，这次数学考试，你儿子排第49名，我们怀疑他智力上有障碍，你最好带他去医院查查。"回家的路上，她流了泪。然而回到家，她对坐在桌前的儿子说："老师对你充满信心，老师说了，你并不是一个笨孩子，只要能细心些，会赶上你的同桌，这次你的同桌考了21名。"说话时，她发现儿子暗淡的眼神一下子充满了光亮，沮丧的脸舒展开来，她甚至还发现，儿子温顺得让她吃惊，好像突然长大了许多。

第二天上学，儿子比平时去得都早。

第三次，初三年级家长会，妈妈直到结束都没有听到老师点她的名字，临别去问老师，老师告诉她："按你儿子现在的成绩，考重点高中有点危险。"她怀着复杂的心情走出校门，她发现儿子在等她，她扶着儿子的肩膀，告诉儿子："班主任对你非常满意，她说了，只要你努力，很有希望考上重点。"

高考结束后，这位同学被清华大学第一批录取，儿子跑到自己的房间大哭起来，边哭边对跟过来的妈妈说："妈妈，我一直知道我不是一个聪明的孩子，只有您一直都在欣赏我！"

家长的智慧是做孩子人生跑道上的拉拉队，良性的哈哈镜。

2. 鼓励努力和过程

斯坦福大学著名发展心理学家卡罗尔·德韦克对纽约20所学校，400名五年级学生做了长达10年的研究，结果发现：表扬孩子聪明，会让孩子形成"自我毁灭"行为。在实验中，他们让孩子们独立完成一系列智力拼图任务。

首先，研究人员每次只从教室里叫出一个孩子，进行第一轮智商测试。测试题目是非常简单的智力拼图，几乎所有孩子都能相当出色地完成任务。每个孩子完成测试后，研究人员会把分数告诉他，并附一句鼓励或表扬的话。研究人员随机地把孩子们分成两组，一组孩子得到的是一句关于智商的夸奖，即表扬，比如，"你在拼图方面很有天分，你很聪明"。另外一组孩子得到是一句关于努力的夸奖，即鼓励，比如，"你刚才一定非常努力，所以表现得很出色"。

为什么只给一句夸奖的话呢？对此，德韦克解释说："我们想看看孩子对表扬或鼓励有多敏感。我当时有一种直觉：一句夸奖的话足以看到效果。"

随后，孩子们参加第二轮拼图测试，有两种不同难度的测试可选，他们可以自由选择参加哪一种测试。一种较难，但会在测试过程中学到新知识。另一种是和上一轮类似的简单测试。结果发现，那些在第一轮中被夸奖努力的孩子中，有90%选择了难度较大的任务。而那些被表扬聪明的孩子，则大部分选择了简单的任务。由此可见，自以为聪明的孩子，不喜欢面对挑战。

为什么会这样呢？德韦克在研究报告中写道："当我们夸孩子聪明时，等于是在告诉他们，为了保持聪明，不要冒可能犯错的险。"这也就是实验中"聪明"的孩子的所作所为：为了保持看起来聪明，而躲避出丑的风险。

接下来又进行了第三轮测试。这一次，所有孩子参加同一种测试，没有选择。这次测试很难，是初一水平的考题。可想而知，孩子们都失败了。先前得到不同夸奖的孩子们，对失败产生了差异巨大的反应。那些先前被夸奖努力的孩子，认为失败是因为他们不够努力。

德韦克回忆说："这些孩子在测试中非常投入，并努力用各种方法来解决难题，好几个孩子都告诉我：'这是我最喜欢的测验。'"而那些被表扬聪明的孩子认为，失败是因为他们不够聪明。他们在测试中一直很紧张，抓耳挠腮，做不出题就觉得沮丧。

第三轮测试中，德韦克团队故意让孩子们遭受挫折。接下来，他们给孩子们做了第四轮测试，这次的题目和第一轮一样简单。那些被夸奖努力的孩子，在这次测试中的分数比第一次提高了30%左右。而那些被夸奖聪明的孩子，这次的得分和第一次相比，却退步了大约20%。

德韦克一直怀疑，表扬对孩子不一定有好作用，但这个实验的结果，还是大大出乎她的意料。她解释说："鼓励，即夸奖孩子努力用功，努力用功是一个内在的可控的变化的因素，会给孩子一个可以自己掌控的感觉。孩子会认为，成功与否掌握在他们自己手中。反之，表扬，即夸奖孩子聪明，聪明是一个内在的不可控的相对不变的因素，就等于告诉他们成功不在自己的掌握之中。这样，当他们面对失败时，往往束手无策。"

在后面对孩子们的追踪访谈中，德韦克发现，那些认为天赋是成功关键的孩子，不自觉地看轻努力的重要性。这些孩子会这样推理：我很聪明，所以，我不用那么用功。他们甚至认为，努力很愚蠢，等于向大家承认自己不够聪明。

德韦克的实验重复了很多次。她发现，无论孩子有怎样的家庭背景，都受不了被夸奖聪明后遭受挫折的失败感。男孩女孩都一样，尤其是好成绩的女孩，遭受的打击程度最大。甚至学龄前儿童也一样，这样的表扬都会害了他们。

从心理学的实验研究和结论可知，家长更应该鼓劲和支持孩子的努力过程和努力的态度，如"爸爸看到你这学期的努力，为你骄傲！"而不是表扬其针对结果和成效，"爸爸看到你成绩提高，为你高兴！"

若父母关注过程而非结果，孩子就会响应自身心底生命的呼唤，焕发自身的渴望，去努力争取想过的有意义生活，不会为成功而成功。

3. 赞赏具体化的公式

理解了对孩子应该是赞赏其努力和态度后，我们来看如何赞赏也就是如何向孩子表达我们对他们的赞赏。其实赞赏或夸奖是有公式的。这个公式是赞赏＝描述行为和结果＋家长的感受和身体语言或奖赏＋你是怎么做到的。第一步是描述你看到孩子的努力行为和结果，如"宝贝，经过你两个月刻苦训练，这次演讲比赛得了一等奖。"第二步，家长表达自己感受、身体语言或奖赏，身体语言或奖赏可以是拥抱、爱抚、击掌、拍肩、庆祝活动或扩大享有的自由或权限。如"妈妈感到特别自豪，来拥抱一个，周末咱庆祝一下。"第三步，询问孩子是怎么做到的。这一步目的在于引发孩子回顾自己的努力过程、积累经验和明确未来努力的方向。可以说："宝贝，你感觉这次取得这么好的成绩，你是怎么做到的呢？"一般听到这样的问话，孩子都很得意，开始神采飞扬地表达自己很能耐的一面。此时也是家长激励孩子以后可以继续努力的大好时机。

4. 赞赏的用语

为了更好地与孩子互动，激励孩子的良性发展，家长还要不断更新自己夸奖孩子的表达用语。下面列举了一些用语，家长可以根据需要举一反三，变换使用。

（1）表示接纳的语句

"我很高兴看到你学溜冰时沉浸其中专注的样子。"

"我觉得你很喜欢画画儿。"

"看起来你对我处理你的零用钱的方式不太满意，请告诉我你的想法好吗？"

"我虽然不赞成你那样做，但我相信你有你的理由，你愿意让我知道吗？"

（2）表示信心的语句

"这也许很难，但我了解你的能力，我相信你能做得很好。"

"我对你的判断有信心。"

"我对你的能力有信心。"

"功课虽然不少，但我相信你做得完。"

"我知道你一定会想出办法来。"

"我相信你一定会尽力的。"

（3）注重努力和进步的语句

"你的表达能力进步很多。"

"我能了解到你付出的努力。"

"我看到你语文课的成绩比上次进步了9分。"

"这次也许分数上没有进步多少，但我知道你已经尽力了。"

（4）强调长处、贡献和感激的语句

"太谢谢了，你分担了许多家务事。"

"看得出你学美术很有潜力。"

"你帮弟弟复习功课，爸妈觉得很欣慰！"

"谢谢你的办法，不是你我真不知该怎么办！"

"你帮我设计这张海报，看得出你的创造才华。谢谢你！"

"我很欣赏你的毛笔字。"

"你这篇作文的内容很有新意。"

5. 赞赏忌讳过度化

另外，我们还要强调对孩子赞赏的时机。当孩子在对自己的能力不确信时，为了孩子强化自信，明确价值和意义，家长尤为需要夸奖孩子。当孩子长大了，已形成较为确定的能力，兴趣爱好时，就不太需要或较少需要来自外在的夸奖了。否则可能造成以下两点危害。首先，它破坏了孩子实事求是的学习精神。一个孩子如果为了一双旱冰鞋而去学习，他在学习上就开始变得功利了。在短时间内可能会取得好成绩，可一旦得到了这双鞋，对学习就会懈怠。庸俗奖励只能带来庸俗动机，它使孩子不能够专注于学习本身，把奖品当作目的，却把学习当作一个手段，真正的目标丢失了。其次，它转移了孩子的学习目的，扭曲、外化了学习动机。学习最需要的是对知识的探究兴趣和踏实的学习态度，这是保持好成绩的根本动力和根本方法。把奖励当作学习的诱饵提出来，是一种成人要求儿童以成绩回报自己的行贿手段。它让孩子对学习不再有虔诚之心，却把心思用在如何换取奖品、如何讨家长欢欣上。这让孩子的心总是悬浮在半空，患得患失，虚荣浮躁，学习上很难有心无旁骛、脚踏实地的状态。

其实，心理学也有类似的研究。行为有两套理由，一个是外在，另一个是内在的。当一个行为是因为得到巨大的回报或避免严厉的惩罚，其实是相当于说行为的改变出于一个外在原因（我这样做或想是因为我不得不），即外部合理化，可能带来行为的短暂的改变，如为了一件新衣服或不挨批评而努力学习。当一个行为伴随的是较小的奖励或轻微的惩罚，就会寻找行为的内部理由（我这样做或想是因为我相信这样是正确的），进行内部合理化，这样带来的行为、态度等的持久的改变。

有一位老头，住在一个广场旁边，广场上堆满了废铁桶。一群小学生每天放学经过广场时，都要对那些铁桶来一番拳打脚踢，以此取乐。老头有心脏病，那些噪声让他很受不了。

有一天他拦住那群学生，对他们说，我很喜欢你们踢铁桶的声音，我想你们继续踢下去，为此我给你们每人每天一元钱。小学生们很高兴，踢打铁桶更加卖力。在他们踢的时候，老头便找个地方躲了起来。

一周后，老头又拦住那群学生说："我现在经济状况不好了，我只能给你们每人每天五角钱了。"学生们听了很不高兴，但还是去踢桶，有点钱总比没钱好。

又过了一周，老头又对学生说，我现在经济状况更糟了，我不能付给你们踢桶的钱了，但我还是希望你们每天都为我踢一阵子。学生们愤怒地拒绝了。老汉复得安宁。

给我们的第一条启发是孩子考好或表现好了不奖励，有助于帮助孩子形成内在的评价体系。无论是给学习成功的金钱奖励、口头表扬，还是给人们道德行为强加的外在约束力量，都是一种控制，会使人倾向于用外在理由解释行为，久而久之，就忘记了自己的最初动机，做什么都在乎别人的评价，养成他律的人格。所以，为自己而不是为你而学而玩，把做事当成一种自觉，即事情本身就是目的，孩子更能体会到幸福与快乐，保持持续的探索热情。

第二条启发是对不期待的行为应该施以轻微惩罚，其强度只要足以使行为产生改变即可，随后给孩子足够时间去建立他们的内部理由，能够促使他们培养出一套恒久的价值观。

6. 在赞赏的同时，家长对不当行为的反应方式

孩子的行为除了值得肯定类之外，还有需要更正或改善的失当类，面对此类行为，家长需要灵活智慧使用以下方式，如淡然处之或延迟反应、少用或不用惩罚和"我信息"等。

前两种方式使用的是美国心理学家和行为科学家斯金纳等人提出的强化理论的基本思想，强化理论是以学习的强化原则为基础的关于理解和修正人的行为的一种学说。所谓强化，从其最基本的形式来讲，指的是对一种行为的肯定或否定的后果（报酬或惩罚），它至少在一定程度上会决定这种行为在今后是否会重复发生。他认为人或动物为了达到某种目的，会采取一定的行为作用于环境。当这种行为的后果对他有利时，这种行为就会在以后重复出现；不利时，这种行为就减弱或消失。人们可以用这种正强化或负强化的办法来影响行为的后果，从而修正其行为，这就是强化理论，也叫作行为修正理论。

淡然处之或延迟反应，即我们平时说的冷处理。其实就是对已出现的不符合要求的行为进行"冷处理"，不给任何强化，此行为将自然下降并逐渐消退，达到"无为而治"的效果。而惩罚是对不期待的行为施加具有批评、责罚等令人不愉快和满意的手段，以表示对某种不符合要求的行为的否定，以期减少此类行为的再次发生的概率。很多家长在面对孩子的不当行为之时，较之延迟反应会立刻采取惩罚方式，主观认为可能效果不错。而心理学的研究证明它是短期有效。惩罚的频繁使用隐含着家长的观念——若想让孩子做得好就要先让他感觉糟糕，这会使孩子内心不服气，感受不到归属感或价值感，也无益于教给孩子有价值的社会技能和生活技能及良好的品格。孩子还容易形成行为的外在评价机制，结果可能是造成家长为孩子负责，而不是孩子为自己行为负责的局面。另外，长期的惩罚会导致孩子的反叛（为反对父母而反对父母）或顺从（失去个人的主见和评价标准，一味听从外在而非内在）。所以，想要纠正孩子的失恰行为时少用或不用惩罚，可以采用"我信息"。

"我信息"是相对于"你信息"而言的。"你信息"是沟通时使用主语"你"作为开头，内容指向"你"这个人或这个人做过的事情。在面对孩子不可接受的行为时，家长往往会不仅批评这个行为还顺带否定了孩子这个人，"你这孩子怎么这么不听话，怎么这么不讲卫生"等，透露的是对人的判断、评价，隐藏着"你很坏，你人不行"等。所以，当父母传达给孩子"你信息"时，孩子感觉到的是父母对自己的责骂、评价甚至否定。引起的后果就是孩子感觉伤了自尊，没了面子，背负罪恶感，试图争论反抗，亲子产生沟通障碍，孩子也不愿意改变自己的行为。

而"我信息"主要强调孩子的行为给父母造成的影响，一般使用"行为+感受+影响=我信息"的模式来表达，例如宝贝，你玩完玩具自己不收拾，妈妈我很生气，因为还需要我费一些时间去整理，会影响我的工作安排。当父母使用"我信息"坦诚地传达自己的内在需求和感受时，也是将孩子的行为和孩子这个人本身区分开来，就事论事，没有主观故意去否定打击孩子、伤害对方，而是态度温和立场坚定地表达，让孩子清楚父母的需求，给孩子一个机会，满足父母的需求，有

意愿自行改变自己的行为，获得成就感。

7. 赞赏时应注意的事项

在亲子互动赞赏孩子的实际过程中，一边赞赏还有家长会一边怀疑，赞赏孩子是否会使孩子飘飘然，不知东南西北，即所谓的"谦虚使人进步，骄傲使人退步"呢？其实，家长的心情是可以理解，但孩子的心理也是需要理解的，谁都不愿在自卑、压抑的心情中进步，而深信自己不错、信心满满的良好的心情对提高效率非常重要。家长要相信孩子可以在赞赏中遇见更好的自己。

第二个注意的事项是赞赏应该常态化、自然化，而不是想起来就用，想不起来就算了。三天打鱼两天晒网似的是不值得提倡的。赞赏孩子需要家长不断自我修行，发现孩子的好，接纳孩子，看见孩子，提醒孩子。

第三节 家庭教育的出发点——关爱

一、何为关爱

顾名思义，关爱就是关心和爱，那再进一步来说，什么是爱呢？可能众人皆知但说法不一。著名的人本主义心理学家马斯洛认为爱和归属的需要是人的基本需要，另一位人本主义心理学家罗杰斯说："爱是深深的理解和接受。"其中强调了爱是站在对方的角度看待对方的问题，感受对方的感受，接纳对方，接纳原本存在的对方的样子，而不是接纳自己期待的对方的样子，即爱如他所是，而非如你所愿。其实爱一个人就是看见一个人，感受到了被爱就是感受到了被看见。

萨提亚认为，自我是一个系统，恰似一个悬浮的冰山，包含漏出水面的部分和沉于水下的部分。往往我们认为看见了一个人的行为包括行动和故事内容就是看见了这个人，其实被看见的一个人的行为只是冰山一角，它受到水下诸多部分的影响，如一个人的感受、需要、期待、观点、自我概念等。只有看见了这些视野范围内看不见的内容才是真的看见了这个人，出现爱才是真爱。

三四岁时的孩子，喜欢画画，而画画拿的都是完整的没有任何涂改的新纸，若画错了，重新要一张新的，绝不接受裁剪过的或有涂改的纸，此时我们不能评判孩子说你怎么这么浪费啊等等。因为我们还应该看见他行为背后的原因和情感，他当时是出于心理成长的完美的关键期，简单来说就是这个阶段心理发展呈现出追求完美的特点，具体来说做事情要求完美，端水时洒出一滴就很痛苦；吃的苹果上不能有斑点；衣服不能少扣子等。接着又上升到对规则的要求：我遵守规则你也必须遵守，人人都要遵守；香蕉皮必须扔到垃圾桶里，没有垃圾桶就必须拿着；红灯亮了，即使马路上一辆车、一个人没有也不能过马路，已经过了必须退回来，退回来也不行，谁叫你这样做了，等等。他的精神胚胎像指挥棒一样指引他的行为就是要完整的没有涂改的纸，过了那个心理期就没有这种完美的要求了。此时若是成人看不见孩子行为背后的原因，只是一味限制和贴上负性标签（把孩子的行为本身和孩子这个人等同，认为行为不好就是这个人有问题），这种互动方式可能造成不良后果。首先孩子小时候没有能力反抗或表达不清自己的愤怒，成人后就会集中爆发，容易被激怒，脾气比较大。有些负面的影响对孩子来说是永远的伤疤，需要孩子一辈子的时间去铲除，心理能量都耗费在和成人无意的伤害的纠缠上了，十分浪费生命。另外，孩子可能也会学习大人将行为本身和一个人等同，给别人贴负性标签。再有，直接影响孩子的自我认识，自我情感的健康正常发展。也许孩子有一天真的会像我们说的、贴的标签一样，因为大人的每一句话对孩子都是一个暗示，好的或坏的，迟早都会产生效果的。总体来说会扭曲孩子的感觉，阻碍心理期的发展，严重的会影响自信自尊的发展。所以，我们要把孩子的行为和他这个人分开，只针对事不针对人，把行为与行为背后的原因分开（在生活中，任何一个行为哪怕是偏差行为背后都有一个看似合理的理由），我们更容易发出真爱。其实爱是一种能力，会爱才是真爱，真爱需要学习。否则，有时就会好心办坏事。

真爱的发生

当你只注意孩子的行为时，你就没有看见孩子；

当你注意孩子行为背后的意图时，你就开始看见孩子了；

当你注意孩子意图背面的需要和感受时，你就真的看见孩子了；

透过你的心看见了孩子的心，这是你的生命和孩子生命的相遇，

爱就发生并开始在亲子间流动，和谐而暖人！

这就是真爱你的孩子！

教育的出发点是拥有爱的心，柔软、鲜活、开放、温暖、平静、喜悦的心，去爱孩子，给予孩子生命的阳光和心灵的维生素，终极点也应该是让孩子感受到被爱，学会爱，拥有被爱照亮的人生。

二、关爱孩子对儿童人格发展的意义

（一）有助于滋养孩子的天然精神胚胎

一些家长认为孩子出生时恰似一张白纸，其实蒙台梭利研究发现，每个生命体自出生天然拥有自己的精神胚胎，内藏心灵成长密码，如发展心理学发现6岁前的孩子拥有31个敏感期，它们会告诉孩子需要做什么。而若要解开这个密码只有一个办法，即孩子自己通过自己的行动、感受和思考才能实现。故自由探索体验很重要，它是精神胚胎得以发育的唯一途径和得以滋养的养料，智力也由此发展。

但现实中因不理解孩子的行为，大人容易从自己的角度出发，强迫孩子接受自己的意志和知识，控制并压制其选择空间。如多动症的孩子，最初源于接收到过多的外界指令，每接收到一个指令，就条件反射性地开始活动，刚沉浸在其中，又传来一个指令，可能是一个禁止也可能是一个新要求，周而复始，孩子的内心一直处于被打扰的状态，原本的自我胚胎密码无法正常运行其特有"程序"，慢慢地孩子在下次活动时就受到了过多的指令干扰，内心存有诸多指令，不知执行哪个指令，被扰乱的内心会出现同时执行多个程序的情况，在行为表现上就是孩子的多动，一刻也不会消停。这样的孩子就像生活在真空中一样，失去了真实自我的核心和方向盘，孩子的自

我破碎极易产生。所以，活在真空中的孩子，智力无法发展，发展的是恐惧和制约。那么，为了滋养孩子的天然精神胚胎的发展，家长需要给予孩子爱，即深深的理解和支持，给予其探索发展自由空间。

（二）有助于孩子成为自己

马斯洛的需要层次理论强调每个个体都有一个高级的需要，即自我实现。其实自我实现就是实现自我，实现个人本身的价值包括创造力、潜能、职业梦想等，这样个体也就成了自己。也就是说一个生命体的根本动力是成为自己。而自己，是一个人过去所有的生命体验的总和（罗杰斯语）。一个个体的生命体验包括主动参与部分（执行个人意志，个体感觉在做自己）和被动参与部分（他人意志的结果）。正如罗杰斯所言，爱是深深的理解和接受。理解了孩子，才能做到接受孩子，尊重孩子的意志。在爱的环境中，孩子听从内心的召唤，自由探索，主动参与生命，积极体验生命，孩子作为人本身的本相与世界的真相可以建立起真实的联系，孩子拥有建立联系刹那间的高峰体验感觉，不断发展把握住世界许多真相的才能。这样，孩子会具备较强的专注力、丰沛的创造力，信任自己的感觉，坚信自己的立场，滋养自己的精神胚胎。一个感觉能在心中开花的孩子，一开始会是个成为自己的人，而最终也势必会成为一个自我实现者。

父母若对孩子做不到深深的理解和接受，会急于强加意志，或有条件地表达"你必须做到某某，我才爱你"，生活在其中的孩子体验到的是被选择，被决定，其精神胚胎发育可能被扼杀，最终会离成为自己越来越远。

所以，父母的职责是用爱给孩子提供一个安全的环境，但至于如何探索世界，那是孩子的自由。爱与自由，缺一不可。乔布斯在斯坦福大学的演讲中所言："你的时间有限，故不要为别人而活。不要被教条所限，不要活在别人的观念里。不要让别人的意见左右自己内心的声音。最重要的是，勇敢地去追随自己的心灵和直觉，只有自己的心灵和直觉才知道你自己的真实想法，其他一切都是次要的。"

（三）没有关爱的危害

生活中，实在是有太多的家长不能将孩子视为一个独立的生命体，未能给予孩子来到这个世界用自己的节奏和方式体验生命的权利。父母用自己有限的生命去框定孩子无限的生命的可能。这也是孩子生而为人最大的悲哀！爱是儿童心理发展的阳光和维生素。弗洛伊德认为缺爱导致儿童强迫控制，心理固着在前俄狄浦斯期；在埃里克森看来，会影响到希望、意志和目的等心理品质的形成发展；克莱因学派认为这有可能会造成儿童的内心残缺；而科胡特则认为这样的儿童追求控制和极端的全能感，形成假性自体、过度理想化自我。不同的学派虽然表达不同，但都提示，缺爱的孩子会敏感多疑、警觉恐慌、讨好自卑、畏谗忧讥、自尊心强烈、总觉得或担心自己不够优秀、蒙羞、懦弱、分离焦虑、弱小无助、低存在感、低价值观、追求完美等，可能会用一生的时间采用各种方式来追求被关注和补偿、填补早期爱的不足。表现出自我定位为"高人一等的优秀人才"，设定追求较高的人生目标，勤奋学习工作，当其能力还能兑现这些美丽幻想时，会沾沾自喜，继续为自己加码，追求更高的目标，一旦有一天不能完成既定目标，其能力无法兑现这些荣誉和自恋幻想时，个人泡沫就会破裂，最终以自我攻击、自我贬低、自暴自弃的抑郁收场，甚至会伴随某些人格障碍的发作。

缺乏真爱的严重后果还可能使孩子患上拖累症心理，成为拖累症者。这样的孩子内心是空的，好像一个吸尘器，疯狂地把人、化学药品（主要指酒精、药物、毒品），或其他东西——金钱、事物、性、工作吸向自己，无止境地挣扎着，拼命想要填满心中的情感空洞。他们希望通过控制外在的人、事、物来控制内在的情感，失控和控制成为生活的重心，沉溺其中不能自拔。在生活中他们会受到一种或一种以上不可抗拒的强迫行为驱使，表现出不能自已的强迫行为；自我评价不高，认定自己的快乐取决于他人，对他人有过度的责任感；对于无法改变的事情忧心忡忡，想尽一切办法试图改变它；生活还可能比较极端，喜怒无常，无法控制自己；无法放弃不断寻找生命中欠缺或失去的东西的愿望，永远处于不安、不满足的状态。更可怕的是，很多拖累症者的沉溺或强迫行为还可能危及生命，殃及身边无辜的人，这样的沉溺心理症状不会随着时间而减轻，同时呈现出世代相传的特点。第一代家庭若出现严重的拖累症问题，他们的子女们将不知不觉间吸收这些问题并将之带入新的家庭。同样的问题将再次出现，悲剧就像涟漪般代代扩散下去，有时沉溺的形式不同，但问题的本质是一样的。

三、关爱的语言

那么如何去爱孩子，向孩子表达我们深深的理解和接纳呢？具体操作起来，家长需要不断学习爱的语言。

（一）爱的五种语言

1. 身体的接触

拥抱、拍背、握手等。对这类爱的需求是人类从婴儿期就开始了，这些动作甚至与婴儿不可或缺的保暖、食物一样重要。威斯康星大学著名心理学家哈里·哈洛曾经做过著名的恒河猴实验。哈洛先将出生后的小猴子交给两个"妈妈"来抚养：一个是能够给它提供奶水的妈妈，另一个是全身包着舒适的绒毛能够给它提供接触感的妈妈。结果发现，小猴子更愿意和那些能够给它提供接触感和依恋感的妈妈待在一起，而不是那个只给他提供奶水却没有任何可以依恋的妈妈待在一起。每天24个小时中有将近18个小时，小恒河猴待在能够给他抚触感的妈妈怀里；而只有三个小时，趴在能够给她奶水的妈妈怀里吸奶；其他时间在两边跑来跑去。哈洛进一步将实验结果推及人类，试图说明，孩子心理健康成长的根本保障除了奶水等物质支持外，更重要的还包括爱抚、接触和心理的关怀。人类和其他动物一样，对身体接触的需要是天性使然。这也就是为什么医院会招募义工，仅仅让他们坐在那里轻摇、陪伴小婴儿，甚至对身上插上管子的早产儿也一样。缺少身体的接触，可能还会引发孩子长大成年后诸多心理困扰。

2. 肯定的语言

即使用语言肯定孩子所做的事情。就如赞赏部分所言，语言的肯定对于孩子的心理健康成长意义重大。

3. 精心的时刻

即家长付出自己的时间给予孩子关爱，可以是跟孩子去散步，打球，一起做游戏，一起度过周末，看场电影演出，陪伴读书等。建议每个家庭每天晚上洗漱完毕躺在床上入睡前，和孩子聊聊当天彼此的生活、学习、工作，这里我们可暂且为这个仪式起个名字叫"美好时光"。通过聊天，倾听孩子心声，加强亲子沟通，把握孩子思想动态，提升亲子感情，传达爱意。倾诉是人类的共同需求，孩子也是一样，持续一段时间，家长会发现，孩子非常愿意和父母说自己的心里话，喜欢这种形式的交流，有事无事都会主动要求和父母沟通。

4. 精心的礼物

礼物不必很贵重，可以是特意为孩子烧的一盘菜，也可以给他搭配今天出门穿的衣服等。

5. 服务的行动

为孩子做点事，任何一件家长觉得对孩子有意义重大的事。比如，幼儿园每学期一次的家长开放日活动，正常每个孩子都特别希望自己的爸爸妈妈能去参加，且在此活动中能看到自己的幼儿园生活、学习表现。诸如此类，家长每一次为见证孩子的成长而付出的时间和行动，恰如一面镜子，让孩子照见自己的自信，也将会催生孩子进一步为未来更好而做出的努力。

（二）爱的语言的匹配性

孩子作为一个独立的个体，有自己独立的思想、需要。父母表达爱的方式以及爱的浓烈强度是孩子此时此刻需要的吗？孩子感受到了吗？这些应该由孩子来评价，即父母爱的质量和数量、必要性等要以孩子的需要和是否感受到以及感受到的多少为衡量指标，以期实现亲子双方爱的语言的匹配。那么，如何才知道孩子的内心呢？一个很简单的方式就是沟通。具体来说就是在生活的适当时间询问孩子或让孩子给家长自己打分等。比如，你感觉妈妈是爱你的吗？孩子可能回答"是"。"那么如果100分是满分的话，你感觉你能给妈妈打多少分？"孩子打的可能不是满分，家长可以继续询问"那妈妈有什么做得让你比较满意和让你不太满意的地方？列举指出"。孩子这时可能会敞开心扉，吐露真情。小一点的孩子，即使打分是满分，其实也可能会说出父母做的令自己不高兴的地方。其实，孩子特别需要家长和自己交流，家长当然也需要和孩子沟通，实现亲子互动的流畅，当关系顺畅了，很多事情即使是父母无心的伤害，对孩子心灵的不良影响也会淡化。

相信很多人看过一个视频，名字是"收到礼物的小萝莉"。视频讲述了一个小女孩，在收到心仪的礼物后，激动得喜极而泣的场景。观看视频的人也受到巨大的情绪感染，深深感同身受了当孩子的需求被父母看见并满足时的心灵愉悦。这说明当父母给予孩子需求相匹配的爱的时候，孩子方能感受到真爱，而真爱的感觉是暖暖的，此时人生情感流动是纯粹的自然的。

第四节 家庭教育的保障——陪伴

先来做个活动。请拿出一张A4的白纸,首先沿着长边对折两下,然后在对折好的基础上,再沿着宽边对折三次,此时打开后的A4纸就被均匀地分成了24份。这24份就相当于我们每人每天所拥有的24小时。试想,作为父母,我们每人每天基本要休息8小时,从24份中撕掉8小份,要工作8小时,再撕掉8小份。以此类推,妈妈一般还要忙活家务,少说也得5个小时,再撕掉5小份,爸爸一般都要加班或交际,若此时父母在仅剩的3小时内忙于手头的活,就很难保证父母能与白天上学、晚上回家写作业,一天下来休闲时间有限的孩子存在时间交集,能和孩子共处美好时光,陪伴孩子成长。而父母高质量的陪伴是孩子健康成长的保障,优质的时间的累积方能构筑爱的城堡。

一、什么是陪伴

顾名思义,陪伴就是与孩子一起相处,一起度过一些时光。学习孩子的思维方式,能够和他在一个频道上,以他的视角来思考,配合他的时间表,和他沟通。正如漫画所言,亲子教育不只是教导或训练,更是一种陪伴,一同感受。被陪伴着的孩子感受到的是父母和自己的生命紧紧相连,父母是非常在乎自己的。

二、陪伴对儿童人格成长的意义

(一)爱的数量积累才能保证爱的质量

当今社会发展迅速,竞争加剧,每位父母都肩负着社会、家庭和工作的重任,一方面要为家庭的每日生活而奔波操劳,另一方面还要为个人的职业晋升而奋力拼搏,另外还要兼顾孩子的健康成长,身兼数职的家长实属不易。所以,我们见到很多家长都很忙。事实上,每个人的精力都是有限的,很多家长就会在忙事业之时,正如"忙"字左侧的"心"搭配右侧的"亡",生成了"忘"字的构架一样,"忘记"了或淡化了对孩子的养育,或者有些家长干脆把孩子的教养拱手交给了其他人,比如,家长自己忙于事业,把孩子留给老人、保姆等看管;还有些家长把孩子交给培训机构,看上去家长很舍得给孩子花钱,以为钱就是全部爱的表达,其实孩子可能更想要的是和父母说说心里话,并共进一顿晚餐等。

生活中不胜枚举的例子都告诉我们,家长太忙而无法陪伴孩子或不忙但忽视对孩子的陪伴,造成家长没有机会向孩子表示对孩子的接纳、赞赏及关爱,无法教导孩子学会负责任和行使家长的权威。这种缺乏陪伴的教养环境,降低了爱的数量的积累,进而也难以有爱的质量的保障,还会给孩子人格的健康成长埋下隐患,带来人生不可逆甚至难以疗愈的心灵伤害。孩子越小,这种伤害可能越大,尤其是对3岁前的孩子来说,还可能种下人格障碍和神经症的种子。所以,现在有人说家长为孩子赚取财富,不如把孩子变成财富,父母任何事业的成功都弥补不了孩子教育的失败，甚至可以说只忙事业的忙纯属是一种瞎忙。

（二）有助于孩子发展健康的自恋

自恋这一术语最早源自希腊神话纳西索斯的故事，少年纳西索斯爱上了自己的水中倒影，最终因倒影无法满足他求欢的渴望而溺水死亡。自恋后来主要指一个人爱上自己的现象。病态的自恋是指对自我的过度迷恋，是一种完全以自我为中心的人生观。但心理学家也指出，自恋是一个人正常的需要，健康的自恋是每个人心中与生俱来的一种对爱的渴求和需要。母亲在孩子处于婴儿期对宝宝全然照顾、敏感关注，让婴儿感受到妈妈是爱自己的，后来婴儿就会将之转化为自己对自己的爱，即自恋。动力学认为每个婴儿都有天然的全能自恋，需要抚养人尤其是妈妈对这种全能自恋的足够敏感，舍得花时间陪伴孩子，满足其需要，滋养其自恋，让孩子感觉到自己的重要性，让孩子们了解"为他们，父母总愿意付出时间，在父母的心目中，没有一个人、一项活动或一件事情能比他们更重要"。这样被陪伴出来的孩子具有承受挫折的能力和与现实相适应的自信自尊自我价值感，拥有健康的不那么刺眼的自恋。

一些家长因各种原因，将3岁前的孩子转给他人抚养，缺少对孩子的陪伴，使其成为留守儿童或假性留守儿童，这会被孩子理解为是自己不够好，所以父母不要自己了，进而产生强烈的被抛弃感、不安全感、恐慌、低自尊。长大后理性上孩子可能能理解父母的苦处，但是感性上还是过不去，接受不了这一被抛弃的现实。其隐形内在心理按钮是我要足够好才能避免被抛弃，所以，会无限追求外在的名利，需要被无止境的夸奖，总要证明自己是最棒的，害怕被别人指出自己的不足，停留在自己的一切都是最好的病态自恋之中。他们总担心自己不够好而遭到抛弃，长期生活在恐慌之中，严重的会患上各种心理问题和自恋型人格障碍。

（三）缺少陪伴的养育方式滋生孩子不良心理，并使心理问题代际传承

通过陪伴，付出时间，父母方能传递给孩子对孩子的爱。在动力学中，我们通常用一个心形的储爱槽（储存爱的地方）来解释人对陪伴和爱的需要。假如一个新生儿的储爱槽有计量刻度的话，一开始它的刻度几近为零，随着时间的流逝，父母会不断地将他们储爱槽的爱添加给孩子的储爱槽里。十年二十年过去后，孩子长大成人，离开了原生家庭，当他建立起自己的家庭时，他的储爱槽里已被注满了爱。他也做好了将自己储爱槽的爱通过陪伴方式传递给他的孩子的准备。当孩子的孩子长大后，也会把爱再注满他们的下一代的储爱槽，就这样一代一代。因此在一个健康、正常运作的家庭里，爱是代代相传的。

万一父母中的一方或双方由于某种原因无法陪伴孩子，不能给予孩子爱，那么，孩子的储爱槽的爱最多不过被注入一半，或更少，不但如此，还可能发生储爱槽倒流的现象，父母不自觉地从孩子那里寻求支持，从孩子那少个可怜的储爱槽里汲取爱，孩子成了父母的父母，这样将会使孩子的储爱槽更加空乏，爱的代代相传也可能成为空谈。缺乏爱的滋养的孩子会出现一系列的心理问题，在养育自己孩子的过程中，各种问题也会像爱的传递一样不自觉地代代相传，这种情形就仿佛一股巨大的破坏力量，摧毁着一代又一代的家庭，从没停止。

三、陪伴的技巧

陪伴绝不是简单的陪着，而是亲子之间的互动交流，实现高质量的陪伴就需要有高质量的沟通。在讲到亲子沟通前，先来看一下心理学家鲍威尔所提出沟通的五层次。他将个体和不同关系的人的沟通层次称为关系金字塔，关系远近不同，沟通的深度也自然不同。关系金字塔反映了一个人和他人正面关系的五个层次，这五个层次形成了一个金字塔的形状，数以十亿计的那些连你名字都不知道的人构成金字塔的塔基，极少数的人构成金字塔的塔顶，他们是那些看重与你关系的人。

沟通关系塔的第一层也是塔基层，被称作为无所分享层，人际的交流主要是寒暄，如点点头、相互问声好、道一声"天气真好"等，其他方面基本无所分享；关系再近一点的人与人之间的沟通是第二层，分享所知层，停留在知道相互名字、分享个人所知道的信息，如新闻等的信息交流；第三层分享个人所思，往往是指与那些知道我们名字并且喜欢我们的人分享我们个人的思考、看法和态度。第四层叫分享所感层，与那些对我们友善或者说友好的人分享彼此间的共同兴趣、发现、关注的事情，经常可以谈谈共同关心的事物，而且很坦诚地分享个人感受、情绪等。最高层次的沟通是分享所是层，沟通的对象是那些个人感觉尊重信任自己、相信能彼此帮助，而且不负这份信任的人。分享内容是个人是一个怎样的人，分享秘密，包括很丢脸的事，而不怕对方讥诮你、讽刺你和陷害你，可以完全信赖对方。以上的五个层次的关系是由远渐近的，呈现出从陌生、相识、一般、好到最好的程度变化。心理学家鲍威尔认为一个团队的良好状态是大多数成员能够进入分享所感层，一部分人还能进入分享所感层是的知己关系。

在一个家庭中，父母与孩子在某个层面上来说，也可以被认为是一个团队，那么理想的亲子团队内的沟通层次应该是父母与孩子心与心的交流，彼此尊重、理解对方，打开心扉，畅所欲言，不担心不被接纳，即使不同意对方，还可以保留意见。这种沟通能为亲子之间的沟通打下良好的关系基础，拉近距离后的父母与孩子再商量起事情来，自然显得好商量，事情的对错自然不成问题。所以，陪伴其实更多是要解决关系问题，其次才是对错问题。若要更好地陪伴，父母可以从以下几方面做具体尝试。

（一）听孩子想说的话，说孩子想听的话

此部分主要集中探讨在沟通时父母如何去倾听孩子，孩子才愿意说，以及父母说什么，孩子才愿意听的技巧。

1. 听的技巧部分

"听"的繁体是"聽"，从字体结构图可以看出来"聽"主要有以下几部分构成，左上侧的"耳"，表明倾听是要带着耳朵，左下侧的"王"，说明倾听时要对方至上；右上侧的扁平"目"则强调倾听时眼睛是要看着对方的，而右下侧的"一"和"心"突出倾听时需要一心一意全神贯注。以上几部分包含了倾听的应有之意。而简体的"听"，其左侧的"口"字旁，却将倾听导向了用口去听的方向，至于倾听时的专注、用心、用耳、对方至上的本意已经渐行渐远。这也是当

家庭教育与儿童人格发展

下亲子沟通陪伴中的倾听现状。

很多父母在倾听孩子诉说时可能存在以下几种情况：听而不闻型——把孩子的话当耳旁风，完全没有听进去；敷衍了事型——左耳朵听，右耳朵出；选择性型——只听自己感兴趣认同的部分，其余的过滤掉；照单全收型——孩子说的都听了，但未完全理解和把握重点。其实这些倾听做法都是对孩子的不够尊重，自然也不能很好地了解孩子的观点和感受，日积月累，还会伤害亲子关系，让孩子很容易向父母关闭心门，为良好的亲子沟通构筑巨大障碍。

那么如何有效倾听呢？先来看一个例子。假设孩子放学回到家告诉父母，在上周，老师宣布他从校球队淘汰。作为父母的你听到孩子的诉说你做何反应以表示你听懂了他呢？尝试一下吧。父母听孩子说话不仅要听话还要听音，孩子诉说的不仅仅是这个事情本事，还有事件背后他的感受和需要，一如"千人追，不如一人宠，一人宠不如一人懂"所言，他更希望被父母理解和懂得。听到孩子的倾诉后，父母可以这样回应："孩子，当你确信你已经入选校队，却又被刷了下来时，我知道，你一定非常的震惊和失望！"我相信，听到父母这样的回复，孩子压抑的心情会瞬间释放，沉重的包袱会顷刻放下，会感觉到父母真的理解了自己，我们称这种倾听回应叫共情式的倾听。

与孩子共情是指感受孩子的内心世界，一如那是父母自己的内在世界一样。其步骤是父母设身处地站在孩子的立场理解所发生的事情及孩子的感受，并把自己理解到的事情和孩子的感受用语言等方式再传达给对方。就像上面的例子所言，孩子遇到的事情是"当确信自己已经入选校队时，却又被刷了下来"，他的感受是"非常的震惊和失望"，父母就将这份理解传达给孩子。共情的原则是先处理心情，再处理事情，立场要坚定，态度要和蔼。一般情况下，听到孩子的倾诉，不管事情如何，先试着理解他的情绪，并安抚情绪，再试着解决问题。而情绪当头，很小的事情也是天大的事，若先去处理事情，将事倍功半。父母要给孩子温和而坚定的共情，即态度温和，立场坚定。父母不应一味地为了坚定立场，让孩子认可父母的观点而态度恶劣，大加批判。那样的话，孩子可能也懂了道理，但是情感上就是过不去，伤害了感情，道理的说教也成了空中楼阁。共情式地倾听让孩子感受到自己被理解和被接纳，也有助于良好亲子关系的建立，它是走进孩子心灵的第一把钥匙。一如下面的例子：

妻子先下班回来，一边做饭，一边看一部心仪已久的电视，结果锅烧干了。丈夫可以做出多种反应：

A. 看看看，锅都烧干了还在看？

B. 你看你，连饭都煮不好，你做的是啥？

C. 得了，明天还是等我回来做吧。

D. 真难为你，下了班还做饭，连看电视的时间都没有……

相信最贴心的温暖一定是 D 类回复的丈夫。

所以，明白感受要比明白道理更重要。共情是养育孩子的父母一辈子都需要不断修炼的技术。当然，父母共情孩子时不要随便插话，打断孩子的思路；不主观解释，尊重孩子的想法；早表态，避免主观臆断。

2. 说的技巧

在亲子沟通时，父母如何说话也是有技巧的。很多父母张口闭嘴就是"你看人家那谁谁……"自己家的孩子顿时感觉被比下来了，因为父母往往拿着别人家孩子的优点和自家孩子的不足相比较，让自家孩子颜面扫地，顿时失去了价值感，多次的重复比较，孩子慢慢找不到存在感，也会不自觉地给自己贴上负性标签，长此以往，孩子内心充满羞耻、抑郁、愤怒等情绪，各种心理问题也会结伴而至，随之而来的还有受到重创的亲子关系。父母本意是想让孩子变得更好，不是用鼓励的方式，而是打压的方式，殊不知，人无完人，金无足赤，每个孩子都是独特的，多次的打击只会让孩子变得糟糕或反叛，也离父母心中的目标越来越远。

还有父母在和孩子说话时张口闭口就是充满指责和嫌弃的信息，经常询问诸如这段学习怎么样？考试进步了没有？前途思考了没有？等，被称作为父母三大傻的问题。在父母眼里似乎是除了学习外没有其他的共同话题可关心，孩子是价值的工具，而不是一个有血有肉的情感的人。一旦不符合父母的期待，可能诸如以下列举的信息就会顺嘴出来：

你要是再考不好，就别吃饭啦！

你怎么这么笨啊！简直是猪脑子。

你到底还想不想上学？不学就给我滚。

我可是为你好啊！你怎么就不明白我的苦心呢？

你这老毛病怎么就改不了？

我看你这辈子完啦，你给我滚，再别回家了。

其实，这些特别打击人自尊的语言十分伤害孩子，父母完全可以变化一下表达方式：

你要是再考不好，就别吃饭啦！

替换成：这次没考好，你愿意和妈妈一起分析一下原因吗？

你怎么这么笨啊！简直是猪脑子。

改变为：如果有什么不懂的，咱们一起讨论，你会明白的。

你到底还想不想上学？不学就给我滚。

替换成：你可能学习上遇到困难了，能和我说一说吗？

我可是为你好啊！你怎么就不明白我的苦心呢？

改变为：我们是爱你的，也非常愿意与你讨论成长问题。

你这老毛病怎么就改不了？

替换成：我看最近有进步，坚持下去会一点点克服的。

我看你这辈子完啦，你给我滚，再别回家了。

改变为：看到你这样，我们很伤心，我们不会放弃你，你也不要放弃自己，让我们重新扬起生活的风帆！

心理学的研究发现，人与人之间的情感连接有三种途径：第一，身体的接触，如肌肤相亲、抚摸、爱抚；第二，灵魂相通，心有灵犀；第三，语言交流，大脑思维。情感内敛的中国人，既缺乏心灵层面的连接能力，也不习惯于身体的碰触，而只追求干巴巴的语言连接。语言即思维头脑层面的交流，是最不靠谱。

曾经有个寓言故事：话说人类齐心协力想造一个通天塔，上帝为破坏人类的努力，就教人类说话。但学会说话后，人与人之间便起了争执，通天塔就修不下去了。其寓意是没有语言，人类可以依靠心灵相通，从而可以建立真正的连接，于是可以齐心协力去实现目标。但有了语言，语言就隔断了心灵，每个人都以为自己的语言是正确的。隔断了心的合作，自然争执不断，进而影响目标的实现。

在现实生活中，很多父母和孩子的沟通停留在语言层面，没有走进孩子的内心。有些强势的父母，在语言连接层面，很容易成为指令，要求孩子遵从，孩子即使表面是言听计从，但内心和父母是没有连接的，内心是冰冷的，自然不能感觉到爱，没有爱作为底色的指令，其效力也是可想而知的。

所以，苏格拉底早就提醒世人："自然赋予我们人类一张嘴，两只耳朵，也就是让我们多听少说。"父母上嘴皮和下嘴皮毫不费力的相触碰后放出来的话语有时是有剧毒的，缺乏智慧的话语是智慧的天敌。在陪伴孩子成长的过程中，父母应该学着"听话""说话"。

（二）陪伴方式

陪伴孩子的方式要视孩子的年龄而定。孩子在6岁前，家长可以参与到孩子的游戏中，陪着一起玩耍，给孩子讲故事等亲自参与的方式来传达对孩子浓浓的爱。这些陪伴方式强调的是陪伴而非陪着，陪着是当今很多父母采取的方式，那就是，父母在孩子身边，父母干着自己的事情，如刷手机、和其他人聊天等，孩子独自玩自己的。而陪伴强调了父母融入孩子的生活中，在游戏等活动中都扮演一定的人物角色。6岁前的孩子的主要的生活方式就是游戏，游戏也是此年龄段孩子的最重要的学习方式。在游戏中，孩子感受到了来自父母的关爱亲情，还在学习如何与人交际。看似简单的游戏却让孩子学习到了最初的人际交往模式，在走出家庭未来的生活中，也将成为孩子与其他人进行交往的参照底板。

而当孩子6岁之后，孩子认知视野扩展了，思维发展了，形成了独立的自我意识，表现得独立自主，此时，父母更应该放手，陪伴的方式需要做些转变。父母不需要时刻出现在孩子的视野内，鼓励孩子做喜欢的事情，培养他的独处能力，支持他的合理想法做法，对孩子有意义的、值得纪念的重大的日子要用孩子喜欢的方式陪伴孩子。个别家长等孩子可能已经上了中学，突然发现，在孩子小时候自己对孩子的陪伴太少，出于内疚去补偿孩子，会像陪伴小孩子一样去陪伴中学生，其实这是矫枉过正。当然，每个家长不可能都是教育家、心理学家，了解孩子的心理发展规律和需求。另外，很多家长也是第一次做父母，没有什么经验，为了给予孩子适合的、更好的陪伴，可以时不时问问孩子对父母陪伴做法的感受、想法，这不失为一个快捷、智慧的方法。

（三）陪伴孩子的注意事项

1. 关注，但不打扰

生活中，很多父母和孩子在一起时，几乎不停的挑剔、指挥孩子。孩子玩水，嫌孩子浪费水；孩子玩土，嫌孩子弄脏衣服；孩子自己吃饭，嫌孩子吃得慢，指挥孩子多吃青菜。孩子开心地跑过来要妈妈抱，妈妈却要孩子先去洗手，才能碰妈妈。这种"陪伴"下来，大人小孩都很累，而且都不开心。不开心的其中一个重要原因就是父母总想要改变孩子，但孩子不想被改变。当我们想要改变对方时，无论出发点多么好，道理多么正确，其实都在传递：我不喜欢你现在的样子，你应该变成另外一个样子。父母看到孩子玩水，觉得太浪费，就不想让孩子继续玩，但孩子偏偏乐在其中，不想改变初衷。父母看不见自认为当下玩水乐趣无穷的孩子的真实存在，只能看见父母头脑中想象出来的、正确的孩子应然的样子。这样的被说教和被控制，没有人喜欢，孩子同样如此。

问题是，人不是机器，人是不能拿来纠正的。问问自己，你也知道晚睡不好，可是你真的能做到从来不晚睡？如果你晚上失眠，伴侣在旁边不停地教育你：晚睡对身体多么多么不好，这样有助于你安然入眠吗？

如果伴侣理解你的晚睡，肯陪着你失眠，和你轻声聊天，这就是真正的陪伴：我不要改变你，我只是如你所愿地爱你。

同理，看到孩子弯着腰玩 iPad，不妨去看看孩子在玩什么让他这么聚精会神，有兴趣的话可以一起玩。心疼孩子弓背弯腰，那么去爱抚他的背，孩子的脊柱在爱的灌注下，自然会挺直。这就是真正的陪伴：关注，但不是打扰。

周日的早晨我蹑手蹑脚地刚从卧室走到书房，屁股还没落到椅子上，就从卧室里传来睡意犹在的呼喊声："妈妈！"闻声我就加快脚步奔向卧室，儿子边睁开惺忪的睡眼边表达着内心的呼喊："妈妈，来！""我去接点水端来喝，一会儿回来，行吗？"我还想在将进行的陪伴时干点"私活儿"。"不行，来，陪我。"他坚持己见。我就"无奈"地"听"他的话走到床边俯身抱抱他陪着。呵呵，小样儿，小眼睛睁开一条缝偷看我，我一发现，就问："起床吗？""嗯，起床！"边说边起身。还没有坐稳，就喊说："我要看《植物鱼圣诞节》（动画片的纸质版绘本），我的书呢？"好家伙，看书是起床后的第一必修课呀！谁没有强迫他这样，有时强迫反而适得其反。

这天上午去新华书店，儿子拿起一本科普书籍在看，我在一旁写资料。忽然被轻轻推了一下，我立刻警觉起来，扭头一看，是一个摄影爱好的老者，做了让我靠边一点的手势，她要拍下儿子看书时的自然和专注。拍下后，她和我攀谈起来，聊天间方知老者是一个高中的退休教师，她惊叹不已于儿子小小年纪看书的全神贯注，还不断称赞："真好，才五岁就这样，我孙子十几岁还不能达到这样的状态，了不起！"

儿童是孤独的，是常常被打扰的，我们成人在纷繁的世界中失去了自我，失去了真实的感觉能力，失去了真实的感觉栖居心灵的勇气，然后用包裹着一层一层厚厚的保护膜的心灵与人沟通，我们把想当然的东西强加于儿童，孩子天然感知世界的通道被暴力对待、压抑，精神世界也随之枯竭！孩子的心智不被打扰方能自然流露。爱孩子从尊重孩子的感觉、不打扰它开始！

2. 让孩子与其当下紧密相连接

观察孩子的探索，倾听孩子的呼声，不打扰他的心智，每天安排陪伴的特殊时光，真正领会他们言行的意义，但并不进行干预、纠正和说教，尊重孩子的感觉。当孩子提问十万个为什么时，家长不需要立即做出回答，况且有时家长的答案也不是正确的，而应适当示弱，引导孩子勤于思考，充分享受问题本身以及探索发现的快乐，为孩子与其当下紧密发生连接创造机会。

陪伴是与孩子的心灵相伴，家长只需要做一个见证人：共情于孩子的种种情绪，鼓励他们直面自己的感受和错误，引导他们驾驭自己的情感，引导孩子想办法去解决问题，通过解决问题的实践尝试也让孩子坚信解决问题的方法一定比问题多。

正值幼儿园放学高峰，在教室被限制了一天的小朋友，像放闸的洪水般疯狂享受滑滑梯的快乐！在滑梯一边等待儿子的过程中，各种成人指令不绝于耳——快点，回家！快点，你不走我就回家了！赶紧，回家！再不走，我就不要你了……还有一个爷爷年龄的成人，大声吼叫后见孩子根本不予理睬，就愤怒地从滑梯的圆柱状支架的下方，攀援上到孩子滑滑梯处，狠狠地拧了一个孩子几下，然后很解气的样子迅速地顺着滑滑梯支架下来了。这一超越他年龄阶段更多是年轻人才拥有的飞檐走壁之奇功让很多家长错愕不已。等了片刻，我看见他领着一个满脸委屈愤怒可又不敢发泄的孩子离开了幼儿园，可以想象今天的暴力式禁止只是孩子家庭生活被虐待常态化的一个缩影。

我们经常说熊孩子，事实是，所有真正惹人生厌的"熊孩子"都是被不断地错误评价、不断地过度管制的结果。一个孩子，如果他某方面没有匮乏感，就没有强烈的需求；如果他的心理不曾被压抑，就没有破坏欲和反抗欲。而认为熊孩子是由于"提倡自由教育，或者不干扰孩子天性所导致"是完全错误的认识，是望文生义的推导。在孩子探索世界的过程中，请给予他一份不打扰，这是对他莫大的馈赠。

3. 看见孩子

孩子打球回来告诉家长，玩得不错玩得真是尽兴。有些家长可能会说："嗯，打球确实能锻炼身体。"这时的家长仅仅看见孩子做事的功能价值，即打球能带来的利好，建立的是"我与它（物）"关系。若可以听到孩子快乐而急促的呼吸、看见他满足的表情，孩子由内而外散发的快乐。父母的心与孩子的心建立了"我与你"美好的生命相遇的瞬间。此时，理解和爱也在亲子间流动起来。

当我们放下所有的要求、控制、评价，只是单纯看见孩子当下的样子，当下的感受，并愿意和这个真实的人在一起，分享时光，这就是真正的陪伴。这种陪伴，无论对自己还是对方，都是巨大的滋养疗愈，是我们存在的现实感。

当每天与孩子厮守在一起时，不免有冲突、不快，但每次出差或静下心来，孩子的照片或视频便成了父母的精神食粮。从那一幅幅的生命瞬间的记录里,我感受到生命的尽情投入、畅快淋漓全然的忘我,这就是心理学上所说的高峰体验,有时感到这不就是所谓人生在世的幸福嘛。想想我们成人被世俗的评判打扰了太多心智,本来能带给我们本真的成就感、充实感、幸福感的工作和生活,生在其中的我们是那样的心烦意乱,自寻烦恼。你用忧愁面对生活,这面镜子一定还你忧郁的面容。其实孩子是我们的老师,引领我们前行,我们应该向孩子学习,学习他们本着生命的热情尽情地挥洒生命,其实过好充实的今天,就会迎接灿烂的明天。我要发自肺腑地说:"感谢生命中的孩子。"是孩子,让我重拾生命的美好;是你,让我感触生命的宁静;是你,让我发现生命的意义。另外,我们成人要敬畏生命,看见孩子,尊重孩子,自觉保护孩子的心智不受干扰,把孩子的充足空间还给孩子,让他们自由地探索,尽情地沉浸,让生命的本来光辉得以重现。

第五节 家庭教育的核心——责任

一、什么是负责

负责是个常见词,但是它在家庭教育中非常重要,是其核心。负责是指一个人愿意并且能够担负责任,以负责任的方式来对自己的行为做出解释和回答。理想的家庭教育的责任划分是父母建议,孩子选择,孩子选择,孩子负责。

二、为什么要让儿童为自己负责

(一)有助于儿童学会不再孩子气,从而成为成熟的男人和女人

精神动力学的研究发现,0~3岁期间是个体的分离—个体化时期,即一个人需要完成与母爱的分离,成为独立的个体的心理任务。在此时期,父母应该给予孩子无条件的爱,包括共情、温暖、积极回应等,使孩子能相信这个世界,安心地积极探索,自主尝试,勇于承担,构建精神世界,在心理上成功与母亲分开,成为一个独立的个体,拥有健康的人格背景色。3~6岁期间则是为成为健康的女性、男性奠定心理基础的时期。这个阶段,孩子处于主动模仿同性父母,并试图"打败"同性父母,"占有"异性父母的发展性心理的时期。此时,孩子充分地发挥主动性,也学习父母负责地生活,建立有目的的心理方向。在未来的生活中,按照已有的模板不断成长为拥有健康人格的成熟的男性和女性。这样的男性和母性已经脱离了早年生活的孩子气,是能为自己的生活承担责任的人。

从中可见,父母的养育是用自己的爱灌注孩子的成长,帮助孩子完成与父母的分离和开启人生远行的过程。孩子也在爱的灌注下不断承担责任,积极主动地学习,长大成人。所以,没有积极主动地承担是很难成为成熟的个体的。而成熟的男人和女人方能经营成功的职业,构建和谐的亲密关系,拥有充满活力、有益的和幸福的生活。

所以,在家庭教育中,我们要让孩子学会负责,学习掌管自己的生活,长成成熟的个体,完成离开父母独自生活前的必须仪式。

（二）有助于儿童拥有掌控感，幸福地生活

精神动力学的研究发现，每个个体在婴儿期就具有与生俱来的全能控制的需要。语言还没有发展的他们，会通过哭闹等方式表达生理性需要，对抚养者呼风唤雨，一方面满足了生理性需要，同时也满足了他们心理上的"我就是全世界，世界围绕着我转"的全能感。婴儿全能控制感的被满足为孩子未来人格的完善打上了健康底色。而全能控制感的未被满足会带来生命早期的弱小无力、较低的价值感，还会留下各种不良的人格倾向甚至人格障碍隐患。由于父母的教养都不可能是完美的，所以，每个孩子的成长都会残留一些全能控制的需要，在未来的成人生活中仍然会不遗余力地不断追求对生活的控制感。成年生活中控制感的获得对健康人格的成长同样具有重大意义。体验到的控制感不同，人的精神面貌也自然具有差异，有学者对此进行了相关研究，控制点理论就是其中的代表。

控制点理论是美国社会学习理论家的朱利安·罗特（J.B.Rotter）于1954年提出的一种个体归因倾向的理论。罗特发现，个体对自己生活中发生的事情及其结果的控制源有不同的解释。对某些人来说，个人生活中多数事情的结果取决于个体在做这些事情时的努力程度，所以这种人相信自己能够对事情的发展与结果进行控制。此类人的控制点在个体的内部，称为内控者。对另外一些人，个体生活中多数事情的结果是个人不能控制的各种外部力量作用造成的，他们相信社会的安排，相信命运和机遇等因素决定了自己的状况，认为个人的努力无济于事。这种人倾向于放弃对自己生活的责任，他们的控制点在个体的外部，称为外控者。

由于内控者与外控者理解的控制点来源不同，因而他们对待事物的态度与行为方式也不相同，进而体验到的成就感、掌控感、生活的幸福感也差异巨大。内控者相信自己能发挥作用，面对可能的失败也不怀疑未来可能会有所改善，面对困难情境，以主人翁的精神负其责任，付出更大努力，加大工作投入。他们的态度与行为方式是符合社会期待的，也更容易获得成功、体验到对生活的掌控，拥有幸福。而外控者看不到个人努力与行为结果的积极关系，面对失败与困难，往往推卸责任于外部原因，不去寻找解决问题的办法，而是企图寻求救援或是赌博式地碰运气。他们倾向以无助、被动的方式面对生活，生活可能用失控、混乱作为回馈，长期的挫败感也降低了他们的主观幸福感。

学习为自己的生活负责就意味一个孩子不断成为一个内控者。内控型的孩子对自己的学习、生活充满自信，相信自己能够控制自己的成功和失败，因而他们能积极地适应中等的、适度的生活挑战，选择现实的工作任务，决定生活方向，拥有适度成功。进而感受到自己的生活可以自己控制，获得掌控感，巩固安全感，收获主观幸福感。

三、如何培养儿童的责任心

衣食富足的当下，为人父母的都非常重视孩子的成人成才的教育，不愿让孩子再吃自己曾经吃过的苦，受自己曾经的罪，但过犹不及的是很多父母养育孩子时不免失之偏颇，其中一个典型的表现就是因担心孩子会摔跤，吃亏，走弯路，父母总包办孩子的成长，而任何智力和情商的发

展都来源于体验的积累。这样说来，父母在无意间就剥夺了孩子亲自体验生活的权利，也剥夺了孩子学习为自己负责的机会，也无形中成了孩子责任的"神偷"。当然还有家长要求过于严格，不允许孩子犯错，一旦犯错，就不肯原谅和宽容，缺乏对孩子改正错误，承担责任的引导，对孩子过错行为的不接纳变成了对孩子这个人的不接受，打击孩子的自尊自信，孩子的内心可能变得谨小慎微，懦弱怕事，以后遇事也不敢尝试和负责了。这也是造成当下部分孩子缺乏责任心的一个重要的不良家庭教育原因。那么，如何培养孩子的责任心呢？以下有两点可以推荐。

（一）父母树立榜样

家庭教育的一个突出特点是身教重于言教，境教重于身教。身在家庭中的孩子潜移默化中通过对父母言行举止的模仿，价值观人生观世界观的认同，家庭文化环境的熏陶，从而不断塑造人格，自我成长。父母是什么样的人比起他们说点什么做点什么更重要，父母是否能接纳自己，在此基础上努力进取，对自己的生活负起应该负的责任来，以身作则，身体力行，对孩子责任心的培养来说特别重要。俗话说：榜样的力量是无穷的。父母需要做的是闭上嘴，迈开腿，过好自己的人生给孩子看。当然，更理想的状态是父母为自己负责的同时还能接受孩子的监督，让孩子见证父母的负责，也见贤思齐地去自我进步。

今天是儿子上幼儿园大班新学期开学的第一天，清早洗漱完毕后，他利利索索地坐在餐桌前吃饭，大家对儿子的学校生活充满了期待和憧憬，话语间，儿子似乎对各种小学中学大学这类年级的升迁来了兴趣，我们成人给他罗列了中国当下从幼儿园到博士阶段的年级学习变化。儿子忽然问："那考试呢？"奶奶说："上什么学就考什么试。"我补充说："优秀的话就免试。"儿子似乎要自我确认一下："是啊，免费考试。"我们赶紧纠正："不是免费，是免于考试，不用考试。"奶奶兴奋地说："我们宝贝，人家一看，这么优秀，好了，不用考试了，去上哈佛吧。"说话间，我去整理东西了，忽然客厅里传来了儿子的声音："就像妈妈一样，免试去澳大利亚，我妈妈就很优秀。"我心里一惊，去澳洲考察学习，也只是在家说说，事实上是单位派遣，也不是什么免试的考学，但在儿子幼小的心灵深处，他就将个人优秀、国外上学与妈妈联系在了一起，在内心深处对妈妈表示了认同。去澳洲进修一个月也是好久以前的事情了，我也压根没有想到儿子的这份联想，可见，家庭为孩子提供了生命的根环境，父母就是孩子的催眠师，其言传身教是无声的语言，也是最有力的语言，言传身教本身即是催眠，只是不同的父母催眠的道和术不同，进而效果也相差甚远。

当然，若是考虑孩子的性别，父母还应该注意，随着男孩子年龄的增长，增加与父亲互动的空间，树立父亲在孩子心目中的榜样形象，以便男孩子有机会对父亲的正面认同，父亲的鼓励和包容也为男孩子对父亲的超越解除被惩罚的心底恐惧，为"青出于蓝而胜于蓝"的代际发展奠定良好基础。而对于女孩子健康成长来说，母亲的榜样力量就稍显重要。女孩子的独立和未来的负责的生活是向母亲认同的结果。看到同性的父母热爱生活，婚姻幸福，自尊自信，负责独立，女孩子也会不自觉向她看齐，精神动力学上来说，也将不断超越，未来成为像母亲那样的女人。

儿子6岁之际，我和老公费尽周折从四线城市来到了一线的新城市。购置新电视后，儿子似乎还带着一份失落，告诉我："妈妈，咱俩的电视不如×××的。""为什么？"我很疑惑，因为在一线城市的大商场里，这电视够可以了。"他家的能语音。"因为不知道新买电视的详情，只能安慰一下他。这让我想起儿子说他小同学×××的房子真大，还带领我参观的事情。从他那羡慕的表情里，我感受到他的自恋似乎遭到了打击。晚上，我和老公沟通后，第二天也就是周一睁开眼睛，我就自豪地告诉儿子，"咱家的电视也可以语音的。咱家的房子虽然没有×××的房子大，但是更值钱。我记得他妈妈说他家是100万，你猜咱家的多少钱？"他兴奋地猜着："200万？""不，咱家能买他家那样的房子好几个呢。"儿子满足地笑了。

当然，我的目的不是要助推孩子的攀比心理，接下来我重点还强调这些是爸爸努力工作挣来的，引导儿子向爸爸学习。谁知，儿子还和我一起回忆了一些小事，但在他看来是很大的事情，用来说明他有一天还要超过爸爸，还自信满满地说："长江后浪推前浪嘛！"

孩子的成长天生就需要借助一个更强大更智慧的父母作为榜样方能更好地成长。父母若有能力，也一定满足孩子的自恋，不要造成他的匮乏感，否则他会用一生时间去寻求补偿，并长期生活在自卑之中。

家庭教育是无痕的教育！养育孩子，前半生用心，后半生就省心；前半生省心，后半生就要伤心。教育好自己的孩子，要"大处着眼，小处着手"，从日常生活小事做起。"千里之堤，溃于蚁穴。"成就一个人和毁灭一个人，都不是一朝一夕的事，是千千万万个日子的结果，是我们潜移默化的结果。教育，简单地说，是以生命影响生命；以心灵点燃心灵；以品格传递品格；以行动带动行动！

只有家长愿意去做好自己，为自己的生活负责，为孩子树立无声的良好榜样，方能引导孩子心平气和地构建着、体验着孩子充实的、快乐的、轻松的当下，带着一份希望，幸福地追求他未来的无限可能，体验成就和责任，幸福地做自己。

（二）让孩子学着负责

父母的爱是指向分离的爱，父母纵有诸多不舍，但总有一天，孩子会长大，会离开父母独自生活，不管父母愿不愿意，都会从父母的手里"夺"过所有的权利，独自做出选择与决定。孩子的生活还是要靠他们自己来过，谁都替代不了。所以，在养育的过程中，父母要赋予孩子自主权，一步步放手让孩子自己去尝试，学习负责地去生活。

首先，可以激发孩子的责任意识，引导孩子关注社会和国家，放大人生格局。其次，遇事时家长常用启发式向孩子请教。比如，你感觉如何？你怎么想？这件事对你的生活有什么影响？你准备怎么做？妈妈不太会做，能不能按照你的想法帮我做做看？以此来启发孩子思考，提高孩子的自我认知能力。做事上父母适当示弱，给孩子创造实践机会，有利于激发孩子的责任感与能量。最后，让孩子参与家务，学习必要的生活技能，承担家庭责任和个人责任。对于孩子来说，家务活既是一项责任和义务，也是一项技能和游戏，还有利于发展孩子的社会兴趣和增强自信心。而

第八章 家庭教育开展的具体技术

家长要逐步放手，不包办、不替孩子负责。

放手不是撒手。放手是始终相信孩子，"爸爸妈妈始终相信你，什么事情你都可以自己干"。如若孩子遇到问题，告诉孩子"若你发现干不了的时候，我们可以一起来讨论怎么办""讨论后你也干不了，爸爸妈妈可以协助你来干"，这样让孩子感受到的是支持、帮助、鼓励、包容、后盾。在孩子体验做事、担当责任之后，情绪疏导，总结探讨改进方法，还责任给孩子。而撒手是撒手不管孩子，听之任之，孩子迫不得已去做事，至于做得如何，是否需要帮忙，没有沟通互动，经历之后，也没有总结引导等，其结果自然是未知的，孩子的责任感的培养也成了纸上谈兵。

当然，在家长放手，孩子尝试的过程中，孩子也一定会遇到困难，尝试失败，甚至做出错误行为，此时，父母的态度非常重要。智慧的父母会去试着理解孩子的情绪和需要，虽不认同孩子的错误行为，心平气和地引导孩子承担责任、改正错误并给予必要的帮助。父母就事论事的方式也让孩子感觉到了人格的被尊重，接收到父母传达过来的爱，心里很安全的孩子，也会更多地去关注如何改进过失，接受引导，承担责任上来。

儿子从三岁半开始去上音乐课，近一年的课程还算顺利。但也不知道什么情况，暑假前他就开始一直不乐意去上音乐课了，我虽然也软硬兼施，可收效寥寥，暑假两个月，什么课外班都没有上，随性地玩。其实，作为妈妈的我，说心中没有隐隐的着急和担心一定是假的，尤其是不经意间听说谁谁暑假上了某某兴趣班的时候，可每每这时，我去觉察自己，可能着急是我的内心问题，和孩子压根没有丝毫的关系，我不能将我的自我恐惧投射给孩子，缓慢优雅才是真教育啊！慢慢地，我的焦虑也随着暑假日子的减少也日渐降低。

新的学期已经开始十天了，我对儿子上课外班的事压根不再报任何期待，周五晚上锻炼身体从公园回家的路上，就是随便一问："儿子想去学习英语吗？"儿子煞有介事地附和道："当然了，要不我怎么去美国上学呢！"好家伙，志存高远啊！我俩就商量去课外班吧。我说因为妈妈的发音不准，陪读的话，妈妈也可以学习啊！儿子欣然同意。到了回家上楼的电梯间了，我试探地说："那音乐课去不去呀？咱的剩余的课程不上的话，老师也不退钱，要不咱去上吧？"谁知，儿子很爽快地答应去上。其实我心里还是没有底的，因为担心真是到了上课的时间，他可能又不去了。不过，不管怎么样，都需要尝试一下。第二天我问完老师本学期的具体上课时间后，静静地等待着周日下午四点的到来。

周日下午三点多陪伴孩子玩数学，趁他很高兴的样子就尝试着问："咱正好要去上音乐课，上完咱就去公园，好吗？""好呀！"儿子很利索地回答道。我就当着儿子的面看了看表，还有七分钟就到四点了，出发！谁知，儿子忽然兴趣盎然地说："妈妈，你不用去乐之翼（儿子上音乐课的培训学校）等我，把我送到一楼，你在一楼等我，我自己去二楼！""真的？"我真是不敢相信自己的耳朵。"真的，我都四岁十个月了，可以自己去上课。"带着意外的窃喜，我和儿子迈步去了目的地。我老老实实地"听"他的话——把他送到乐之翼的一楼，就在一楼眼镜店里等候他下课。几分钟过后，二楼楼梯口传来儿子的呼声："妈妈，我找不到教室。"我赶忙牵着

家庭教育与儿童人格发展

他的小手：“那妈妈和你一起去找找，好吗？”"嗯，好的。"迈步在通往二楼的步梯，我还担心儿子中途会放弃，会不上课。到了二楼才知道，服务台没有老师，各个教室的门都关得严严实实，又没有课程标签在门上，儿子找不到教室也是正常的。问过一个老师，将儿子领至他的教室，等了几分钟，一切还算正常，我才彻底放心在儿子指定的地方去看我的书。

一节课的时间很快过去了，在他指定的地方，儿子带着歌谱边下楼梯边呼唤我：“妈妈，我下课了。"我脸上堆满微笑，和儿子来了一个紧紧的拥抱。儿子饶有兴致地给我讲述着刚刚课上的种种。老师跟着来了，告诉说还有一个乐理课程，儿子说：“好呀。"很高兴地又跟着老师上楼去了。那叫一个顺畅啊！半小时后，儿子乐理课也结束，老师带着他出来了，正好遇见坐在乐之翼二楼家长等候区看书的我，儿子多少有点意外：“你怎么在这里？”"这里大家都在学习，我也想加入。"我反应还算快。“哦！"儿子略有所悟地说道。“我头可疼了，我想回家。"（本来约好是去公园，他自己说要回家，可见有多难受。）儿子很难受地说。哦，儿子的脸色不太对头，抱过来一摸，凭着做他妈妈这么多年的直觉，他在发烧，和老师告别后，我们就直奔回家。回到了家，用温度计一测量，体温38.5℃，刚刚儿子是在高烧状态下完成了课程，他是凭着浓厚的兴趣和强大的意志支撑了下来。

"妈妈，我很难受，要睡觉。"这话一出，我明白了儿子的难受程度。给儿子服完药，老师的电话来了，诉说了她这节课是如何抓住儿子的兴趣点——葫芦娃（动画片。儿子对葫芦娃的故事感兴趣），调动儿子的积极性，儿子的表现很好，似乎长大了。还说儿子骄傲地告诉老师自己的年龄以及不用妈妈在二楼等待的事情。我也和老师交流了前一阵子让查一下课时并已经做好儿子半载不去上课的准备，儿子现在的表现也出乎我的意料。最后，老师总结说：“看来，教育真需要慢呀！着急不来的。"我知道老师说的慢是尊重孩子，遵循孩子心理发展的规律，不要将成人的意志强加给他，用牵着蜗牛去散步的心态慢慢地等他长大！很多时候，孩子没有问题，家长更应该被教育，更需要成长。儿子，谢谢你，引领我进一步成长。

父母恰当引导，孩子会逐渐地学着为自己负责。

明天9月5日就是儿子幼儿园中班新学期开学的第二周了，晚上在结束公园锻炼牵手相伴回家的路上，我感叹道：“明天妈妈就要开学工作了，工作真好啊！"谁知，儿子也学着我的样子，兴奋地提高音调：“我上周就已经开学了，我的幼儿园工作也很好啊！""妈妈开始工作时可以和学生分享我的想法，还能挣钱呢，买我想买的东西，真好！"我继续给儿子"挖坑"。"那，我能读书，和小朋友玩呢，还有幼儿园的饭可好吃了。"儿子那双小眼睛忽灵灵地转着说。"明天愿意去幼儿园吗？"我趁势问道。"去呀，当然去了。"听到这，我放心了。

家庭教育其实是在日常生活的点点滴滴中常态化渗透的，不是三天打鱼两天晒网式的心血来潮，想起来执行一下，想不起来就算了的教育。而常态化背后是家长作为孩子生命的催眠师的成长，是家长健康的人格和生活态度的常态化的展现。家长是原件，家庭是复印机，孩子即为复印件。在引导另外一个独立生命成长的过程中，孩子也引领着家长在做着历久弥新的修行。家长有

/170/

时真的由衷地感谢孩子。

儿子上幼儿园大班的九月，一天早上早七点老公从北京风尘仆仆地凯旋了，儿子还正在美梦中，老公去看了看他，就转身去冲澡了。刚走到卫生间门口，儿子睁开了睡意蒙眬的双眼，清晰地说："老爸，你记得给咱家的电视缴费啊！"

哦，昨天他沉浸在电视中一下午，奶奶趁他不注意，就拔掉了一根线，谎称电视没有费了，记得让爸爸给家的电视缴费。这不，自己的需要记忆得可真叫一个清楚啊，睡梦中感受到爸爸回来了，就立刻清醒过来表达这个诉求。

谁说孩子对事情不上心，那是你没有想办法激发他的责任心。将孩子拥有的还给孩子吧！他会对自己负责的！相信他就是相信我们自己！

第六节 家庭教育的枢纽——权威

一、权威的概念和意义

权威代表着一种规矩，树立权威也是给孩子划定界限，建立规则。孩子处在不断建立世界观、人生观和价值感的时期，为人父母需要告诉他们一些是非、对错的判断标准，在他们触犯这些规则后给予适度的警戒，以便孩子学会在一定的界限内做出选择和决定，从而拥有正确的判断力。所以家长权威的树立对孩子学习辨别正确和错误具有决定性意义。

二、父母如何树立和行使权威

在行使权力的时候，父母会使用各种不同的方法。有些是以父母为中心的专断强制型，如我是你老子，必须听我的；有些是以孩子为中心的溺爱型，如你想怎么做就怎么做；有些是眼中无人的忽略型，如我才不管你做什么，怎么做都行；还有些是较理想的类型，即关系型或自由型，划分明确的规矩界限，还懂得在一定范围内让孩子有相当的自由去做出选择，注重尊重孩子的感受，听取孩子的意见。第一种执行权力的类型，父母绝对的控制、支配、操纵，是绝对的掌权者，但是疏于亲子关系的经营，爱的传递被阻断，只有冷冰的规则。孩子只不过是父母的"傀儡"，没有任何自主的余地，在小的时候，可能畏惧权威，被迫去执行，口服但心不服，愤怒、不满等不良情绪不断在心中扎根，长大后，可能就比较反叛，甚至演化为为抗争而抗争的局面；还有可能逃避、回避社会交往和规则，严重的还可能引发一些其他方面的心理、行为问题。

第二种关系相对于管制的规则执行风格，看似满足了孩子的各种需要，实则是满足了父母内在小孩的童年未被满足的需要。很多时候无原则地满足的根本不是孩子的需要，是父母的需要，对孩子反而构成一种控制和劫持，剥夺了孩子体验生命的权利，削弱了其发展自我的力量，容易滋生依赖心理。长远来看，孩子心中没有界限，丧失自食其力的基本本领，一旦走进社会，可能无法适应，毕竟社会是由各种规则构成的。所以这种做法不仅危害了亲子关系，还会葬送孩子的前途。

第三种眼中无规则无关系的执行风格，也不是我们提倡的。毕竟这种风格容易让孩子感受不到被爱的深情，看不到自己的存在，也容易丢失价值感，引发更多的心理问题和人格障碍。没有规则，更谈不上规则的执行。

较为理想的是第四种，即在平衡关系和规则关系的前提下再去制定和执行规则。比如，孩子需要一定的零花钱，那么父母就和孩子商量零花钱的具体数额，孩子坚持每周需要 50 元，父母的界限是 40 元，那么双方都听听对方的想法以及理由，最后定下来具体的数额，比如 45 元。45 元是个规定，那么 45 元具体可以买什么，可以和孩子协商定下来一些用品的类别，如书本、书写工具等，也规定好不能买的东西的类别。那么至于每天花多少，具体买的东西是什么，都是由孩子做主，只要不违背法律和道德，家长尽量少去干涉。这里有个细节，尽量一次给出一段时间如一个星期需要花销的零花钱，而不是一天一给零花钱，这样就在规定的时间段的基础上，又给了孩子在这个时间段内一定的自由和权利。

任何权威建立的规则都应该是建立在尊重感受的基础上。规则只有在涉及两个及以上的人才有意义，它存在的意义是最大限度地维护每个人的感受，它不是被训练要求来的，而是在感受的基础上自然形成的。一个享受过较多的爱和自由的孩子，几乎没有什么规则来限制他，他天然的感受能力——同理心——保持得不错，既能尊重自己的感受，也能体验到别人的感受，在自尊和尊重他人之间，自然形成了让彼此都舒服的界限，这时孩子自然轻松地跟不同的人保持不同的规则，自己的感受也没有受压抑。

而脱离感受的规则是冷冰冰的，切断了关系的连接，阻止了爱的流动，失去关系和爱的基础的规则是很难被执行的。生活中有些孩子似乎就喜欢破坏规则，侵犯别人的界限，因为他的经历中接收到的是一堆冰冷的规则，而这些规则也给他们带来了无穷尽的痛苦，每每面对规则，其内心似乎就有一个等式，即规则＝痛苦，他打破的看似规则，实则是想终结痛苦，建立关系连接。所以，我们建议父母，先要经营好亲子关系，在此基础上，再谈论权威，即先解决远近问题，再解决对错问题。

当然花零花钱时可能还会出现孩子打破了规则，"违规"买了不该买的东西，此时，更需要家长听听孩子的理由，共情于孩子的感受、需要、情感，论事不论人地引导教育。做到先链接，再纠正。先确保把爱的信息传达给孩子，跟孩子之间建立起亲密和信任的联系，当父母和孩子之间有这种链接的时候，孩子就会明白，父母不会因为某件事情或他的某个缺点而不爱他，对他的爱是无条件的，感受到归属感与价值感的孩子就愿意和父母一起去寻找解决问题的方法，维护规则，而不会把注意力放在如何逃避惩罚上。这样，在呵护亲子关系的基础上，再去论证对错，维护权威就显得很容易、很轻松。

昨晚忙于订票，直到 22:30 才结束，结束后陪伴儿子睡觉时他还说要吃苹果，说刚才我洗澡完答应他削苹果吃的，说实话不记得了他的要求也不记得我的回复了。眼看时间就很晚了，满足要求还是打压不让吃，经验告诉我，只能选择前者。我得"听话"，听他的话。

一早在铃声的呼唤声中，从睡梦中惊醒的我，定了定神儿，叫了叫熟睡的儿子，不忍心喊他，

第八章 家庭教育开展的具体技术

我先洗漱去了。爸爸喊他，儿子打他，感觉告诉我，今天上学又该捣蛋。果不出意料，他赖着不起，在床上翻腾着也睡不着了还是说要睡觉。我知道昨晚我错了——休息得太晚，没有睡醒的这份痛苦让孩子现在承担了。哭着说不去上学了，我知道他在等待我的肯定的答复，我给他讲到大人都要去做什么，好不容易在理解共情后洗脸、刷牙、吃饭了，吃完饭扒着门不走，我可怜的宝贝，当再次说到爸爸妈妈奶奶都各有事要办时，他泪眼婆娑让我抱着进了电梯，一路上告诉我他的想法，我抱着进了幼儿园，搂着我告诉我他最喜欢寒暑假和周末在家自由的状态，我不用强制把他抱到幼儿园。

今天总体来说我不着急，真正地理解他的基础上不和他对着干，明显感到他的挣扎少了。首先，我为何真正地理解了他呢？是他在"攻击"爸爸的一瞬间，我脑补地真切感受到孩子行为背后的需要和愿望——我没有睡醒就是不想起床，我才不管你上不上学，基本的需要（吃喝拉撒睡）最有力量也最需要满足，多么真实的状态啊！不会表达不敢表达才令人担心后怕！攻击说明一个人在这份关系中感受到了安全，且敢于表达自己，这是生命的活力，我应该庆幸我的宝贝是在听他自己的话，而不是屈从于外界（即使父母）并最终妥协听话——听别人的话。这样的攻击互动瞬间还会不断滋养他的核心自我的壮大，而核心自我，这是自信的根本！这让我想起儿子有次据理力争说"我不乖，不要喊我乖"！是啊，乖是成人在做一件看上去很美实则害死人的勾当——孩子你就当个木头人、空心人吧，我让你干什么就干什么！多么隐蔽的游戏！所以，乖、听话不应该成为夸奖孩子的口头语。我们应该允许孩子做他自己，最低允许孩子表达他的功利性，这是他活力之源。

昨天老师说儿子在教室里很遵守规则，似乎有点克制，准确点是早熟，而在户外会尽情撒欢，俨然两个人，静如处子动如脱兔的感觉。昨天我还自我怀疑，不知这样是好还是坏。今天我顿悟了：他的规则意识是在家被无条件允许的结果，父母尽可能尊重他，平等地对待，没有故意给他制造冲突，否定他的感受，他的攻击性可以尽情释放，他一直在自由地做着自己。这样，他的内心也没有内化的冲突和积累的怨恨，其内心是平和的，而内心平和的孩子自然能拿捏不同场合的分寸，别人不用讲太多规则，规则在他心中自然形成，他也自然能够遵守。自由的孩子最自觉。

坐在去深圳的高铁上，我的内心也是平和、舒畅的，我深深理解，儿子是一个独立的生命体，我们应该给予他来到这个世界用自己的节奏和方式体验生命的权利，若是被剥夺，这是生而为人最大的悲哀！不应该用我有限的生命去框定他生命的可能。他只需要做他自己，听自己的话，我只负责给予这份深深的理解和接纳性的爱，至于如何探索世界和感受生命，交给儿子吧。

其实，周围的环境太污染孩子的自我感受了，各种规则太多。我们父母当然不能要求别人的改变，只能尽可能地去化解孩子那被不必要规则捆绑的内心。若是家庭做不好这些，厌学等可能就会发生，这也是最不愿看到的。儿子早晨哭着告诉我在幼儿园玩得一点也不开心，那开心的瞬间都是假的。虽然我知道，他说的假才是真的假。孩子在瞌睡等不舒服时会有退行，不想上学。早点休息在这方面我一定从自我做起。不过儿子所在环境还是有点让人欣慰，昨晚告诉我午饭前，

/173/

趴在桌上睡了一小觉,直到老师喊:"第一组端饭。"老师昨天也说会进一步放权给孩子,让他们自由探索。不得不说,现在对孩子不是管得太少而是太多,不管才是最好的管。

最后,我想用《牵着一只蜗牛在散步》来做这一章节的总结。

牵着一只蜗牛在散步

上帝给我一个任务,
叫我牵一只蜗牛去散步。
我不能走太快,
蜗牛已经尽力爬,为何每次总是那么一点点?
我催它,我唬它,我责备它,
蜗牛用抱歉的眼光看着我,
仿佛说:"人家已经尽力了嘛!"
我拉它,我扯它,甚至想踢它,
蜗牛受了伤,它流着汗,喘着气,往前爬……
真奇怪,为什么上帝叫我牵一只蜗牛去散步?
"上帝啊!为什么?"
天上一片安静。
唉!也许上帝抓蜗牛去了!
好吧!松手了!
反正上帝不管了,我还管什么?
让蜗牛往前爬,我在后面生闷气。
咦?我闻到花香,原来这边还有个花园。
我感到微风,原来夜里的微风这么温柔。
慢着!我听到鸟叫,我听到虫鸣。
我看到满天的星斗多亮丽!
咦?我以前怎么没有这般细腻的体会?
我忽然想起来了,莫非我错了?
是上帝叫一只蜗牛牵我去散步。

教育孩子就像牵着一只蜗牛在散步。和孩子一起走过他孩提时代和青春岁月,虽然也有被气疯和失去耐心的时候,然而孩子却在不知不觉中向我们展示了生命中最初最美好的一面。孩子的眼光是率真的,孩子的视角是独特的,家长何不妨放慢脚步,把自己主观的想法放在一边,陪着孩子静静体味生活的滋味,倾听孩子内心声音在俗世的回响,给自己留一点时间,从没完没了的生活里探出头,这其中成就的,何止是孩子。

第九章 家庭与学校的配合

人的教育是一项系统的教育工程，包含家庭教育、学校教育、社会教育三个方面。三者相互关联且有机地结合在一起，相互影响、相互作用、相互制约。在这项系统中，家庭教育是一切教育的基础。而学校教育作为一种教育形态，有其自身的优越性，它是专门的教育机构，有专门的经过职业培训的教师，有比较充裕的教育经费，有精心设计的课程和教学计划，有比较及时的反馈和评价机制等。而家校合作实际上是联合了对孩子最具影响的两个社会机构——家长和学校的力量对其进行教育。家庭教育和学校教育有着共同的教育目的，即培养出合格的社会成员。在此过程中，前者是后者的基础、起点，后者是前者的合理拓展、深化和系统化。两者应相互联系、相互促进、相互配合，才能使孩子的教育这一项系统工程得以顺利实施。

第一节 家长如何与老师打交道

家长与老师打交道，就是家长怎样和老师交流、沟通。建议家长在与老师谈话之前，把要交流的问题和咨询细节记在笔记本上，考虑清楚怎么说最合理。不要随便议论老师的是非，注重反映孩子在家的情况，及时了解孩子在校情况，有效地与老师进行沟通。你越慎重，老师会越重视。

一、不要当着孩子的面议论老师

作为一个家长，在孩子面前，总是随便地议论老师，说老师不行，甚至说学校不行，在孩子面前，反对学校与老师的决定，让孩子不要听从学校与老师的要求，那么，在孩子的心中，学校就不是什么神圣的地方，老师也没有什么了不起的，他可以不听老师的话，也可以不遵守学校的各项规章制度。这样的结果是孩子很可能走上一条不利于他自己健康成长的道路，这是十分危险的。

背后议论他人的好坏，是对人际关系危害最严重的一种行为。少数家长喜欢在背后说别人的好与坏，而且说的时候不回避孩子，议论东家长西家短，都会给孩子处理人际关系造成误导，尤其是说老师的坏话。这样一来会降低老师的威信，使孩子也认为老师不好，影响孩子与老师之间的感情。对老师有什么意见应与老师进行沟通，最好不要在孩子面前说，以免老师失去在孩子心目中的良好形象。家长在孩子面前对老师的一番不好的评论，会导致孩子对老师的不满。因为家长内心对老师不尊重，这份不尊重很容易在孩子面前表现出来，并直接影响孩子对老师"信其道"

的情感。家长在孩子面前评价老师时要慎重,最好不说他人的是非。

家长的个人习惯、待人处事的态度等,都会对孩子造成潜移默化的影响。说者无心,听者有意,孩子小小的心里会记住家长说的那些话,从而影响他长大后的言行举止。家长在养儿育女的过程中,自己的品格、生活方式及价值观都起着非常重要的作用。应该把自己优秀的方面,融合在生活中的小细节上,传达到孩子的内心,这才是家长给孩子最为可贵的精神食粮。

当然,也不排除个别老师的言行确实难以为人师表,在这种情况下,家长可以直接向学校的领导反映实际情况或自己的看法,真诚提出解决问题的方法或建议,而不是在孩子面前议论老师的是非,影响孩子的情感发展。

有时候,由于老师工作方法不得当,对个别孩子批评责备过多,甚至讽刺挖苦,或者对孩子的问题处理不公正,会使孩子与老师之间感情疏远,甚至产生反感、对立的情绪,影响孩子学习的热情。

解决学生的纪律问题,必须从建立良好的师生感情入手。首先,家长应以理解的态度对待老师,为孩子树立一个尊师重教的好榜样;其次,要耐心地给孩子讲尊师的道理,讲"程门立雪"等名人的故事,说服孩子消除对立情绪;最后,对老师的缺点进行客观分析,找机会以合适的方式跟老师交换意见。家长可以主动找老师,跟老师交流讨论教育问题,配合和支持老师工作,一旦师生之间的隔阂化解了,孩子自然就能克制自己的行为,以良好的心态遵守学校和班级的各项规章制度。

面对老师出现的问题,家长可采取以下六个心态。

(一)正确对待学校

选择了一所学校,就是选择了对学校的信任和依赖。家长对学校的信心会对孩子的成长和学习产生莫大的激励作用。孩子在学校不管遇到什么问题,家长都应理性地来处理,不要当着孩子的面议论学校的是非,以免对孩子产生消极影响。

(二)正确对待老师

家长应无条件尊重老师,正确看待"教育也是服务"这一观点。因为老师对孩子的教育,是直接为一个家庭的现在和未来做贡献的,这是社会上其他部门的任何人都做不到的。

(三)正确对待"老师叫家长"一事

老师叫家长到校是好事,说明老师关注孩子,说明孩子的问题老师重视了。莫要觉得一被叫就是没面子,情绪不好,把不良情绪转移到孩子身上。

(四)正确对待老师反映的问题

老师和家长对孩子教育的目标是一致的。老师有时为了和家长联手制订切实有效的教育计划,会毫不隐瞒很直接地向家长如实反映情况,家长不要觉得脸上"挂不住",否则会影响老师后续所采取的教育措施。

（五）正确看待自己的孩子

现在的独生子女较多，大多父母只有一个孩子，所以孩子的表现如何，家长没有比较，都会认为自己的孩子最好。而老师的面前有五六十个孩子，每个孩子的优缺点都会在群体比较中显现出来，所以老师对孩子的评价更为客观公正。

（六）没有适当的约束和惩戒不是教育

教育的过程是规范言行、塑造灵魂的过程，针对不同个性的孩子，老师会采取适当的办法。对个别严重违反校规班纪的学生，老师会采取惩戒手段，否则等孩子长大后就没有了违法犯罪的概念，会贻误一生。而对于这些合理的教育方式，家长要予以理解和支持，不要轻易否定老师的付出，即使家长有更好的方法解决，也要及时地与老师进行沟通交流，千万不要在孩子面前随便议论老师，这是百害而无一利的。相信家长会从中领悟家庭教育的潜移默化的真谛。

二、让老师了解孩子在家的情况

如果小学阶段孩子学习习惯培养好了，家长只是"烦一时"，如果小学阶段孩子学习习惯没有引起重视，不良问题会"烦一世"。

家校良好的合作，教育的影响力才会真正形成合力，起到事半功倍的效果。家长学会让老师适当了解孩子在家的学习情况，特别是学习有困难的孩子，家长一定要及时向老师反映问题，及时沟通，共同面对，并处理问题。

在开学初向老师反映孩子在家的情况时，不要带着先入为主的印象，如"我家孩子很优秀""这孩子和人相处不好"等，而应该尽量客观，公正评价孩子在家的表现情况。

家长工作太忙，没时间和老师沟通，可以通过短信和电话，简单地向老师说明家里的情况，配合老师做好教育孩子的工作。

有时不习惯直接面谈，可以给老师发短信，熟悉之后再定交流的方式（电话或面谈）和时间，如果觉得孩子没什么问题，向老师说明，等开家长会再交流，让老师知道你对孩子的关心。有时家长会后老师和每位家长交流时间有限，时间允许的话，隔一两个月和老师见面或打电话说明孩子在家的学习情况，协助老师了解孩子在家的表现，方便老师更好地了解孩子、教育孩子，不要等到孩子有问题才和老师交流。

有一位妈妈的做法值得参考，老师反映孩子在学校的表现不好，她知道其中有自己的原因，于是发短信说："老师晚上好，今天有幸碰到你，得知孩子的近况，仔细想来，首先是家长工作忙，没有尽到责任，我希望老师不要因此而对孩子失去信心，我也努力使他回归状态。非常感谢老师的付出！以后会多和您联系。"这种交流方式合情合理，又站在老师的角度考虑问题，不是一味地将教育的责任推给老师，老师知道家长很关注孩子，会更加用心地投入，共同配合教育好孩子。

在孩子年龄小的时候，家长很可能是老师和孩子之间的桥梁，所以，用心同老师打交道，才能把交流变得更通畅，把桥梁变得更直接。

孩子一上学，家长就免不了同老师打交道，为了孩子，每个家长都希望与老师保持良好的关系,其实,与老师相处也是有技巧和艺术的。

第一,不要等孩子有了严重问题才去找老师。在轻松气氛下互相认识的老师和家长,在对孩子的问题交换看法时,相互之间很少保留意见。

第二,所有的父母都认为自己的孩子是好的,犯错误是偶然所为。请家长们不要忘记,老师面对的不是一个孩子。凡是对这种情况表示理解的家长从一开始就会赢得老师的好感。

第三,即使家长很生气,而且是有道理的,但家长同老师交涉之前也要对老师做事中好的一面加以肯定。即使家长希望老师听听自己的意见,也不要伤老师的面子,或者引用孩子的话。

第四,不要因为不好意思而不谈一些比较大的家庭问题,尤其是影响孩子学习成绩的家庭问题,只有这样才能在孩子出现异常时,获得老师的理解,当然要做到这一点是不容易的。

所有家长都认为自己对孩子最了解的。孩子在家里的表现完全和在学校不一样的现象是经常发生的。家长和老师经常交换意见有助于老师更好地了解孩子在家里的表现情况,有利于老师更好地与孩子沟通交流。更好地与孩子一起学习生活。

三、家长应向老师了解孩子在校情况

家长应该向老师了解孩子在学校的情况,如何了解?如何沟通?成为家长比较棘手的问题。像亮亮的妈妈处在一个很被动的位置,孩子不听话,好动手,坐不住,需要家长跟老师沟通好,多问一下老师孩子近期表现是否有进步,及时关注孩子,而不是不理不睬,出现问题再去询问老师。同时,在家长与孩子的沟通过程中,家长起主导作用,也是整个沟通效果的主要负责人,但是孩子可能不会把学校的事情完全同家长谈论,因此要求家长细心耐心地对待孩子的语言和行动。但是,我们只能要求自己努力做好,我们没办法要求老师怎样做。很多时候,孩子不能很好地表达出自己的感情,老师或别人可能不能完全了解孩子。但是,作为孩子最亲密的父母,孩子会在我们面前袒露他不设防的内心,我们能看到他到底是什么样的。因此,在孩子具有比较好的情商,能自己处理自己的问题以前,关于学校沟通应该是三角形的沟通,即老师、孩子、父母。如果把孩子送进学校,让孩子自己去经受考验,在考验中锻炼成长,对有些孩子来说,可能会是比较艰辛的道路。

感情的远近要看联系程度是否密切。同老师保持密切的沟通,是让老师了解孩子,方便老师有针对性地处理孩子身上发生的问题。孩子很少能对老师主动地表示自己的喜欢和亲密,所以,主要的沟通需要靠家长来完成。家长向老师了解孩子在学校的情况,也是让老师更加关注孩子,了解孩子。

有时家长可以给老师写一封表示感谢的信,你平时不好意思说的话,可以在信里写出来。这可能会让老师感动并珍藏一生。老师的工作很辛苦,他们也非常希望能得到家长的认可和鼓励。声情并茂的信,有细节有描述,他们会很喜欢。

总之,不管采用什么方式,都要同老师保持密切的联系。家长需要用心地同老师交流,感情的交流可以选择生活中的任何时机,而不一定是教师节和节假日。

所以，同老师的感情交流不一定要花钱，但是应该是用心的、真心的、诚心的，一定是家长费了心思让老师感动或赞许，老师也会真诚地愿意和家长去交流孩子在学校的情况，共同配合、共同理解、共同教育好孩子。

老师最不喜欢的家长往往是认为把孩子送到学校，教育孩子的事情就都落在老师身上，自己不必再多管的家长。很多家长，虽然很重视教育，但总觉得自己只需要照顾好孩子的饮食起居就可以了，对孩子在学校的表现等并不关注。其实，教育并不是一方的事情，单凭一方之力是无法做好的，必须家长、学校、社会三方共同努力，才能让孩子健康成长。一个班级里学生众多，老师工作繁重，无法做到及时和家长沟通，所以，家长平常要与老师保持联络，适当打电话或者到校与老师面对面交流，及时了解孩子在校的情况，发现问题，及时处理，积极配合老师工作，不要等问题累积在一起时才意识到沟通交流的重要性。同时还要注意的是，和老师联络不要过于频繁，以免影响老师正常的工作和生活。家长了解孩子在校情况后，要做到以下三点。

（一）平和心态

家长在与老师沟通的过程中，要有平和的心态。在了解孩子的情况之后，不要一回家就批评孩子，甚至使用暴力，这样会使孩子产生抵触的心理。家长得知孩子在校情况后，要做到不动声色，寻找合适的机会和孩子促膝交谈，了解行为背后的原因，才能真正帮助孩子解决面临的问题。

（二）懂教育，爱孩子

世界上没有无缘无故的爱，试想假如孩子作业不认真书写，上课捣乱，脾气坏，欺负别的孩子，老师会喜欢这样的孩子吗？像这样的孩子班上有一两个，老师就会很头疼，所以老师绝不会希望班里的孩子都是这样的。老师肯定会打心眼里喜欢听话的学生，有礼貌的学生。一个有良好生活习惯和学习习惯，情绪正常的孩子背后，必定是有有水平和懂教育的家长。

（三）耐心帮助孩子独立

家长在与老师沟通交流中了解孩子在学校的情况，家长应该理性分析，做得好的要激励孩子，做得不好的，要懂得慢慢引导，适当"放手"。家长要配合老师用爱心去关注孩子的一言一行、一点一滴，而不是一味地说过头的话，伤害孩子。对孩子的批评应该坚持"四不"：在饭桌上不批评；在客人面前不批评；在同学面前不批评；在自己情绪不好时不批评。运用好与老师沟通交流的成果，走进孩子的内心，并与孩子交朋友，孩子才会更好地理解家长的用意，愿意接受家长的批评和指导。

四、如何配合老师的教育

如果家长处理不好同老师的关系，就会陷入无法解决问题的窘境。作为家长应该如何向老师提出意见而又不影响孩子呢？不要等孩子有了严重的问题才去找老师。在轻松气氛下认识的老师和家长，在对孩子的问题交换看法时，相互之间很少保留意见。所有的家长都认为自己的孩子是好的，犯错误是偶然所为。请家长们不要忘记，老师面对的不是一个孩子。凡是对这种情况表示理解的家长，从一开始就会赢得老师的好感。即使家长很生气，而且是有道理的，在同老师交涉之前也要对老师做事中好的一面加以肯定。家长希望老师听听自己的意见，但不要伤老师的面子。较好的做法是，首先要让老师感觉到，自己的看法是正确的。当老师真正意识到家长的看法是有道理的时，老师是能够认真听取家长的意见的。不要因为不好意思而不谈一些比较大的家庭问题，尤其是影响孩子学习成绩的家庭问题。只有这样才能在孩子出现异常时，获得老师的理解和配合。

配合老师的教育，家长以信任为底色，繁杂的教育问题就会显现出比较明显的因果联系，我们看问题的视角就会客观，提出的应对策略、建议才能击中关键问题。在与老师充分的信任关系建立以前，切记不要随便抛出不够成熟的建议，以免未能达到有效与老师沟通交流的目的。如果有急事必须说，建议家长借用中间媒介——漂亮的便笺纸留言、打印的信等，也可用短信、电子邮件等，对易起冲突的话题暂时不要与老师直接面对面交流。

配合老师的教育，家长要站在孩子的角度进行思考。家长和孩子之间只要解决了信任的问题，沟通就不会成为问题。不过，家长要想得到自认已长大成熟、无所不知的孩子的信任，除了耐心和方法以外，还要具备一定的观察能力和分析能力，让孩子正视家长的观点和建议。对于这一点，有些家长有这样一种不当做法：为了达到让孩子尊重自己意见的目的，下意识地贬低孩子的观点和做法。这样做会破坏与孩子之间的信任基础，让孩子产生对立情绪，偏要证明自己的正确。由此，争执起，情绪乱，非但帮不了孩子，还会白白损害宝贵的时间和精力，影响家长与孩子之间的关系。

家长要学习——没有人生来就会做父母。其实，学生时期的孩子不会有多大的事，但也"孩子无小事"。家长要保持敏感的思维触角进行细致的分析，辨别出孩子所犯的错是偶然所为还是积弊导致的必然。不要大惊小怪，动不动"狼来了"。家长是最好的旁观者，我们能够在孩子最放松的时候进行观察，也能见识孩子最没有遮掩的激烈情绪，父母，有时还包括爷爷、奶奶、外公、外婆，这么多人专注于一个人，总要比一个老师面对四五十个学生更便于了解孩子遇到的问题。

家长应紧密配合学校和老师，负责督促孩子养成在家的好习惯，家长与孩子的沟通非常重要。

每个人身上都蕴藏一份特殊的才能。那份才能犹如一位熟睡的巨人，等待我们去唤醒他。每个孩子都有自己的闪光点，作为家长，要能认清自己的孩子，了解孩子的长处和短处，挖掘孩子的潜能，因材施教、扬长避短，要相信每个孩子都能成材。一个好的父母想造就一个孩子的好前程，注意配合学校教师做好孩子的心灵养护，让孩子有一个健康的身体和开朗的性格，积极进取的心态，家长应时刻注意以下六个方面。

第一，把孩子视为家庭的平等成员，尊重孩子的人格、尊严，让孩子独立思考，自由选择。让孩子自由选择并不是说父母就无所作为，父母可以引导，可以帮助分析，最终的选择权在孩子手里。如果孩子选择错了，他自己将承担责任，一旦意识到错了，他能很快改正。如果是你帮他做的选择，即使对了，他也不一定会做得很好；要是错了，他会怨恨你，因为责任在你。

第二，认真耐心地倾听孩子的意见，要与孩子做朋友，家里不能搞"一言堂"，完全由家长说了算。尤其是遇到与孩子有关的事情，家长一定要与孩子商议，听取孩子的意见，对的意见要接受，不对的意见要做出解释。当家长就家里的某件事做出决定时，也应征求孩子的意见，一方面有利于孩子的健康成长，孩子会感到自己是家里平等的一员，在以后会积极为家庭着想，另一方面也有利于事情本身的完成。

第三，争取理解孩子。深入孩子的内心世界，理解孩子的愿望、尊重孩子的选择、支持孩子的正当要求，同时也要向孩子敞开自己的胸怀，让孩子了解父母的思想、感受父母的喜怒哀乐、争取孩子的信任和理解。这不仅能帮助家长真正成为孩子的朋友，而且有助于家长更好地引导孩子成长。

第四，对孩子成长的过程中要用摆事实、讲道理的方法。不要轻易对孩子的行为做出评价、发指令，要尽量引导孩子去思考。要多关心孩子的思想和行为，对于问题，应通过谈话、协商来沟通和理解，最后得到公正合理的答案。

第五，做孩子的朋友，并不意味着要放弃原则，迁就孩子的错误。我们强调给孩子发展兴趣爱好的自由，但并非自由放任。应该把握一定的尺度、提出严格的要求。孩子确实错了，就不能迁就，一定要严肃指出，并做出相应的解释，以免下次重犯。如果是自己错了就要敢于向孩子承认。要用自己的言行、作风给孩子做出表率，引导孩子形成良好的人格品质。

第六，主动和孩子交流心里的想法。大多数家长与孩子沟通的目的是要将自己的见解和要求向孩子说清楚，让孩子明白自己的意思。其实仅仅如此是不够的，因为那只是单向性的，目的只是让孩子了解父母，要求孩子能做到父母所期望的。这些父母是否想过：你们要求孩子听话和了解你们的意思，你们有没有了解过孩子的想法？沟通，要求父母主动将自己的内心世界向孩子敞开，同时多倾听孩子的心声，互相倾听，互相了解。这样，才能了解孩子心中的所思所想，而后"对症下药"，给予适当的引导，使孩子健康成长。

家长做好了与学校老师正确的沟通和交流，及时弥补了老师教育孩子时的漏洞，老师对孩子有一个比较全面的认识和了解后，教育才会更有效，更有针对性，真正收到事半功倍的教育效果。

第二节 让孩子参加学校的教育活动

学校教育是人一生中所受教育最重要的组成部分，指人在学校里接受计划性的指导，系统地学习文化知识、社会规范、道德准则和价值观念。由此可见，学校教育的最大优势在于其具有规划性、系统性、科学性，而这也正好弥补了家庭教育的不足。

一、放飞孩子的活动空间

当孩子从家庭走入学校时，预示着他（她）的生活学习环境、人际交往环境、活动内容、活动方式的改变，他们需要尝试适应并且学会融入，才能得到品质、道德、观念等的改变与更新。家长此时要做的是给予孩子足够的时间、空间，让孩子勇敢地迈出这一步。

孩子进入小学阶段后，开始脱离幼儿时期的发展特点，他们开始投入集体生活之中。随着年龄的增长，他们一边继续服从家长的管理，一边开始重视自我交际网络的建立，独立意识逐渐明显，孩子身上的"逆反"情绪也越来越明显。而此时家长的束缚则容易成为儿童自然发展的最大障碍。

第一，进入小学阶段后，孩子的独立意识越来越明显。他们总是试图摆脱家长的管束，开始讨厌保护和命令，喜欢独立，进入了"不听话时代""歪理时代"。其实这正是孩子"见解形成期"的典型特征，这种见解并不像青春期那样完全独立，而主要是情感方面的独立，他们此时的见解很容易受到外界的影响而摇摆不定。对这一时期孩子的教育指导，要关注他们情绪、情感发展的特点，而不能简单地滥用权威；应允许孩子适当地坚持自己合理性的见解，但不能让不合理的见解肆意扩张，毕竟此阶段孩子的见解还不够成熟，处于"似懂非懂"时期。

第二，小学阶段的孩子由原来对家长的过度依赖，开始转为对同伴的极度渴望。发展心理学的许多研究表明：年幼的儿童处于自我中心阶段，不能认识到他人的观点、意图和情感，而在与同伴交往的过程中，由于孩子处于平等的地位，他们逐渐学会与同伴合作、协商，逐渐地从他人角度考虑问题，观点采择能力、角色扮演能力、移情能力等社会能力逐渐发展。人本主义心理学家马斯洛认为，归属和爱及尊重的需要是人类基本需要的重要组成部分。与同伴的交往，可以满足小学阶段孩子的这些基本需要。他们在同伴集体中被同伴接纳并建立友谊，同时在集体中占有一定的地位，受到同伴的赞许和尊重后能够产生一种心理上的满足。

第三，家长的包办代替成为孩子自然发展的最大障碍。有的家长把孩子的一切当作家庭中最为重要的事情，唯恐孩子不安全、出事故，采取种种办法来限制孩子的活动。这也不行，那也不准，对孩子包办代替，一味娇宠，使孩子没有机会亲自体验生活中必不可少的风险。这样的孩子，缺乏独立意识，一旦离开家长走入学校，便不知如何面对生活中的问题和挫折。

孩子不是温室里的花朵，只有经历风吹雨打才能成长得更加坚强。对于孩子的成长，只有家长放手让孩子自己去闯，孩子才会长大，也只有在经历了种种挑战之后，孩子才能更好地应对未来社会上的各种挑战。

作为父母，既要学会适度放手，给孩子自由活动的空间，又应当明白让孩子独立时家庭教育的重要指导作用。

（一）学会尊重孩子的独立意识

让孩子成为孩子自己，而不是父母的小影子、小尾巴。进入小学阶段，父母要时刻谨记自己不是孩子的手、孩子的脚，更不是孩子的大脑，我们要做的仅仅是充当孩子独立意识的保护者。当孩子说"我自己来"时，就让孩子自己来。当孩子想要干些什么的时候，就让他们自己干，这是孩子独立意识的萌芽。

（二）培养孩子的责任心

没有责任心的孩子永远长不大。孩子脱离家长扶持的过程，就是他自己逐渐强壮、逐渐独立的过程。对父母的依赖越小，孩子自己的责任心就越重；孩子的责任心越重，他就能越快地学会独立，学会成长。家长可以有意识地交给孩子一些任务，让他们独立完成，如送一件物品到邻居家、养护一盆植物或是小动物、招待到家里来的客人等。家长还可适当地让孩子了解一些父母的忧虑和家庭的难处，提出一些问题，引导孩子独立思考和选择，大胆发表自己的见解。让孩子明白家庭的美满幸福，要靠爸爸妈妈和自己共同参与，进而增强孩子对家庭的责任心。外出旅行时，让孩子背一个独立的小包，也许里面的物品并没有多少，但要让孩子知道，他是家庭的一员，分担旅行中的行李是他义不容辞的责任。别看这些都是生活小事，但孩子就是在这样的逐渐历练中变得负责、独立的。

（三）给予孩子合理的期望

作为父母要了解自己的孩子，在尊重孩子意愿的同时不提过高要求，否则一旦孩子未达到预期目标就会产生强烈的挫败感，那么下次也许他再也不愿意主动尝试了。

年轻的家长更不能在孩子没有达到自己要求或期望时给予孩子讽刺性的话语："你瞧你，这么简单的事都做不到。""胆子这么小，以后怎么办？"这些刺激性的话会给孩子的心灵，给孩子带来深深的伤害，使孩子愈加自卑和胆小。

（四）让孩子学会自我决策和自我处理

不管是在家中，还是在学校里，家长都应该放手让孩子做好自己该做的事情。如打扫自己房间的卫生、与同学有争执时学着自己处理。碰到问题时让孩子自己决策，让他从小有这种独立的意识去决定某一个问题，将来他也就有能力决定自己人生的发展。当然在这个过程中，家长作为一个保护者，要适时给予应有的支持，以便孩子形成正确的价值观和是非判断能力。

当孩子无法自我解决或处理时，家长要善于倾听，必要时可以给孩子一些建议，供孩子选择。当孩子产生放弃或动摇的念头时，家长应该多鼓励，不要让孩子半途而废。在孩子年龄小时，家长可以适度陪伴，给他精神上的安慰和鼓励，但不要用行动干预，这样会让孩子产生依赖心理。

孩子是家庭的重要一员，每一个孩子的成长都离不开家长的爱。但爱不是一味地把孩子养在身边，而应该让他们去历练，去感受人生的酸甜苦辣。爱也不是犯错误之后猛烈的批评，而是耐心帮助孩子指出缺点，并督促孩子改正。相信有了家长的正确认识和引领，孩子定能更加独立和自主。

二、正确理解学校教育活动

学校教育活动内容丰富多彩，不仅仅注重知识技能的培养，同样关注孩子情感、态度、价值观等一系列的综合素质的提升，极大弥补了家庭教育中关注个体单一性发展的不足。

孩子进入小学后，开始进入了系统的学习阶段，他们开始接触多样化的课程。在很多家长的意识中，课程就是下发的几本教科书，是学校课表中设置的不同学科。其实这是对课程的狭义理解，广义的课程是指学校为实现培养目标而选择的教育内容及其进程的总和，它包括学校老师所教授的各门学科和有目的、有计划的教育活动。由此可见，学校开展的阳光体育、兴趣选修、特长社团、实践活动等课外活动都属于课程，而这些课程往往被家长忽视，因为家长不知道它们在孩子的成长过程中所起的举足轻重的作用。

在我国古代就已经出现了课外活动这一教育形式。开展有益的课外活动是提高学生素养的重要途径。

第一，学校教育活动的综合性和实践性能够改变现在单一的课程结构。单纯的学科知识学习已不能满足孩子对这个世界的好奇，他们渴望走出家庭、走出教室，和同伴游戏，和社会接触。而学校开展的各类教育活动正好满足了他们的这些需求，他们可以通过这些综合实践活动学习书本外的知识、结交朋友、学会交往、认识自然、懂得感恩、树立理想、拥有信念……

第二，学校教育活动可以让孩子将在课堂上获得的知识运用于实际，从而加深对知识的理解。在已获知识的基础上进行实际操作，可以让孩子不断地发现新的知识，掌握新的技能。内容丰富多彩、形式多种多样的教育活动，还可以激发孩子的学习兴趣，推动他们不断地去探求知识，刻苦学习，并且能够培养和发展孩子的审美能力和劳动能力。

第三，参加学校教育活动有利于提升孩子的人际交往能力。经常参与学校活动的学生会与不同的人打交道，因此交往能力经常得到锻炼，他能在活动中学会如何更好地和同伴、老师、家长等不同的人相处、沟通，这种良好的沟通能力能够使其获得更多的发展机会。

第四，参加学校教育活动有利于孩子形成良好的心理素质，增强对不同环境的适应性。经常参与学校活动的学生因为常常要面对不同的人和事，所以他们不胆怯，说话不结结巴巴，他们更善于表达自己，对各种突发事件能够应付自如。也许在参加活动的过程中会遭遇失败，但不要紧，那也是一个成长的过程，在这些历练中，孩子应对挫折的能力也在提高，他也能够比其他不参与课外活动的同龄人更快适应新环境。

第五，学校教育活动能拓宽孩子的视野，有助于其树立远大志向。随着开放办学步伐的不断加大，学校越来越关注校外优质教育资源，大力开发并为我所用，请专家学者、成功人士进校园与学生对话，带领学生走出学校，进行社会实践、进行职业体验，参观交流，不断拓宽孩子的视野。在参加这些教育活动时，孩子与优秀人才对话，对社会职业重新定位，学习自身未知知识，明白人生哲理，感悟为人处世之法。也许就在不经意间，打开了孩子通往理想之路的大门。眼界决定境界，孩子的眼界开阔了，思维活跃了，能力增强了，素质提升了，这对于他的一生来说是多么珍贵的财富呀！

第六，参加学校教育活动能提高孩子的自我计划能力，提高学习效率。经常参与学校活动的学生必须时常做好各种计划，他们必须调整好自己的学习，才能更好地参与活动，这会迫使他们不断提高办事与学习的效率，于是，学习能力在这个过程中也得到了锻炼。

总之，学校教育活动是孩子综合素质培养的一个重要途径，它对孩子的影响也许是一生的。那么作为父母的我们，面对学校的教育活动应该怎样做呢？

（一）引导孩子积极参加学校教育活动

1. 家长在孩子面前对学校开展的教育活动要进行正面、积极的宣传

让孩子明白参加这些活动可以感受到快乐，也能学到知识、结交朋友、提高能力。让孩子明白参加活动有这么多的好处，他当然舍不得轻易放弃。

2. 不要给孩子事先设定活动效果，提出过多过高的活动要求

家长要摆正心态，不要认为让孩子参加一项活动就一定要有一个令你满意的结果，这样孩子的思想压力大，会对活动产生排斥心理。正确的做法是鼓励孩子大胆参加，不用考虑结果，对于那些胆小内向的孩子，父母必要时可以和老师单独沟通，为孩子争取机会。

（二）和孩子一起做好活动准备，让他有更好的发挥

绝大多数的孩子是喜欢参加学校活动的，作为家长的我们要学会和孩子沟通，及时了解学校活动的具体安排，让孩子尝试着去做准备工作。比如：社会调查时需要了解哪方面的知识，查阅哪方面的书籍；参加演讲活动时，拟定、修改演讲稿；参加表演活动时需要准备哪些道具和服装；参加春游秋游应该带些什么东西……然后我们家长再去检查一下，看看我们能做些什么，还缺一些什么东西，尽可能提供较好的条件，然后帮助孩子完善一下整体方案。当然在这个过程中要尽量保留孩子的想法，始终让孩子成为活动中的主人。孩子也需要成功的体验，准备得越充分，他对活动的开展就越有信心，能最大化地获得满足感。

（三）关注孩子在活动中的表现，适时加以鼓励，从而激发孩子的兴趣

第一，每当孩子参加过活动后，要认真倾听孩子讲述活动过程，并且一定要有积极的情绪。例如："原来你可以这么棒！""没想到这样的难题也被你解决了！""你当时的表现一定很出色！真遗憾没能在现场观看！"让孩子充分地表达活动的每一个细节，与孩子一同享受其中的乐趣，让孩子真切地感受到周围老师、同学、全家人的关注，让孩子感受到他参加的活动是多么有意义！

第二，关注孩子的情绪变化。对于孩子在活动中的表现，从孩子的讲述过程和他的情绪变化我们就会有一个基本的了解。不要直接地去问他："你今天的表现怎么样呀？"可以和他以聊天的方式谈谈心："今天开心吗？能把你的收获和我分享一下吗？"表现好了，注意加以肯定并提出一些改进的建议。表现不尽如人意时，要安抚孩子的情绪，多给予鼓励，不要抱怨或是指责，让他感觉失败了也没什么事，找准原因下次再来，让孩子始终在宽松的环境中带着轻松的心情去参加每一次的活动。

（四）和孩子一起记录成长的过程

学校的教育活动丰富多彩，每一项活动都有着独特的教育意义和针对性，孩子在参加完不同的活动之后，肯定会有收获或是反思，如果此时家长引导孩子将其活动中的感受记录下来，建立起孩子的成长档案，对于他的成长将是一笔宝贵的财富。当然这种记录不一定非得是文字式的，可以找老师收集活动中孩子的照片，一起制作成长卡，也可以是家长与孩子之间的交谈记录，总

结收获、分析不足,为下次活动做好准备。这种积极的反馈会让孩子对这次活动有充分的认识,也对下次活动充满期待。

三、"种瓜得豆"也是意想不到的收获

现代学校教育在注重群体性普识教育的基础上,同样通过校本课程开发、社团活动、特色兴趣活动等满足不同孩子的个性发展需求。

古今中外名人的成才史和心理学研究告诉人们,兴趣爱好的养成会影响人的一生。正当、有益、适度的兴趣爱好,能开阔人的眼界,丰富人的知识,诱发人的活力,增进人的健康,甚至有时会给人带来意想不到的惊喜。

兴趣爱好的培养对儿童的成长有着重要作用。

第一,有兴趣爱好的孩子会更热爱生活,更能适应环境。有了兴趣爱好,孩子会感到生活充实和生活美好,会产生一系列积极的情绪体验。他们会在兴趣和爱好的驱动下,去寻找志同道合的朋友,相互帮助,并对生活的环境感到满意和适应。

第二,培养孩子的兴趣爱好可以使他们克服各种各样的困难和险境,培养出顽强毅力,他们也会沿着既定的目标奋勇前进。

第三,兴趣爱好能激发孩子的探究欲望,促其成才。良好的兴趣爱好可以让孩子充满探究的欲望,开发他们的智力,并给他们积极的情绪、无穷的力量,能够培养他们的观察力、思维力、想象力、注意力和意志力。

在培养孩子的兴趣爱好时,作为家长一定要切忌走入三个误区。

第一,把自己的梦想和爱好强加给孩子。参加各类活动的首要前提,应该是孩子对这项活动感兴趣。但是,现在有非常多的家长,很少关注孩子自身的愿望和需要,而把自己的意志强加给孩子,按现实的需要、自己的梦想和兴趣为孩子进行选择。这样做很可能事与愿违,毁了孩子的兴趣。

第二,为了功利的目的让孩子参加兴趣学习。现在有一个非常普遍的现象,就是家长为了让孩子具备一定的竞争优势、不输在起跑线上,或者想让孩子在某个方面出人头地,而强迫孩子参加某项兴趣学习。这样做最根本的害处是:如果孩子没有机会自己找到学习的兴趣和动力,在成年后就难以具备成功所需要的想象力、创造力、内在的动力。而对于真正的成功来说,内在的动力等要素,要比才华、技能本身重要得多!

第三,违反孩子发展规律地揠苗助长,急于求成,过于看重结果。有的家长希望自己的孩子的兴趣培养立竿见影,因此不惜逼着孩子每天练习,常常施压。那些超出孩子内在发展规律以及剥夺孩子的游戏时间和其他爱好,一心让孩子学习某种技能的做法,已经离兴趣培养的初衷越来越远,这不仅会大大挫伤孩子的求知欲,让孩子对兴趣学习产生厌恶情绪,最重要的是,违背孩子生理、心理发展水平的学习,无法让孩子感受到真正的自我价值感。

兴趣爱好的培养既然能促进孩子良好品质的形成,给孩子的人生带来意想不到的收获,那么

作为家长应该注意些什么呢？

第一，充分尊重孩子，不能以父母的兴趣、意愿代替孩子的兴趣、意愿。有些父母认为孩子小、没主见，就自作主张地给孩子报各种班。这些擅自做主的父母，一不管孩子的根基、接受能力，二不管孩子的兴趣和爱好。孩子很小就去上一些没根基、没趣味的兴趣班、特长班，几年、十几年下来，花费了不少人力、物力、财力，却落了个"人财两空"，大人孩子都受伤。

第二，给孩子提供广阔的空间和尽可能大的活动范围。孩子的接触面有限，兴趣、特长自然就有限，为使孩子的生活不受限，父母应尽量扩大孩子的结交、活动范围，使孩子的天赋、才能有可施展的空间，可发挥的余地。在各种各样的选择里，仔细考量孩子更愿意选择什么、做什么，以孩子的意愿和接受度为出发点，这就为孩子未来的兴趣、特长埋下了伏笔。

第三，需注意观察、分析、比较和研究。同一年龄的孩子有许多相同的兴趣、爱好，家长的职责在于同中求异，看孩子到底更喜欢什么、对什么更感兴趣。在发现孩子的兴趣、爱好之后再做进一步的分析、研究。有时候，孩子的兴趣、爱好和他的天赋、才能相吻合——孩子爱什么，正好擅长什么；有时候，孩子的兴趣、爱好与之天赋、才能不吻合——孩子喜欢、爱好的，并不一定就是他所擅长的。这需要父母仔细观察、分析、研究孩子的兴趣爱好里到底有几分是天赋、才能，有几分是偶然、巧合。

第四，不要急于给孩子的兴趣、特长定性、定向。因为，孩子的人生刚刚开始，他们的体验、见识有限，认识、判断也有限。过早地给孩子的兴趣、特长定性、定向，会使孩子失去很多的机会，错过很多的选择。有时候"广种薄收"也未必就全然不对，只是要注意尊重孩子的意愿。

第五，不要急于给孩子请老师，上特长培训班。孩子的兴趣最初源于心底里最真实的想法和愿望，它是纯真而且无修饰的。如果一开始就急于让孩子接受专业老师的训练，也许孩子的兴趣就会被扼杀在那些生硬的技巧、古板的规范之中，而毫无自我体验、自由发挥的空间了。

第六，留心孩子的情绪变化。孩子的年龄小，即使是他的兴趣爱好，在经历过最初的那段新奇之后，也许会进入倦怠期或是想打退堂鼓。此时作为家长要留心观察孩子的情绪变化，发现这些后，要及时消除负面情绪，鼓励孩子重拾信心和兴趣。这样做并不是为了成名成家一直坚持到成年，而是要杜绝孩子"随时可以撂挑子"的想法，培养他克服困难的勇气和坚持不懈的毅力。

第三节 家长们是孩子们的"影子班级"

推动摇篮的手就是推动世界的手，家长是孩子的第一任老师。由此可见，家长的一言一行对孩子有着怎样的引导作用。学校里，孩子们按年龄分成了不同的班级，学校外，家长们与孩子永远如影随行，成为孩子们的"影子班级"。

一、不能将教育孩子的责任完全让渡给学校

家长普遍存在一种心理，认为除开吃喝拉撒睡是家长要负责的以外，教育应该是学校的事情，

家庭教育与儿童人格发展

重视教育首先就是让孩子上最好的学校，其次就是重金请家教补课，最后就是不惜代价送孩子上各种培训班，只要做到这些，家长的任务就完成了，孩子学得好不好、生活得怎么样，那就是孩子和学校的事情了。如果孩子学习成绩不好，甚至说学习成绩比不上别家的孩子好，那就得转个更好的学校，换个更好的老师，似乎这样就可以把孩子学习的问题、成长的问题解决了。

其实，这种不理性地把孩子的教育像赌注一样压在学校身上是一种极端不负责的做法。教育是一项系统的工程，它包含家庭教育、学校教育、社会教育三大块，三者相互影响、相互作用、相互制约，但在这之中，家庭教育是一切教育的基础。

父母是孩子最好的老师，孩子性格的形成、个性的发展，都与父母的言传身教息息相关。家庭，是孩子成长的摇篮，更兼具教育早期性、连续性、权威性、感染性、及时性、针对性等学校教育及社会教育没有的优势。

家长们之所以把教育的责任推给学校有两个方面的原因：一是家长们不懂教育，与学校信息不对称，容易盲目跟风；二是家庭教育的不作为导致孩子非智力教育责任的缺位。在孩子的成长教育中，我们家长应该做些什么呢？

（一）扮演好家庭教育角色

在孩子成长的过程中，父母不仅是孩子衣食住行的提供者，还必须是孩子"幸福家庭的给予者""开心游戏的陪伴者""心灵对话的倾听者""健康成长的记录者"。

教育，不仅需要知识，还需要爱。一个健康的孩子，除开身体因素的指标，更重要的是心理的健康。而一个幸福家庭给予孩子的安全感将伴随他一生，并将影响其在未来重大问题上的抉择；游戏是孩子认识世界，促进其发展的最好方式，父母与孩子一起游戏，不仅可以增加感情交流，也能在游戏过程中无意发现和有效引导，潜移默化地传输正确的态度和理念；孩子的心里话，只说给愿意听的人听，如果家长在孩子小时候就能用心与孩子交流，那么不管孩子长到多大，他都会得到孩子的分享和敬重；孩子一天天长大，他小时候的模样或发生的点点滴滴，如果父母能记录下来，无疑会成为家庭和孩子交流的重要纽带，会是父母送给孩子成人的最好礼物。

（二）设定下家庭教育基调

教育的核心是心灵的唤醒，家庭是健全孩子人格的最佳场所，我们希望孩子成为什么样的人，就需要做什么样的事。

第一，多关心孩子的身体和情商，培养孩子的爱心，教孩子学会感恩，让孩子掌握生活的基本技能和常识。

第二，穷养孩子富投教育，给孩子更多锻炼和自立的机会，要使孩子成为精神上的富翁，让孩子能为自己在精神上获得的成长感到快乐。

第三，重视孩子的性别教育，注意从小的"角色定位"，切勿男孩女养或女孩男养，更不能以培养"娘娘腔""女汉子"为傲。

第四，有知识不等于有才干，但有才干一定要有知识。根据孩子的兴趣爱好选择一两样从小培养，就算不能坚持终身，也应让孩子获取到这方面的一些知识。

（三）配合好学校教育工作

孩子进了学校，家长不是当了甩手掌柜，只要做到按时交费、到点接送就行了。家庭教育和学校教育要相互配合，这种配合不是简单叠加，学校教各门功课，家长也在家里为孩子补习功课，或者四处送孩子培优，这些往往是浪费和无效的。一般来说，要想配合好学校的教育工作，让家庭教育与学校教育同步，请家长务必做到以下几点。

第一，了解学校的作息时间，及时督促孩子准时到校，按时回家，避免因时间问题给孩子带来不必要的烦恼。

第二，特别注意教育孩子具备必要的安全知识：遵守学校的规章制度，服从学校的管理，不擅自离校；遵守交通规则，文明出行；不在无成人保护下私自下河游泳；提高自我保护和防范的意识，杜绝意外伤害，等等。

第三，培养孩子良好的学习生活习惯：早上按时起床的习惯；放学回家先做作业的习惯；阅读的习惯；收拾自己书包的习惯；制订学习计划的习惯；预/复习的习惯、不拖拉的习惯，等等。

第四，及时与学校老师交流孩子的学习及生活情况：孩子有特殊体质或疾病需提前告知老师；孩子的成长经历及性格特点应与老师及时分享；孩子在家、在外的行为表现也可让老师知晓；经常就孩子在校学习、与同学相处等情况与老师互动交流，商议学校与家庭双边的教育策略；留心班级博客、QQ群里的信息，及时掌握班级动态。

网络上常说：宠出来的孩子危险、捧出来的孩子霸道、惯出来的孩子任性、娇出来的孩子脆弱、打出来的孩子逆反、骂出来的孩子糊涂、逼出来的孩子出格……那父母在家庭教育中又要避免些什么呢？

1. 不闻不问不管

要么把孩子丢给爷爷奶奶，要么把孩子扔给培训机构。孩子的成长与己无关，想起来了亲两口，忙起来了扔一边。只给孩子提供物质的满足，不关注孩子内心的需求。

2. 教育方法的错误

溺爱娇惯固然不行，纵容宠护更加可怕，一哄二吓三上手也万万不可。在对孩子进行教育的过程中，我们可以提出恰当的要求、给予热情的鼓励、进行严格的督促、提供必要的帮助，万万不可简单粗暴，一劳永逸。

3. 不负责任的评价

成绩不好怪老师，班风不正怪学校，同伴吵嘴说别人错，有了问题把油抹。家长在遇到问题时，切忌没弄清楚缘由就乱发表意见，这不仅影响孩子的判断力，更容易挫伤孩子的发展后劲。

父母是孩子的第一任老师，老师是孩子的另一个父母，只有二者相携，同心同行，方可托起未来的太阳，描绘美好的明天。教育不仅仅是学校的事，更需要家庭的配合、社会的支持，让我们从现在做起，为明天奠基。

二、家长的意见也左右学校的教育决策

随着现代家校沟通方式的更新与多元化,家长们参与学校教育的意识与机会越来越多,同时家长的意见有时也会对学校教育决策起一定的影响作用。

教育不是学校一方面的事情,需要家庭的配合、社会的支持。因此,家长参与学校的教育工作是一件很有意义的事情,这样可以更好地协调好学校教育与家庭教育的关系,可以更好地将普遍性教育与个性化教育相结合。考虑到学校的教育活动需要家长参与和协同,学校的教育教学也需要家长的监督,家长、学生及老师的合法权益更需要得到保障等因素,应建立家长委员会(简称"家委会")。家长委员会可以参与学校管理,做好家、校之间的沟通工作。

家委会应发挥家长的专业优势,为学校教育教学活动提供支持;发挥家长的资源优势,为学生开展校外活动提供教育资源和志愿服务;应起到桥梁作用,向家长通报学校近期的重要工作和准备采取的重要举措,听取并转达家长对学校工作的意见和建议;应协助学校开展安全和健康教育;引导家长履行监护人责任,对学校的安全工作进行监督,避免发生伤害事故;支持和推动减轻学生课业负担,防止和纠正幼儿园教育"小学化"。

家长的意见也左右学校的教育决策,学校的办学方针、教育理念、教学方向、教育策略一般都会听取家长的意见和建议,一来从服务家庭和社会出发,二来因为教育革新也需要从学生实际出发,贴近学生需求。因而,家长们一言一语虽小,却对学校工作有着重大而深远的影响。

家长给老师给学校提意见,一方面有助于学校的教育教学更贴近孩子的生活,可以表达出自己对教育教学的看法和想法,另一方面也是对老师和学校工作的一种帮助和监督。但是,建议不是牢骚,想说就说,想怎么说就怎么说。

(一)给学校提什么样的意见,需要经过深思熟虑

1. 提合理化建议

有些建议,只是一时的想法而已,与实际情况不符合,不仅不能给学校教育教学带来实质性的促动,反而成为学校教育的绊脚石,因此,提出的建议一定要合理、合情、合法。例如:有家长提出学校周末、寒暑假办一些"特长培训班"并表示愿意承担一部分费用,这个建议学校采用的可能性就较小,因为这与上级的办学要求是相违背的。

2. 提涉及普遍学生的建议

提建议的时候,不能仅仅从一己私利出发,为自己的孩子谋福利,而是要从大多数学生和家庭的角度出发,切实搭建起家长与学校沟通的桥梁,使建议受众面大,效果显著。例如:因自己家孩子身体不好,提出学校是否开设小食堂的建议被采纳的可能性也不大,因为学校的工作更多的时候要顾及绝大部分学生。

3. 提可行性建议

一个离现实情况太远的建议再好,实施起来也是不太可能的,因此,提建议的时候,一定要考虑这个建议的可行性,方便学校在采纳意见后,可以快速有效地落实,使建议达到预想的效果。

例如：关于采用家访、电话、建博客、QQ群作为家校沟通的手段的建议就比较容易被采纳。一是建议有内容，二是这些内容所需实施条件在现行条件下完全可以满足。

4. 提具有前沿教育思想的建议

中国的教育一直在改革，也一直没有改到让家长们满意，如果家长有某些教育先进国家学习的经验或是对国内某前沿教育思想有较深入的研究，就可以向学校提出自己的想法和建议，将较新的教育思想和教育理念带入现行的教育教学中，让学校教育更富有时代性和前瞻性。例如：关于学校增设校本课程，促进学生特长发展的建议也比较容易被采纳，因为这些建议参考了先进学校的办学经验，又与国家的教育改革同向同步。

（二）提建议需要慎重，也需要一些办法

1. 先做一些调查，最好有较全面的意见

一个建议提出来之前，要征求大多数家长的意见，可以做一个调查问卷，弄清数值和比例，也可以和大家坐下来聊聊，以达成一个共识。

2. 可先向家委会反映，再和学校沟通

之所以首先向家委会反映，是因为家委会是一个家长团体的代表，具有一定的权利和义务；其次，家委会比较了解学校的运作情况，知道一些单个家长可能不知道的事情；最后，由家委会提交建议，更具有代表性。

3. 可口头提出，也可用邮件等方式提出

口头提建议时要注意时间和场所，这样可以让建议得到更充分的重视，也有利于事情的落实和解决。采用邮件等方式提意见时，要注意将建议的原因、内容说清楚，同时也要注意措辞，切勿将建议变成了"抗议"。

4. 建议提出后，不要急躁

任何一个建议，不管是涉及人还是涉及事情，都有一个了解、调查、落实、解决的过程。因此，提出建议后，应给予学校一些缓冲时间，不要急着希望马上看到效果。当然，如果提的一份重要建议久久没有回音，也是需要变换方法来重新提出的。

家长是学校教育教学工作的利益相关者，是学校教育教学工作的联合同盟者，对学校及教学情况更富有知情权、参与权和评议权。因此，家长的意见对学校很重要。

三、家长参加学校活动于己于孩子都有利

如今，很多学校为更好地实现家校合作开辟了许多渠道：家长学校、家长委员会、家长会、亲子活动、家长讲坛等。作为家长切勿忽视这些活动，而要以正确态度对待它。

在很多家长的记忆里，只有那让人又爱又怕的"家长会"才会让自己的父母到学校去。而到了自己孩子这一代，自己就会被请到学校里开展各种类型不一的活动，那么，为什么学校要请家长到学校开展活动呢？

其一，有利于促进教师和家长相互了解。家长来到学校参与活动，由电话、书信交流变成了

面对面的交流，这样更有利于教师和家长培养教育的默契度，协调家庭和学校教育影响的一致性，形成教育合力，提高教育质量。

其二，有利于学校吸纳教育资源。学生家长当中有很多人是高素质、广阅历或某一方面具备特长的人，他们蕴藏丰富的教育资源，把他们请到学校，不仅可以让课程更为精彩，还能最大程度拉近家长与孩子之间的距离，增进亲子关系。

其三，有利于弥补教师工作上的不足。虽然教育要懂得面向全体和关注个体差异，但在客观情况下老师不可能百分百地做到，孩子是一个个运动着的具有不同差异和不同爱好的个体，老师必然有照顾不到的地方，而家长的参与，一方面可以针对自己家孩子的特点进行个别的深入教育，另一方面还可以起到对家庭游戏的互补作用。

除此之外，家长到学校参加活动也是对学校教育教学活动的一种监督和检查。因为某些固有原因，教育权力的过分集中，学校教育机构的官僚化现象在一定程度上还是存在的，而家长到学校参加活动，对实施民主监督、保障学校教育良性运行、提高教育教学质量和效率有极大的好处。

既然家长参与学校活动有诸多的好处，那家长朋友们是否应该逢活动就参加？仅仅参加就完行不行？答案不一定都是肯定的。参加学校的活动还有几个方面是需要注意的。

（一）有选择性地参加学校活动

家长参加的学校活动一般分为两类：一类是学校要求集体参加的；一类是家长自愿报名参加的。前者家长务必参加，这种活动一般会有重要的内容传达，同时参加这类活动也可以熟悉自己孩子班上的其他家长，了解一下班上其他同学的情况。后者就要选择性地参加，选择时根据自家孩子的特点，结合活动内容和自身工作时间来确定。例如，爬山游玩的社会实践活动，身体素质较差或意志不够坚强的孩子的家长可以选择参加；学校游园活动，动手能力不够或性格内向的孩子的家长可以选择参加；公开课、优质课比赛活动，对小学课程有兴趣或不知道如何下手辅导孩子的家长可以选择参加。

（二）参加活动要注意几多几少

能走进学校参加活动不仅能亲身感受校园氛围，更是了解学校融入学校的一件大好事。在参加活动时一定要注意多看、多问、多用心，少说、少评、别走神。既然是抱着一定的目的来的，自己又不是教育的专业人士，纵然家长自己也是老师，但教育因人而异，因地制宜，不同的环境有不同的教育方式，所以，在参加活动时，一定要多看看别人在干什么，有不懂的地方多问问老师该怎么办。上至教育方针，下至活动内容……无一不需要家长用心去观察和体会。同时，这种活动也容易产生一些不必要的是非来，因此不懂的少说，不知的少评，一不留神，或许你的某一句不经意的话就被传到老师或学校那里，本来也没有多大问题，但引起不必要的误会实在不划算。另外，一些活动因为人数众多，场地开阔，老师会因为你的参加而分配给你一些管理自家或别家孩子的任务，此时一定不能走神，因为这时候你的责任是很重大的。

（三）活动结束之后注意小结

不论你是因为何种原因选择参加学校的活动，活动结束后最起码要在内心里整理一下本次活动自己的收获和自家孩子在本次活动中的表现。通过活动，会发现很多东西，有时是自己某一方面的欠缺，有时是自家孩子某一方面的优缺点。针对发现的问题，再进一步思考要如何去解决。总之，家长参与学校活动，不仅有利于孩子的健康成长，更是可以让家长们在活动中找到自我，增长见识，从而促进家长的"蜕变"，确实是一件利校、利家、利儿、利己的大好事。

参考文献

[1] 上海辞书出版社编.辞海[M].上海：上海辞书出版社,2020.

[2] 邓佐君.家庭教育学[M].福州：福建教育出版社，1995.

[3] 李天燕.家庭教育学[M].上海：复旦大学出版社,2011.

[4] M.斯科特·派克.少有人走的路：心智成熟的旅程［M］.于海生,译.严冬冬,校译.北京：中国商业出版社,2013.

[5] 尹建莉.好妈妈胜过好老师[M].北京：作家出版社，2013.

[6] 尹建莉.最美的教育最简单[M].北京：作家出版社，2014.

[7] 尹建莉.从"小"读到"大"[M].武汉：长江文艺出版社,2017.

[8] 马斯洛.动机与人格.[M]许金声，等，译.北京：华夏出版社,1987.

[9] 托马斯·戈登.P.E.T.父母效能训练实践篇[M].窦珺,译.北京：中央广播电视大学出版社,2015.

[10] 林家兴.亲职教育的原理与实务[M].台北：心理出版社,1997.

[11] 汉姆菲特，米勒，米尔.爱是一种选择[M].王英,译.北京：中国轻工业出版社,2006.

[12] 月华.别等孩子长大了才后悔你现在做得太多[M].北京：机械工业出版社.2016.

[13] 泰勒·本－沙哈尔.幸福的方法[M].汪冰,刘俊杰,译.倪子君,校译.北京：中信出版社,2013.

[14] 武志红.为何爱会伤人[M].北京：北京联合出版公司,2017.

[15] 武志红.为何家会伤人[M].北京：北京联合出版公司,2014.

[16] 李雪.当我遇见一个人[M].北京：北京联合出版公司,2016.

[17] 托马·哈瑞斯.沟通分析的理论与实务——改善我们的人际关系[M].林丹华，周司丽,译.林丹华,审校.北京：中国轻工业出版社,2013.

[18] 韦志中.学校心理学——体验式团体教育模式理论与实践[M].北京：清华大学出版社,2014.

[19] 韦志中.大学心理健康教育[M].北京：中国轻工业出版社,2015.

[20] 樊富珉.结构式团体辅导与咨询应用实例[M].北京：高等教育出版社,2015.

[21] 卢丹丹.家庭中的52个正面管教工具[M].北京：中国妇女出版社,2018.

[22] 杰瑞·M·伯格.人格心理学[M].陈会昌,等译.北京：中国轻工业出版社,2012.